国家林业和草原局职业教育"十三五"规划教材

简明生态文明教育教程

文学禹　李建铁　刘妍君　主编

中国林业出版社

图书在版编目(CIP)数据

简明生态文明教育教程 / 文学禹，李建铁，刘妍君主编. —北京：中国林业出版社，2018.9

国家林业和草原局职业教育"十三五"规划教材

ISBN 978-7-5038-9749-8

Ⅰ.①大… Ⅱ.①文… ②李… ③刘… Ⅲ.①生态文明 – 建设 – 中国 – 高等职业教育 – 教材 Ⅳ.①X321.2

中国版本图书馆 CIP 数据核字（2018）第 221063 号

国家林业和草原局生态文明教材及林业高校教材建设项目

中国林业出版社·教育出版分社

策划编辑：吴 卉 高兴荣
责任编辑：高兴荣 吴 卉
电　　话：（010）83143552

出版发行	中国林业出版社（100009　北京市西城区德内大街刘海胡同7号）
	E-mail：jiaocaipublic@163.com
	电话：（010）83143500
	http：//lycb.forestry.gov.cn
经　销	新华书店
印　刷	固安县京平诚乾印刷有限公司
版　次	2018 年 10 月第 1 版
印　次	2018 年 10 月第 1 次印刷
开　本	787mm×1092mm　1/16
印　张	15.5
字　数	360 千字
定　价	40.00 元

未经许可，不得以任何方式复制或抄袭本书之部分或全部内容。

版权所有　侵权必究

《简明生态文明教育教程》编写人员

主　编

　　文学禹　李建铁　刘妍君

副主编

　　陈根红　郭　华　刘　艳　陈　媛

　　韩玉玲　孙　曜　欧阳林洁　彭佩林

编写人员（按姓氏笔画排序）

　　文学禹　孙　曜　刘妍君　刘　艳

　　李建铁　陈根红　陈　媛　郭　华

　　欧阳林洁　彭佩林　韩玉玲

前 言

建设生态文明关系人民福祉，关乎民族未来。习近平同志指出："走向生态文明新时代，建设美丽中国，是实现中华民族伟大复兴中国梦的重要内容。"为实现中华民族的持续发展，党的十八大以来把生态文明建设放在突出地位，党的十九大提出加快生态文明体制改革，建设美丽中国，并写入宪法。这一切充分表明生态文明建设已真正进入了国家经济社会生活的主干线、主战场和大舞台，中国的生态文明建设将迎来空前的历史机遇。

(1) 建设生态文明关系人民福祉，关乎民族未来

习近平同志指出："走向生态文明新时代，建设美丽中国，是实现中华民族伟大复兴中国梦的重要内容。"为实现中华民族的持续发展，党的十八大把生态文明建设放在突出地位，党的十九大提出加快生态文明体制改革，建设美丽中国，并写入宪法。这一切充分表明生态文明建设已真正进入了国家经济社会生活的主干线、主战场和大舞台，中国的生态文明建设将迎来空前的历史机遇。

(2) 生态建设，教育先行

大学生对生态文明建设的认识程度和生态文明素质的高低，直接关系到生态文明建设能否取得预期成果，更关系到国家的前途和命运。湖南环境生物职业技术学院作为一所以"生态"特色显著的高校，向广大师生传播生态文明理念、普及环保知识、发挥学生辐射作用、促进公众参与是我们义不容辞的职责。本教材紧密结合学生了解生态文明知识的需求，内容充实、思路清晰、重点突出，具有一定的理论深度；形式上充分照顾读者的阅读习惯，语言生动准确、深入浅出，利于教学，易于接受。

(3) 生态 + 智慧校园，助力生态文明建设

湖南环境生物职业技术学院犹如一颗璀璨的明珠，闪耀在风景秀美的南岳衡山之阳。它既是"生态湘军"的摇篮，更是湖南省林业教育乃至于生态行业的一面旗帜。厚积薄发，先后被评为全国职业教育先进单位、全国绿化模范单位、湖

南省文明单位、湖南省园林式单位、湖南省文明高等学校、湖南省生态科普基地、湖南省林业科普基地、湖南省生态文明教育研究基地，2010年10月作为第一所高职院校与北京大学一同被授予"国家生态文明教育基地"。2018年，学院起草的湖南省地方标准《普通高等学校生态校园建设规范》通过湖南省质量技术监督局组织的评审，这是国内普通高校生态校园建设的首个标准。学院以"湖南省卓越职业院校建设"为契机，以"生态"为轴心，积极打造生态绿化技术及服务、生态养殖技术及服务、生态产品经营管理、生态宜居技术、生态建设队伍健康技术及服务等特色专业集群，以混合办学体制改革为推进器，朝着国内一流的生态+智慧校园目标迈进。

本教材由文学禹拟定编写提纲，最后由文学禹、李建铁、刘妍君统稿与校稿。具体写作分工如下：绪论由文学禹、欧阳林洁编写，第一章、第二章由李建铁、彭佩林编写；第三章、第四章由郭华、韩玉玲、孙曜编写，第五章由陈根红编写，第六章由陈媛编写，第七章由刘妍君编写，第八章由刘艳编写，附录由文学禹、欧阳林洁摘编。

本教材编写出版得到了湖南环境生物职业技术学院院长左家哺教授、中国林业出版社教育出版分社副社长吴卉博士的大力支持，同时参考和借鉴了国内外许多专家学者的研究成果，在此致以诚挚的谢意。囿于时间和水平，不当和纰漏之处在所难免，恳请大家批评指正。

编　者

2018年9月

目 录

前　言

绪　论 ·· 001
　　一、生态文明建设与大学生使命 ······································ 004
　　二、大学生生态文明教育的核心目标 ································ 009

第一章　什么是生态文明 ·· 021
　第一节　生态文明的内涵 ··· 023
　　一、生态文明的概念 ·· 023
　　二、生态环境与生态文明 ·· 028
　　三、生态文明的主要特征 ·· 032
　第二节　生态文明的愿景展现 ··· 036
　　一、人与自然的和谐生态 ·· 037
　　二、人与社会的和谐共处 ·· 040
　　三、人与自我的和谐人格 ·· 042
　第三节　大学生与生态文明思想 ·· 046
　　一、树立生态伦理观 ·· 046
　　二、坚守生态法治观 ·· 050
　　三、创新生态经济观 ·· 052

第二章　生态文明危机状况 ··· 055
　第一节　世界生态危机状况 ·· 057
　　一、温室效应扩大 ··· 057
　　二、极端天气频现 ··· 060
　　三、天灾人祸遗恨 ··· 065
　第二节　中国生态危机状况 ·· 067
　　一、天 ··· 068

二、地 …………………………………………………………… 071
　　三、人 …………………………………………………………… 075
　第三节　生态危机影响人类发展 ………………………………… 078
　　一、影响人类生理健康 ………………………………………… 078
　　二、影响人的个性心理 ………………………………………… 081
　　三、影响人类生存发展 ………………………………………… 086

第三章　生态文明建设途径 …………………………………………… 089
　第一节　理念先行　引领生态文明建设 ………………………… 091
　　一、践行生态发展观 …………………………………………… 091
　　二、培育生态文化观 …………………………………………… 095
　　三、加强生态文明教育 ………………………………………… 098
　第二节　方式转变，创新生态技术与管理 ……………………… 101
　　一、推进生态技术的研发 ……………………………………… 101
　　二、加强企业生态管理 ………………………………………… 104
　　三、强化企业生态自律 ………………………………………… 106
　第三节　保障有力，完善生态法治与决策 ……………………… 109
　　一、加强生态法治建设 ………………………………………… 109
　　二、完善环境决策与制度建设 ………………………………… 111

第四章　"五位一体"实现生态文明中国梦 ………………………… 115
　第一节　"五个文明"互动共谐 …………………………………… 117
　　一、"五位一体"理论的提出 …………………………………… 117
　　二、全面小康需要生态文明建设 ……………………………… 119
　第二节　从中国梦的实现看生态文明建设新要求 ……………… 124
　　一、四化两型建设：生态文明的建设之路 …………………… 124
　　二、生态生产服务体系 ………………………………………… 126
　　三、人口发展体系 ……………………………………………… 129
　第三节　"五个文明"助推和谐发展 ……………………………… 132
　　一、善待自然 …………………………………………………… 132
　　二、尊重生命 …………………………………………………… 136
　　三、生态公正 …………………………………………………… 139

第五章　教育普及　建设生态文明的关键 …………………………… 145
　第一节　教育的意义与功用 ……………………………………… 147
　　一、生态教育的意义 …………………………………………… 147

二、生态教育的功用 …………………………………………… 148

　第二节　生态文明教育情况分析 ………………………………… 155

　　一、生态教育发展不协调、不平衡 …………………………… 155

　　二、生态教育内容模糊 ………………………………………… 157

　　三、生态教育模式陈旧 ………………………………………… 160

第六章　青山绿水　生态文明重要载体 …………………………… 163

　第一节　关爱森林　人类共同责任 ……………………………… 165

　　一、关爱森林的重要意义 ……………………………………… 165

　　二、国外森林资源的保护与利用 ……………………………… 170

　　三、我国森林保护的现状与对策 ……………………………… 176

　第二节　保护湿地　人类共同努力 ……………………………… 180

　　一、湿地是人类可持续的生命线 ……………………………… 180

　　二、国外如何利用和保护湿地 ………………………………… 186

　　三、我国湿地保护现状及对策 ………………………………… 189

第七章　生态环保　艰巨使命依靠你我 …………………………… 193

　第一节　生态环保从自我做好 …………………………………… 195

　　一、与公民责任相关的生态问题 ……………………………… 195

　　二、公民生态意识的转变与重建 ……………………………… 198

　　三、公民生活方式的转变 ……………………………………… 204

　第二节　加强生态环保学习与实践 ……………………………… 206

　　一、加强理论学习 ……………………………………………… 206

　　二、注重联系实际 ……………………………………………… 210

第八章　绿色低碳　生态文明的引领示范 ………………………… 217

　第一节　低碳生活　在我身边 …………………………………… 219

　　一、低碳经济的要旨与特征 …………………………………… 220

　　二、低碳经济的实现与发展路径 ……………………………… 225

　第二节　适度消费　从我做起 …………………………………… 230

　　一、倡导绿色消费 ……………………………………………… 230

　　二、崇尚简约生活 ……………………………………………… 234

绪 论

中国共产党的十七大报告首次提出了建设生态文明新理念,并在党的十八大报告中高屋建瓴的指出:"建设生态文明,是关系人民福祉、关乎民族未来的长远大计"。2011 年《中华人民共和国环境保护法》(以下简称《环保法》,被纳入修法计划。2012—2013 年经过十一届、十二届两届全国人大常委会三次审议,2014 年 4 月 24 日,第十二届全国人大常委会第八次会议审议通过了修订后的《环保法》。2015 年 1 月 1 日,"史上最严"的新环保法实施。修订后的环保法引入了生态文明建设和可持续发展的理念,确立了保护环境的基本国策和基本原则,规定了公民的环境权利和环保义务,严格了政府、企业事业单位和其他生产经营者的环保责任等。2015 年 9 月,中共中央、国务院印发《生态文明体制改革总体方案》,阐明了我国生态文明体制改革的指导思想、理念、原则、目标、实施保障等重要内容,提出要加快建立系统完整的生态文明制度体系,为我国生态文明领域改革作出了顶层设计。2015 年 10 月,十八届五中全会召开,生态文明建设首度被纳入"十三五"规划,并强调推动形成绿色生产生活方式、加快改善生态环境是事关全面小康、事关发展全局的重大目标任务。2017 年 10 月 18 日召开的党的十九大报告中再次强调:"人与自然是生命共同体,人类必须尊重自然、顺应自然、保护自然。生态文明建设功在当代、利在千秋。我们要牢固树立社会主义生态文明观,推动形成人与自然和谐发展现代化建设新格局,为保护生态环境作出我们这代人的努力!"2018 年 5 月 18 日至 19 日,全国生态环境保护大会在北京召开,习近平总书记在会上指出:"生态文明建设是关系中华民族永续发展的根本大计。生态兴则文明兴,生态衰则文明衰。"可见,党中央、国务院已将生态文明建设和环境保护摆上了更加重要的战略位置,这既是对我国现代化过程中出现的严重生态问题进行理性反思的结果,也是对人类社会发展规律认识的深化和升华,更是中华民族实现伟大复兴目标的必由之路。

生态文明建设以尊重和维护自然为前提,以人与自然、人与人、人与社会和谐共生为宗旨,以建立可持续的生产方式和消费方式为内涵,在绿色发展、循环发展、低碳发展中既追求人与生态的和谐,也追求人与人、人与社会的和谐。它顺应了大学生对良好生产生活环境的期待,有助于提高他们的生活质量、促进他们的全面发展。作为生态文明最有力的倡导者和最活跃的践行者,"人口资源环境相均衡、经济社会生态效益相统一"的生态文明建设将为当代大学生带来重大影响。

首先,随着社会生态文明水平的不断提高,大学生的学习生活环境会变得更加美好,蓝天碧水绿地能够极大地改善他们成长的软硬条件,成为生态文明建设的一代受益者;其次,大力提高社会生态文明水平,推进资源节约和环境友好的"两型社会"建设,对青年大学生的生态文明意识、生态文明素养等也提出了更新更高的要求，需要他们更加主动、积极、智慧地投身国家生态文明建设，为建设"美丽中国"做出自己的贡献。最后，人的全面发展是人类社会发展的最终目标，人与自然和谐发展的生态文明是人的全面发展的核心要义。当代大学生要实现自身的全面发展，必须处理好人与自然的关系。自然界作为人类的"无机身体"，能够为大学生的全面发展提供无形的、外在的物质前提、精神动力等综合保障。反过来，人的全面发展也能为生态文明建设提供人才、教育、科技等方面的软实力支持。因此，推进我国生态文明建设，激发当代青年投身生态文明建设的激情、智慧与活力，帮助当代大学生认识自己的历史使命，高校生态文明教育具有重大意义。

一、生态文明建设与大学生使命

（一）创建两型社会需要

两型社会指的是"资源节约型社会、环境友好型社会"。资源节约型社会是指整个社会经济建立在节约资源的基础上，建设节约型社会的核心是节约资源，即在生产、流通、消费等各领域各环节，通过采取技术和管理等综合措施，厉行节约，不断提高资源利用效率，尽可能地减少资源消耗和环境代价，满足人们日益增长的物质文化需求的发展模式。环境友好型社会是一种人与自然和谐共生的社会形态，其核心内涵是人类的生产和消费活动与自然生态系统协调可持续发展。

创建"两型社会"是生态文明建设的主要任务。推进"两型社会"建设，是生态文明建设的重要内容和有效途径。资源节约、环境友好，既是生态文明的本质特征，也是生态文明建设的内在要求，两者是一个有机整体。建设生态文明，实质上就是要建设以资源环境承载力为基础、以自然规律为准则、以可持续发展为目标的资源节约型、环境友好型社会。生态文明要求逐步形成促进生态建设、维护生态安全的良性运转机制，实现绿色发展、循环发展、低碳发展，最终实现经济与生态协调发展，这内在地包含了建设"两型社会"的内容和要求。因此，推进生态文明建设是"两型社会"建设的迫切需要。

加快建设资源节约型，环境友好型的两型社会，是实现"十三五"发展目标的必由之路。在未来，我国人口将继续增加，经济总量将再翻番，资源能源消耗将持续增长，保护环境是难度很大而又必须切实解决好的一个重大课题。建设资源节约型，环境友好型的两型社会是一项系统工程，它绝不仅仅是政府和企业的事情，也是每一位当代大学生所应肩负的责任与使命。当代大学生要充分认识在两型社会建设的新形势下所面临的新机遇、新挑战，积极探索，勇于创新，抢抓历史机遇，充分发挥个人作用，充分了解自己所肩负的责任使命，深刻认识到自己作为整个社会的一员，作为国家和社会未来的建设者所应尽的力量。

思想是行动的指南。创建"两型社会"，当代大学生生态文明教育应重点从以下三个方面着手。首先，树立资源节约、环境保护的生态文明价值观。当代大学生盲目攀比、恣意浪费，随处污染环境的陋习并不鲜见，帮助大学生树立资源节约、环境保护、尊重自然的生态文明价值观，积极进行"两型"观念和知识教育，从小事做起，从自身做起，能够让承载人类文明延续使命的当代大学生明白生态文明建设的至关重要性，从而养成资源节约、环境保护的生态文明意识。其次，逐渐养成资源节约、环境保护的生态文明行为。行动创造人生。青年大学生树立起了"两型"价值观之后，还必须将思想付之于行动，养成资源节约、环境友好的"两型"行为，才能真正推动生态文明建设向纵深发展。培养"两型"行为，可以从生活中的点滴事情做起，尽量少用塑料袋、快餐盒，随手关灯、关电脑、关水龙头，不盲目攀比，不过度消费，提高资源利用率等。最后，努力培养自己构建"两型社会"的过硬本领。人才是经济社会发展的第一资源。两型社会建设，需要以人才为基础和保障，需要一大批具有"两型"理念、知识、文化、技能等各行各业的"两型"人才。大学生是未来构建两型社会的主力军和接班人，也是未来两型社会构建的创造者和低碳生活的引领者，两型社会的构建需要他们的智慧和才华、行动和参与。

案例分析

湘潭："两型"水府生态优化 两型经济顺势上扬

湘潭水府旅游示范区经过多年的发展，已经成为可持续发展的典范，在这里，人们尽情说笑，鸟儿尽情嬉戏，不仅生态环境得到了改善，而且经济发展态势不断提升，这一切，在于水府庙破解了生态保护与经济发展的矛盾，而破解矛盾的关键就在于坚持"两型"理念。

为了改善生态环境，水府庙取缔了网箱养鱼，而这是其水体富营养化的主要原因。因为网箱养鱼是渔民的主要收入来源，所以这项工作的开展收到了不小的阻碍。但是乡镇工作人员克服困难，挨家挨户进行思想工作，用诚心感动渔民，最终取得了良好的效果。

水府示范区还加强了库区核心景区环境综合整治，拆除两处大型养鱼拦库网，建设了相应的防护围堤，进一步保障了水质环境；全面取缔库区水上餐饮，收集处置库区生活垃圾及水面垃圾，强化地埋式岛屿废水处理系统日常运行；实施封山育林、退耕还林，近10年累计完成林业生态示范项目人工造林1000余亩，总体环境持续向好。

水府庙最大的特点就是坚持了两型的发展方式，这对其经济上扬的态势做出了很大的贡献。在转型过程中，有的渔民成为了水府景区的员工，由原来的靠江吃饭变成了现在的两型思想宣传员,他们不再是攫取自然资源的渔民,而是两型理念的先行者。

在两型理念的带动下,水府庙建立了主体公园和度假公园,还进行了硬件设施的更新,购进了豪华游艇等设施,旅游业取得了很大的发展。

(二)建设美丽中国呼唤

2012年11月8日,党的十八大提出:"把生态文明建设放在突出地位,融入经济建设、政治建设、文化建设、社会建设各方面和全过程,努力建设美丽中国,实现中华民族永续发展。"这是美丽中国首次作为执政理念提出。2015年10月召开的十八届五中全会上,"美丽中国"被纳入"十三五"规划,首次被纳入五年计划。2017年党的十九大报告中强调:"加快生态文明体制改革,建设美丽中国。"2018年3月将"美丽""生态文明"历史性地写入宪法。2018年5月18日至19日,在全国生态环境保护大会上,习近平总书记强调我们要像保护眼睛一样保护生态环境,像对待生命一样对待生态环境,让自然生态美景永驻人间,还自然以宁静、和谐、美丽。美丽中国,是环境之美、时代之美、生活之美、社会之美、百姓之美的总和。美丽中国,山要绿起来,人要富起来。生态文明与美丽中国紧密相连,建设美丽中国,核心就是要按照生态文明要求,通过生态、经济、政治、文化及社会建设,实现生态良好、经济繁荣、政治和谐、人民幸福。可见,没有山清水秀就没有美丽中国,美丽中国呼唤生态文明建设。美丽中国包括以下两层含义:

1. 尊重自然、顺应自然、保护自然生态文明的美丽中国

"美丽中国"首先指的是一个"天蓝、地绿、水净"的人化自然环境,体现了自然之美、生态之美以及人与自然的和谐之美。良好的生态环境是人类文明繁荣延续的基本物质前提,如果生态环境问题解决不好,经济发展、制度建设和文化创造都将无法实现,甚至最低限度的人类生存条件都难以得到保障,更谈不上社会和谐和人的发展了。因此,建设美丽中国的前提就是要按照生态文明的要求切实改善和保护生态环境和资源,为人的生产生活营建优美宜居的生存空间,为促进社会和谐和人的发展提供基本物质保障。"美丽中国"的构建必须以良好的生态环境为基础,以生态文明的进步为其根本特征。

2. 生态文明建设融入经济建设、政治建设、文化建设、社会建设各方面的美丽中国

"美丽中国"表征的不仅是一种优美宜居的自然生存环境,同时又是完美的自然环境和社会环境的结合,是一个以生态文明建设为依托,实现经济繁荣、制度完善、文化先进、社会和谐的全面发展的社会。建设美丽中国的深层内涵就是要以生态文明为导向,通过建设资源节约型、环境友好型社会,达到生产发展、生态良好、社会和谐及人民幸福这样一种社会状态。十八大报告明确指出，必须将生态文明建设"融入经济建设、政治建设、文化建设、社会建设各方面和全过程"，实现"五位一体"的协同推进和全面发展，才能够真正构建起美丽中国。生态文明建设在"五位一体"中具有全局性和统摄性（图0-1）。

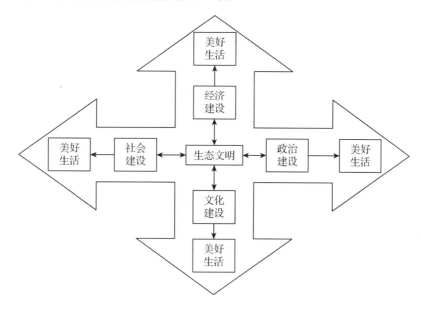

图0-1　"美丽中国"概念模型图

综上所述，一方面，良好的生态和资源环境是建设美丽中国最起码的物质条件和保障；另一方面，只有将生态文明建设融入经济建设、政治建设、文化建设、社会建设等各方面和全过程，真正意义上的"美丽中国"才有可能实现。优美宜居的生态环境是建设美丽中国的根本前提，持续稳定的经济增长是建设美丽中国的物质基础，不断完善的民主政治是建设美丽中国的制度保障，先进的社会主义文化是建设美丽中国的精神依托，和谐美好的社会环境是建构美丽中国的最可靠条件。"美丽中国"体现的是自然环境与社会环境有机统一的整体美，是"时代之美、社会之美、生活之美、百姓之美、环境之美的总和。"

（三）人的全面发展需要

生态文明的提出和实施，不仅大大促进了人类发展方式的转变，提升了人类发展的质量，推动了人类社会全面、协调、可持续的发展。而且还站在马克思主义人学的角度，从人的本质及其存在方式视阈阐释了人、自然、社会的辩证关系。生态文明将人的自由自觉活动实现作为贯穿于人、自然、社会相互联系的中心线索，进而将人的全面发展设立为生态文明建设的最高目标。

根据马克思主义唯物史观理论，物质资料生产方式是社会发展的主要决定力量。物质资料的生产方式是生产力和生产关系的统一体。其中生产力是指生产主体利用劳动工具对劳动对象进行加工的能力,表现为人与自然界之间的关系,是物质资料生产方式中的最高力量。从根本上说,生产力是指人与自然之间相互作用的现实关系和客观过程。并且这一过程在人类社会发展的不同历史时期表现是完全不同的。

在人类发展的童年时期,由于生产力水平低下,人类难以摆脱自然的束缚,因而只能被动适应于自然界,被称之为"天定胜人"时期;随着人类生产力的发展和社会进步,通过漫长的劳动实践,人从被自然奴役的状态中逐渐解放出来,开始按照自己的需求和目的改造自然,打出了"人定胜天"的旗号;然而,这种人对自身能力的盲目崇拜正是滥觞之始。正如恩格斯当年发出的警示:"我们不要过分陶醉于我们人类对自然界的胜利。对于每一次这样的胜利,自然界都对我们进行报复。"生态文明理念的提出,代表着人们对人与自然关系的认识达到了一个全新的高度。这一时期,人类无需仰视自然,也不再俯视自然,而是开始平等相待,视之为打断骨头连着筋的好朋友。在自然界逐渐被人化的过程中,人类在改造着自然,自然也在不断地塑造着人本身,人与自然和谐统一。

马克思认为,人的全面发展与社会发展是一致的,都是一个历史发展过程。在《政治经济学批判》中,马克思说:"人的依赖关系(起初完全是自然发生的),是最初的社会形态,在这种形态下,人的生产能力只是在狭窄的范围内和独立的地点上发展着。以物的依赖性为基础的人的独立性,是第二大形态,在这种形态下,才形成普遍的社会物质交换,全面的关系,多方面的需求以及全面的能力的体系。建立在个人全面发展和他们共同的社会生产能力成为他们的社会财富这一基础上的自由个性,是第三个阶段。第二个阶段为第三个阶段创造条件。"

通过对人与自然关系发展沿革以及马克思人的发展三阶段理论的对比分析,我们可以看到:人的发展与人对待自然的方式是密切相关的。在蒙昧时期,人类盲从于自然,因而人本身的发展是被动的、极其有限的、不自由状态;随着生产力水平发展到第二个时期,人类开始自大于自然界,获得了很大程度的自由度。但同时也因此而受到自然界的反制,环境污染、生态破坏,带给人们同样的不自由;生态文明强调人与自然和谐发展,不仅能满足人的物质需求,还能促进社会发展和人类进步,这与马克思的实现人的自由而全面发展的共产主义社会是具有内在一致性的。因此,推进生态文明建设也是促进人的全面发展的需要。

知识链接

生态文明语境下人的全面发展(节选)

自然是人类自诞生以来无法挣脱的一条脐带,像一个胎记深深印在人类的生命里,时刻牵动着人类骚动的灵魂。人类从自然中来,到自然中去,只有在自然的怀抱里，才能找到人生的真谛和生活的乐趣。同时，自然是展现生机与活力的舞台，绿色是生命和希望的象征；高山、戈壁、沙漠让人体会到大自然的雄浑壮阔之美；森林、海洋、草原让人感悟到自然的博大幽深；湖泊、湿地、河流让人感受到宁静致远之义；动物、花草、虫鸟激发出人们的同情爱慕之心。明媚的阳光，碧蓝的天空，辽阔的大地，闪烁的星辰，以无比仁慈的胸怀接纳着我们，赐予人类最无私的关怀，尤其是被工业社会挤压得无处可逃的现代人。当他们再也承受不了环境污染的危害，承受不了现代社会的冷漠和物质利益的纠缠，无法忍受生活的空虚和心灵的孤独时，他们就会把目光转向清新洁净的大自然，在自然中寻找精神的休憩和慰藉，使疲惫的心灵焕发出新的生机。人类在自然中体味着回到家乡的沉醉感觉，意识到人类与自然原来具有如此亲密无间的关系，自然就是人类的精神之乡、审美之乡、心灵之乡，人类走向自然，就是对自身本质的回归，是人对自然之母的无私回报……

[引自：马洪宝. 生态文明下的人的全面发展[J]. 中国海洋大学学报（社会科学版）. 2006(02)]

二、大学生生态文明教育的核心目标

大学生作为未来社会发展的生力军，是推动生态文明建设的重要支撑力量。高校作为培养大学生的重要基地，其生态文明教育质量的高低将直接影响我国生态文明建设的推进速度。然而，生活于新时期的大学生，一方面关注现实问题，观念新，行动快，热情高，是建设生态文明的新生力量；另一方面，也存在着生态知识缺乏、生态意识淡薄、环保态度冷漠、生活状况和行为方式与生态文明相悖等现象。因此，加强高校生态文明教育，提高当代大学生生态素养，必须强化大学生对生态知识的科学认知，培养大学生热爱敬畏自然的美好情操，帮助大学生树立良好的生态文明意识，促进大学生自觉践行生态文明行为，这是大学生生态文明教育的核心目标。

（一）强化大学生生态知识的科学认知

大学生对生态知识的科学认知，主要是指能够正确认识人与自然、人与社会的关系，掌握一定的生态学知识，具备环境保护相关知识与技能。生态学和人类生态学是生态文明建设的重要学科基础。从这个学科基础出发，并厘清人类文明与人类生态、工业文明与生态文明、生态建设与生态文明之间的内在逻辑关系，方能建立起大学生对生态文明知识的科学认知。

1. 生态学与人类生态学

生态文明首先离不开对生态学的认识。经典的生态学是研究生物与生存环境的关系。后来随着生态学研究的深化、拓展，出现了人类生态学的新学科，即将生态学的研究扩展到对人类与其环境关系的研究。这种拓展具有革命性的意义。首先，传统的生态学只局限于研究自然的生态系统，落脚点是自然界生物和生态系统；而人类生态学却以人类为研究的出发点和落脚点，以人类自身与环境的关系作主题，并且力图诠释作为"万物之灵"的人类在环境中的地位、定位和守位的问题。其次，人类生态学将生态学的自然科学属性扩展到人文科学领域，研究的不只是人与自然环境的关系，还有人与社会环境的关系，更有与两者相互综合作用的关系。最后，人类生态学更关注的是人类的各种活动对环境的影响及其反馈，包括人口增加、资源开发、经济发展、人类行为、社会文化等对人类自身赖以生存的环境影响，特别是其负面的影响。因此，强化大学生生态知识的科学认知，应从生态学，特别是人类生态学视角出发，重点考察人与自然、社会之间的相互影响，有的放矢进行生态文明建设。

2. 人类文明与人类生态

人类文明已经经历了原始文明、农业文明和工业文明三个发展阶段，它们代表着人类不同的发展水平。人类文明与人类生态密切相连。首先，人类文明的发展，实际上是人与自然关系不断演化、深化、泛化的过程。表面上看，各种文明的差异好像表现在生产力的高低，产业结构的不同，社会形态的差异，科学文化的悬殊上，但实际上从原始文明自然崇拜，到农耕文明天定胜人，再到工业文明的人定胜天和生态文明的人与自然和谐，都是不间断的人与自然关系的思维脉络。其次，文明是对野蛮的否定，文明层次越高，开发自然、利用自然的水平就越高，作用范围就越大，人的社会性、文化性、技术性、智能性就越强。而且人类越发展，与自然的关系就越紧密、越敏感、越深刻，越无处不在，越是牵一发而动全身。最后，文明的进步，正是在于人类深化了对自然的认识，理性地认识了人与自然的关系，认识到人类自身的局限，懂得人只能适应自然过程，人不能违反自然规律。因此，强化大学生生态知识的科学认知，就是要让大学生认识到人类文明进步的重要表现正是认识到人的任何发展都离不开自然的支撑，认识到人的贪婪和对自然的危害，最终会归结为对人类自身的危害。

3. 工业文明与生态文明

从文明的历史承接来看，生态文明是在工业文明基础上发展而来的，是对工业文明的反思而选择的新的发展道路，从长远上看，生态文明必将取代工业文明，正像工业文明曾经取代农业文明一样。生态文明来自于工业文明而高于工业文明，生态文明继承工业文明丰富的物质支撑，批判、摒弃工业文明的弊端，反思工业文明人定胜天的思维，医治工业文明带来生态破坏和污染环境的创伤，还要进一步提升生态系统和自然界对人类的服务质量，提升人与自然的协调度、和谐度、安全度和幸福度，不仅要让人类享受到阳光与蓝天、安全的净水、健康的食品、清鲜的空气，而且要营造更符合人类生存、生活、健康、享受、愉悦的景观、生态和环境。要实现这些，必须在工业化的基础上，产业有新的提升，技术有新的突破，人的行为有新的升华，文化有新的意境，政治、经济、社会进入新的文明。因此，强化大学生生态知识的科学认知，还要让大学生懂得生态文明不是不要工业文明，而是继承工业文明的优秀遗产，同时去其糟粕，在工业文明的基础上，进一步优化工业、优化产业、优化经济，提升、提高产业和经济发展与自然的协调度。

4. 生态建设与生态文明

生态建设与生态文明相互联系：搞好生态建设，是生态文明的前提。反之，生态文明又是生态建设的目标。同时，二者又相互区别：首先，生态建设的任务，从当前我国的实际情况上看，不管是优化空间布局，环境整治，生态红线，生物多样性保护，都是具体的生态恢复与环境治理。基本上是对已受害生态系统的补偿、修复，是对过去不合理开发的纠正，与生态文明要求的层次相差甚远。其次，生态建设集中的任务，主要的目标是物质的，绝大多数是显性的，见得到的，工程项目容易立竿见影，能较好体现政绩。而生态文明主体是人的文明、文化文明、社会文明，反映的是经济、政治、文化、社会文明的综合结果，更多是抽象的、隐性的、长远的、软性的、行为的、是深入人心、潜移默化的，很难在短期间内有明显的定量成果。最后，生态建设在世界众多国家已有成功经验，化解了生态危机，解决了环境污染，保障了饮用水卫生、空气清鲜、食品安全，培养了相对良好的环境意识，许多经验可以借鉴。但生态文明刚刚处于启蒙阶段，包括许多较好解决了生态建设和环境保护问题的国家和地区，至今没有一个敢标榜其已进入生态文明阶段，已建成生态文明。因此，强化大学生生态知识的科学认知，要让当代大学生懂得中国的生态文明之路才刚开始，没有成套成功经验可供借鉴，真正的生态文明建设还任重道远。

（二）培养大学生热爱敬畏自然的情操

自然对于满足人和人类社会生存发展是具有不可或缺的意义的。印度加尔各答农业大学德斯教授对一棵树的生态价值曾进行过计算：一棵50年树龄的树，以累计计算，产生氧气的价值约31200美元；吸收有毒气体、防止大气污染价值约62500美元；增加土壤肥力价值约31200美元；涵养水源价值37500美元；为鸟类及其他动物提供繁衍场所价值31250美元；产生蛋白质价值2500美元。除去花、果实和木材价值，总计创值约196000美元。由此可见，自然所产生的生态价值无比宝贵不可替代，当代大学生应热爱自然、敬畏自然。

1. 自然是人类赖以生存的先决条件和物质源泉

大自然是包括山川河流、大地思想是行动的指南。森林、动物植物、矿产资源、空气、海洋、水等一切有机物、无机物在内的巨系统。这些资源本身具有经济价值、景观价值、环境价值、矿物价值、药用价值、资源价值等多种价值。每一项皆是上天赐予人类的宝贵财物。仅以其中的水为例，水是生态之核、生命之源，在人类赖以生存的生态系统中，水是不可或缺的生命元素，是社会发展的基础与杠杆。水资源在自然界呈现出多种多样的功能特性，在人类社会活动、自然环境中具有城乡生活供水、农业用水、工业用水、水力发电、水上航运、生态环境用水以及水生养殖等多功能的作用，是人类社会和自然界所必需的基本资源。可见，自然生态具有一种天赋价值，这种价值是从它存在的那天起就拥有了，它不依赖人类而天然存在。当人类不能认识或理解其价值时，这种价值就以一种潜在的状态存在；当人类理解和认识到它的价值了，它便可以为人服务、为人类提供宝贵的资源或财富。

2. 自然环境对人类发展和生活具有多方面的价值

以森林的环境价值为例：森林提供了对人和动物的生命来说至关重要的氧气；森林可以吸收工业过程中排放的大量二氧化碳，有利于减低温室效应；森林能够吸收空气中的灰尘，细菌以及一些有害气体，就像大自然的肺，净化着我们呼吸的空气；郁郁葱葱的森林是块巨大的吸收降水的海绵，它的根把从天而降的雨水送到地下，使之变为地下水，增加地球上的淡水资源；森林植物的叶面在光合作用过程中，蒸发出自身产生的水分。水蒸气进入大气之后，使空气湿润，有利于降水和调节气候；森林是地球上生物繁衍最为活跃的区域，尤其是热带林，它养育着5百万以上不同种类的动植物；森林使地球免遭风暴和沙漠化。环境对人类发展的价值可以分为内在价值与外在价值两个方面。从内在价值的角度来说，良好的自然生态环境，使人拥有赏心悦目、舒适健康的生活条件与自然景观。从外在价值来说，人能从自身所处的环境中攫取的资源数量很大程度上取决于洁净的水、清新的空气、便利的交通等条件（图0-2）。综合起来说，环境价值是自然价值与劳动价值、资源价值与生态价值的有机叠加。

3. 生态破坏给人类带来严重危害

生态破坏是指人类不合理地开发、利用造成森林、草原等自然生态环境遭到破坏，从而使人类、动物、植物的生存条件发生恶化的现象。例如，水土流失、土地荒漠化、土壤盐碱化、生物多样性减少等。环境破坏造成的后果往往需要很长的时间才能恢复，有些甚至是不可逆的。据估计，世界平均每天有一个物种消失。而且，人为因素造成的物种灭绝速度是自然灭绝速度的1000倍。2000多年来，已知有139种鸟类、110种哺乳动物绝灭，其中近1/3的物种是在近几十年中消失。还有600多种大型动物面临绝灭的危险。日益恶化的生态环境，越来越受到各国的普遍关注。更多的人开始认识到，人类应当不断更新自己的观念，随

图 0-2　美丽的森林

时调整自己的行为，以实现人与环境的和谐。保护环境也就是保护人类生存的基础和条件。人类只有一个地球，生态破坏已经给人类带来严重危害。为了在自然界里取得自由，人类必须利用知识在与自然合作的情况下，建设一个良好的环境。

自然是人类赖以生存的先决条件和物质源泉，自然环境对人类发展和生活具有多方面的价值。历史事实已经证明，人类每一次进步和发展，都离不开生态环境各要素的"综合支持"。然而，随着科学技术的进步，人类改造世界能力的增强，人类活动开始严重影响着生态环境，全球气候变暖、资源匮乏、物种灭绝、环境污染、土地沙化、水土流失、沙尘暴……全球生态问题日益突出。高校生态文明教育需要让当代大学生认识到自然于人类的不可替代的宝贵价值，并且感恩自然、珍视自然，摒弃人类中心主义敬畏自然，培养自身热爱自然、敬畏自然的良好道德情操，为推进生态文明建设贡献自己的力量。

知识链接

瓦尔登湖（节选）

这是一个美妙的晚上．我的身体似乎只感觉到每个毛孔都在吮吸着幸福，真是奇妙的感觉啊！我和自然融合为一体。我穿着衬衫在到处是石头的湖滨散步，乌云密布，又凉风习习，湖边十分清凉，但我并没有发现什么特别吸引人的地方，自然中的一切都与我如此和谐。牛蛙用叫声迎来了黑夜，微风使湖水掀起一层细微的波浪，还带来了夜莺的歌声。桤木和白杨摇晃着，激发了我的情感，使我激动得几乎无法呼吸；但是就像湖面一样，我宁静得只有细微的波浪，没有起伏，晚风激荡起的涟漪就像宁静的湖面一样，离风暴还远呢。虽然天色暗淡，但是风还在吹拂着森林，波浪还在拍打着岸边，有些动物还在歌唱，似乎在为别的动物唱催眠曲。当然不会有完全的宁静。最凶狠的动物还没睡觉，它们还在寻找猎物；狐狸、臭鼬和兔子还在田野和森林中游荡，根本没有畏惧的感觉。它们是大自然的更夫，是联系生机盎然的白昼的桥梁。

美国作家梭罗在美国最好的学校（哈佛大学）接受了大学教育，却自愿到荒凉的瓦尔登湖边隐居、过着像原始部落那样简单的生活。《瓦尔登湖》就是描述他在瓦尔登湖湖畔一片再生林中度过两年又两月的生活，以及期间他的许多思考所形成的著名散文集。该书出版于1854年，他告诉我们：当自然越来越远的时候，当我们的精神已经越来越麻木的时候，如何才能回归我们心灵的纯净世界。

(三) 帮助大学生树立生态文明意识

生态环境问题是全人类共同面临的问题；生态文明建设是关系国计民生、子孙后代的重大战略。生态文明建设关乎全社会每一个人的切身利益，而大学生又是未来社会发展的生力军，只有大学生树立了生态文明意识，并将其转化为自身行动的行为规范，用生态文明意识约束自己的行为并监督他人的行为，积极参加到生态文明建设活动中去，社会主义生态文明建设才有可能实现。大学生生态文明意识的培养包括以下三个方面：

1. 生态文明科学意识培养

大学生生态文明科学意识的培养，主要是培养大学生对生态文明和环境问题的科学认知。除了学科基础和宏观认识以外，大学生科学意识培养的重点是基础的生态文明知识。基本的生态文明知识是人类正确认识生态环境问题的最基本要素，只有掌握科学的生态文明知识，人们才能认清什么样的问题能称之为环境问题，并且辨别自己的行为是否影响了生态文明的建设。

培养大学生的生态文明科学意识，首先，要让大学生认识到人是自然的一部分，人类无法脱离自然，人们能通过劳动改造自然，却不能超越自然。生态文明就是要促进人、自然、社会全面发展的文化形态。其次，要提高大学生的资源环境意识，强化其生态文明观念。我国虽然幅员辽阔，物产丰富，但是人口数量多，基数大，人均资源少，而且污染严重，这些现实问题都造就了对于我国自然资源和生态环境的巨大压力。人类必须加以保护和珍惜利用有限的自然资源，开发新能源。只有具备了基本的生态文明知识，树立了科学的生态文明意识，人们才能认识到人与自然环境的密切关系，才能积极主动地保护自然，找出可以利用的可再生资源替代非可再生资源，缓解地球压力，使资源能进入一个恢复期，同时又不影响人类社会经济的发展，真正做到人与自然、社会的可持续发展。

2. 生态文明道德意识培养

道德是一种社会意识形态，它是调节人与人之间利益关系的行为准则与规范。道德以善恶为标准，依靠宣传教育、社会舆论、传统习俗和内心信念等调整人与其他社会关系的范畴。在人类社会发展过程中，人与自然同样存在着各种各样的联系，也会产生各种各样的矛盾，这就需要生态文明道德规范进行调节。生态文明道德意识是指人们在处理生态环境利益关系的一种行为准则和规范。培养大学生的生态文明道德意识主要是培养大学生较高的生态文明道德修养，从而使其自觉地按照生态文明建设的规则规范和约束自己的行为，实现积极的生态文明行动。培养大学生的生态文明科学意识，能够帮助青年学生从实际出发，运用所学知识解决生态环境的具体问题;培养大学生的生态文明法律意识,能够帮助青年学生知法懂法,通过强制性的手段解决生态问题;然而,科学和法律之间存在一个"空场",对于一些既不属于科学范畴,也不属于法律范畴的有害生态建设的行为发生时,道德意识就显得尤为重要,它对个人行为具有不可小视的约束力。

培养大学生生态文明道德意识应从以下四个方面入手:首先,帮助大学生认识到自然生态是人类生存环境的重要要素,良好的生态环境是人类生存之本,是人保持身心健康改善生活质量和获得生活安康的重要条件;其次,帮助大学生认识到要珍惜自然资源,合理地开发利用资源,尤其是珍惜和节制非再生资源的使用与开发。再次,帮助大学生认识到要维护生态平衡,珍惜与善待生命,特别是濒危和珍稀动物的生命。最后,帮助大学生认识到要依靠科学技术社会生产力的发展,不断美化和创新自然,促进生态环境的良性循环。总之,生态文明道德意识是人与自然之间道德关系的要求和体现,把人与自然的关系纳入社会道德,要求人们自觉承担起对自然环境保护的责任,体现了人类道德进步的新境界,体现了人类自我完善的新发展。

3. 生态文明法治意识培养

生态文明法治意识指的是通过法律强制性的手段提高人们的生态文明意识。当前,我国环境保护方面的法律法规已经建立起来,其内容涉及大气、海洋、水、土地、矿藏、山脉草原、动植物资源、森林草原等各个层面。包括《环保法》《大气污染防治法》《海洋环境保护法》《野生植物保护条例》等。特别是2015年新环保法实施。新环保法引入了生态文明建设和可持续发展的理念,确立了保护环境的基本国策和基本原则,规定了公民的环境权利和环保义务,严格了政府、企业事业单位和其他生产经营者的环保责任等。这些法律确保了社会主义生态文明建设的有法可依,同时,在制度上也为公民的生态文明意识培养提供了保障。

培养大学生生态文明法治意识主要考虑以下两大问题:首先,基本的生态文明法制知识普及教育。青年学生能够意识到环境法律法规在生态文明建设中的重要性,但对具体相关的政策法规却知之甚少。大部分人认为只有企业生产产生的废水、废气、固体废弃物是破坏生态环境的首要原因,但对个体生活中因为缺乏环境法律知识导致的环境破坏并不了解。其次,基本的生态文明维权意识教育。公民既享有个人居住的生态环境不受污染和破坏的权利,又有保护生态环境的义务。当人们追求良好生态环境的权利受到侵犯的时候,就应该运用法律的武器维护自己的合法权益。人们要想维护这种合法权益,就必须要建立在对环境法律知识的知晓和理解的基础之上。但是在现实中,人们往往忽视了自己具有享受良好生态环境的权利,不知道自己的合法权益已经或者正在受到侵害,有些人即便知道，也没有依法保护自身利益的法律意识。

知识链接

中华人民共和国环境保护法（总则）

第一条　为保护和改善环境，防治污染和其他公害，保障公众健康，推进生态文明建设，促进经济社会可持续发展，制定本法。

第二条　本法所称环境，是指影响人类生存和发展的各种天然的和经过人工改造的自然因素的总体，包括大气、水、海洋、土地、矿藏、森林、草原、湿地、野生生物、自然遗迹、人文遗迹、自然保护区、风景名胜区、城市和乡村等。

第三条　本法适用于中华人民共和国领域和中华人民共和国管辖的其他海域。

第四条　保护环境是国家的基本国策。

国家采取有利于节约和循环利用资源、保护和改善环境、促进人与自然和谐的经济、技术政策和措施，使经济社会发展与环境保护相协调。

第五条　环境保护坚持保护优先、预防为主、综合治理、公众参与、损害担责的原则。

第六条　一切单位和个人都有保护环境的义务。

地方各级人民政府应当对本行政区域的环境质量负责。

企业事业单位和其他生产经营者应当防止、减少环境污染和生态破坏，对所造成的损害依法承担责任。

公民应当增强环境保护意识，采取低碳、节俭的生活方式，自觉履行环境保护义务。

第七条　国家支持环境保护科学技术研究、开发和应用，鼓励环境保护产业发展，促进环境保护信息化建设，提高环境保护科学技术水平。

第八条　各级人民政府应当加大保护和改善环境、防治污染和其他公害的财政投入，提高财政资金的使用效益。

第九条　各级人民政府应当加强环境保护宣传和普及工作，鼓励基层群众性自治组织、社会组织、环境保护志愿者开展环境保护法律法规和环境保护知识的宣传，营造保护环境的良好风气。

教育行政部门、学校应当将环境保护知识纳入学校教育内容，培养学生的环境保护意识。

新闻媒体应当开展环境保护法律法规和环境保护知识的宣传，对环境违法行为进行舆论监督。

第十条　国务院环境保护主管部门，对全国环境保护工作实施统一监督管理；县级以上地方人民政府环境保护主管部门，对本行政区域环境保护工作实施统一监督管理。

县级以上人民政府有关部门和军队环境保护部门，依照有关法律的规定对资源保护和污染防治等环境保护工作实施监督管理。

第十一条　对保护和改善环境有显著成绩的单位和个人，由人民政府给予奖励。

第十二条　每年6月5日为环境日。

《环保法》是为保护和改善环境，防治污染和其他公害，保障公众健康，推进生态文明建设，促进经济社会可持续发展制定的国家法律。1989年12月26日第七届全国人民代表大会常务委员会第十一次会议通过，2014年4月24日第十二届全国人民代表大会常务委员会第八次会议修订通过，2015年1月1日起开始施行，被称为"史上最严环保法"（图0-3）。

图0-3　修订后的《环保法》

（四）促进大学生践行生态文明行为

环境学家曲格平先生曾经说过："要解决环境危机，人类必须首先进行一场深刻的行为变革，创建一种以保护地球和人类可持续生存与发展为标志的新道德和新文明。"因此，促进大学生践行生态文明行为，提升大学生生态文明素养，对变革人们不良生态方式，推进生态文明建设具有重要意义。当然，大学生生态文明行为的养成并非一日之功，它受多种因素的影响，是一个循序渐进的复杂递进过程，由教化、示范、养成三个重要因素构成。

1. 生态文明行为的教化过程

教化是一种有意识有目的的教育，是学校对学生进行的针对性教育。它把具体的行为教育内容通过多种多样的形式灌输到学生的观念之中，使之形成正确的观念意识，从而产生良好的行为。生态文明行为的教化过程也是如此。首先，大学生生态文明行为教化要明其事、明其理。宋代大教育家朱熹曾经说过："古者初年入小学，只是教之以事，如礼乐射御书数，及孝悌忠信之事。自十六七入大学，然后教之以理，如致知、格物及所以为孝悌忠信者。"也就是说，教育大学生不能像小学生那样知其然而不知其所以然，不仅要明其事，还要明其理。这样才能使其生态文明行为内化于自身，成为一种自觉的行动。其次，大学生生态文明行为教化要从遵守基本的生态文明规定开始。遵循生态文明倡导的规范是生态文明行为培养最基础的要求。行为没有约束的时候是可为可不为的，有些需要道德自觉而为的行为不能保证每个人都能践行。只有人人遵循应有的行为规范，才能形成一种良好的社会风气。在学校中只有每位学生都自觉遵守生态环保的管理规定，才能形成生态文明校园之风。最后，增强生态文明认同是大学生生态文明行为教化的重要内容。生态文明行为有一个重要特点，就是行为价值具有潜在性和长期性，它着眼于大多数人的长远利益，其意义与中华民族传统文化所提倡的"前人栽树，后人乘凉"的价值观一脉相承。生态文明建设与每个人都息息相关，每个人都有参与的必要性。总体来说，生态文明行为从深层次价值观中体现了人性中真善美的崇高的一面。只有大学生深刻的理解了这些，才会产生稳定的生态情感，增加对生态文明的认同，从而催化生态文明行为的养成。

2. 生态文明行为的示范过程

示范是把教育的理论内容、抽象的道德标准人格化，通过教育者的模范行为和优秀品德影响学生的思想、情感和行为，以达到教育要求的方式。生态文明行为的示范过程是指通过将生态文明行为的标准人格化，以教育者的榜样行为对被教育者做出示范的过程。孔子说："其身正，不令而行；其身不正，虽令不从。"强调的就是教育者示范作用。首先，在学校教育过程中，教师作为主体，他的言行举止对受教育者的行为起着导向作用，有着比任何语言都巨大的影响力。正如俗话所说："喊破嗓子，不如干出样子"。教育工作者的主要工作是为人师表，教师应以自己的"身教"为学生做出良好示范。其次，学校各级管理人员以及教师，应以自己的行为建设一个氛围良好的校园行为环境，这个环境对学生的行为也有潜移默化的作用。如同著名的倒垃圾效应所说，一个干净的墙角，如果一直没人倒垃圾就一直干净着，一旦有人哪怕倒了一点垃圾，没有人制止或者打扫干净，用不了多久，这个墙角就会成为垃圾山。茅于轼也在他的《中国人的道德前景》一书中举过类似的例子，领一群小学生到公园去玩，教师告诉孩子们，在公园里不许乱扔果皮纸屑。当孩子们来到一所卫生很差、满地肮脏的公园时，孩子们会忘记老师的叮嘱，而和以前扔了脏东西的人一样，随便扔脏物。相反，如果孩子们来到一座卫生状况良好的公园，甚至不用教师提醒，孩子们也会自动保持公园的清洁。可见，生态环境和教育工作者的示范功能明显。

3. 生态文明行为的养成过程

养成是指在思想观念教育的基础上，通过行为训练、严格管理等多种教育手段，使受教育者在日常生活、工作和学习中形成自觉遵守多种制度规范的良好道德品质和行为习惯的一种教育。同样，生态文明行为的养成也是这样一个过程。通过生态文明行为的教化和示范过程，加强了大学生对生态文明行为的认知和生态情感的认同，最终，生态文明教育的落脚点就是生态文明行为的养成。大学生生态文明行为养成的主要内容包括：首先，养成节约不浪费的好习惯。不浪费水资源，洗漱、洗衣服、洗浴的过程中，合理适当的用水，随手关掉水龙头；不在寝室使用违规电器、大功率电器，做到人走灯灭，关掉空教室里的亮灯。节约粮食，积极响应光盘行动，每次用餐合理饮食，吃多少多少，不浪费。其次，践行低碳生活。外出购物使用环保购物袋，平时不使用一次性塑料袋，不制造白色垃圾，低碳出行。再次，爱护环境卫生。爱护环境卫生，不乱扔垃圾，废旧电池回收处理，废旧物品回收利用等。此外，行为变成了习惯才能永久。因而，只是让大学生有良好的生态文明行为是不够的，更重要的是要引导他们将行为变成习惯。良好的生态行为习惯是生态素质的表现，培养大学生生态文明行为的最终目的就是为了使每个人都有践行生态文明的行为能力和良好习惯，行为不再需要各种规范的硬性要求，生态意识内化为生态情感，外显成生态行为。当生态文明行为成为一种习惯，使用绿色产品是自觉的，低碳出行是平常的，爱护动植物是自然的，勤俭节约是自豪的。只有这样，真正的生态文明行为才能养成，大学生生态文明教育的核心目标也才能实现。

第一章

什么是生态文明

第一节 生态文明的内涵

生态文明是我们共同的理想与奋斗。生态文明建设更需要我们的行动与实践。大学生即将步入社会正轨，从学校人向职业人转变，既需要培养社会需要的发展能力，也需要不断地提升自己可持续发展的动力。在生态文明建设这一伟大进程中，大学生更应是面向未来的生态文明传承者、传播者和建设者。

一、生态文明的概念

（一）生态文明的定义

1. 生态文明的释义

生态文明是人类在改造客观物质世界的同时，不断克服改造过程中的负面效应，积极改善和优化人与自然、人与人的关系，创建有序的生态运行机制和良好的生态环境所取得的物质、精神和制度方面成果的总和。

对这一理念的认知、认同、实践与总结，人类经历了一段漫长的时间。从词面上讲，作为复合词，"生态文明"由"生态"与"文明"两个词复合而成。

"生态"一词最初源于古希腊，意思是指家或我们生存发展的环境。一般来讲，生态就是一切生物的生存、生活状态。即在一定的生长环境下，生物为了生存与发展，相互间关联、依存的状态，它按照自在自为，客观存在的发展规律存在并延续至今。人类作为自然发展的产物，也是生物圈的自然组成部分，不过，人的生理能力与自然界中其他动物相比，非常的弱小，如：猎豹奔跑的速度、狗嗅觉的灵敏度、蝙蝠的超声波定位……为了生存与繁衍，人类以群居方式生活，以自身的劳动发展自己，逐渐形成人类特有的思维能力与主观能动性，并通过发展思维与主观能动性，提升自己行为能力，使人类逐渐走上当前世界生物金字塔的最顶层。

作为人类求生存、求发展的成果，文明是人类改造世界的物质与精神成果的总和，是人类社会发展程度和社会进步的标志。

在东方文化中，"文明"一词，最早出自《易经》，在《周易·乾·文言》中说到："见龙在田，天下文明。"文明在此取"文采光明"之意。隋唐人孔颖达释意说："天下文明者，阳气在田，始生万物，故天下有文章而光明也。"南朝人宋鲍照的《河清颂》中说到："泰阶既平，洪水既清，大人在上，区宇文明。"唐人李白在《天长节使鄂州刺史韦公德政碑》中说到："以文明鸿业，授之元良。"后来"文明"的词义发生了演变，指称文治教化。例如，前蜀人杜光庭《贺黄云表》中说到："柔远俗以文明，慑凶奴以武略。"元人刘埙《隐居通议·诗歌二》中说到：

"想见先朝文明之盛，为之慨然。"宋人司马光《呈范景仁》中说到："朝家文明所及远，于今台阁犹如蝉联。"至清人李渔的《闲情偶寄》中说到："求辟草昧而致文明，不可得矣。"清末人秋瑾在《愤时迭前韵》中说到："文明种子已萌芽，好振精神爱岁华。"则指一种发展水平高、有文化的状态，这一阐述与现在的"文明"意义相近。

知识链接

"见龙在田"为什么喻义"天下文明"呢？龙属阳，田属阴，阳人在阴位，其人很有德行、很有才能，其德、其才既可能是君德、君才，也可能是辅助君主之德、之才。田地很平凡、很普通、很低贱，是农夫耕作的地方，他们在田地这个很平凡、很普通、很低贱的地方，还有待发现，还有待施展。一旦被发现、被施展，天下就会在他们的把持下而焕然一新。为什么呢，阳爻在阴地，阴阳相合，无往而不胜。他们知道民间的疾苦，如被大人物所用，他们将以下情告之，大人物得到下面的实情，也就是阳跟阴配合，上跟下配合，天下就自然治理了，文明了。或者他本身是大人，在穷困潦倒时被智谋之士发现，进而被智谋之士扶持，因其通晓民间疾苦，在其打天下、治天下过程中，自然也就能顺应民意了。能顺应民意，天下也就自然太平了。天下太平，文明自然大现了。

在注疏《尚书》时，孔颖达对"文明"作了进一步的解释，他认为文明是"经天纬地曰文，照临四方曰明"。而在中国传统中，"经天纬地"意为改造自然，属物质文明；"照临四方"是驱散愚昧落后，属精神文明。

在西方文化中，"文明"产生之初就是"城邦"的代称，以与"野蛮"相对立的形容词而出现，标志着人类社会进步的状态。

2. 人类文明的历程

在漫长绵延的历史长河中，人类经历着由弱小到强大，由量的积累到质的变化的过程。从要素上看，文明的主体是人，体现为人类在求生存中利用自然，求发展中改造自然，并在这一进程中不断反省自身的状态，如物质文明和精神文明；从空间上分，文明具有多元性，如东方文明与西方文明、印度文明与非洲文明；从时间上分，文明具有阶段性，如原始文明、农业文明与工业文明。

第一阶段是原始文明。大致历经了170万~200万年，这一阶段大约发生在石器时代，考古发现，中国的原始文明始于距今约170多万年前的元谋人。在那个时期，人们借助使用粗陋的石器为生产工具进行物质生产活动，相对于地球数千亿吨计的净植物生产力而言，人类的"消费"量简直可以忽略不计。至原始农业出现，人类些许的生态破坏，也会在地球生物圈的巨大自我恢复、自我修复中达到生态平衡。这一阶段是人类认识自然、缓慢适应自然的过程，这种人类与生物、环境之间自然有序的协同进化关系，堪称原始"绿色文明"。

第二阶段是农业文明。随着铁器的出现，生产工具和技术的进步，人类利用和改造自然的能力产生了质的飞跃，相应的生态问题日渐显现、突出。由于农业过度开发致使人类文明衰落的变故屡见不鲜。但总的看，人类对自然的认识与认知能力与水平，伴随着时间的流逝有了不断的提升，这个时期，人类的发展对自然生态的负面作用渐进扩大，体现为人类不断积累知识与经验，不断提升能力并不断尝试征服自然，这一阶段大约经历了1万年。

第三阶段是工业文明。虽然这一时期历时短，但其物质财富生产与生态破坏能力却是前期文明无可比拟的。18世纪的英国工业革命开启了人类生活的现代化进程，人类征服自然的运动规模空前，为满足无止境的难填欲壑，人类近乎疯狂的掠夺自然资源。有关资料统计，三百年里，人类消耗了约1420亿吨石油、2650亿吨煤、380亿吨铁、7.6亿吨铝、4.8亿吨铜。占世界人口15%的工业发达国家，消费了全球56%的石油和60%以上的天然气、50%以上的重要矿产资源。工业文明近乎疯狂的掠夺所造成的巨大破坏触目惊心，对大自然的影响不可估量，恶化了人类生活居住环境与发展前程，人类开始意识到，人的生命是有限的，地球的资源也是有限的，人类活动能力与空间不能无度。人类遇到前所未有的生存与发展危机，生态文明及生态文明建设这一命题应运而生。

3. 生态文明的意蕴

生态文明是人类对物质文明的反思基础上对人与自然关系历史的总结和升华。人类应遵循和谐发展的客观规律，树立和谐文化价值观，尊重自然，与自然和谐共生，通过科技创新和制度创新，树立可持续的生态生产观和降低生产消费消耗，树立适度的消费生活观来维护人类赖以生存发展的生态平衡，实现人与自然、人与人和谐共生、全面发展、持续繁荣（图1-1）。

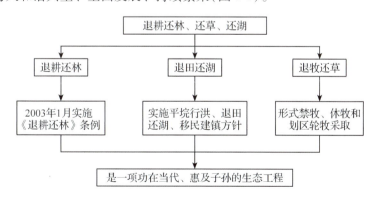

图1-1 功在当代、惠及子孙的生态工程

一是和谐的文化价值观。人类应发挥自己的主观能动性，树立起符合自然生态法则的文化价值需求，深刻体悟到自然是人类生命的依托，破坏自然就是破坏人类自己的家园，自然的消亡也必然导致人类自身无法生存，直至生命系统的消亡，体悟生命、尊重生命、爱护生命，并不是人类对其他生命存在物的施舍，而是人类自身生存、发展和进步的需要，把对自然的爱护提升为一种不同于人类中心主义的宇宙情怀和内在精神信念。

二是可持续生态生产观。资源，特别是不可再生资源是有限的，而人类可支配的资源更加有限，人心不足蛇吞象，盲目地开发、使用、浪费资源无异于人类的集体自杀，生态文明要求人类遵循生态系统是有限的、有弹性的和不可完全预测的原则，在人类的生产劳动中，要秉持最大的节约、对环境影响最小和再生循环利用率最高理念。

三是适度的消费生活观。倡导生态文明并非阻止人类正常的消费与生活，而是提倡在人们以"有限福祉"的生活方式替代过去的不合理的生活消费方式。人们的生活追求不再是一味的对物质财富的过度享受，而是一种既满足自身正常生活的需要、又不破坏自然生态平衡，既满足当代人的生存与发展需要、又不损害后代人继续生存与发展的需要。这种公平、平衡和共享的道德理念，成为人与自然、人与人之间和谐发展的规范。

（二）生态文明的意义

文明助推了人类社会的发展与进步，但也带来了深刻的危机。为实现可持续发展，人类提出了生态文明理念，这是人类对传统文明特别是工业文明进行深刻反思的成果，是人类文明形态、发展理念和道路模式的重大转折。但建设生态文明不是一人一家一国可以为之努力并取得成功的，需要集腋成裘汇集人类之力，集思广益汇聚人类智慧，中国适时提出并开展生态文明建设对于自身的发展，对于全人类的进步具有特别重大的现实和战略意义。

1. 中国生态文明建设有益于世界生态文明建设

中国的生态文明建设既能造福于13亿人口，又将对全球生态环境保护做出重大贡献。人所共知，借助科技、社会与经济技术等方面的优势，西方发达国家在可持续发展领域的研究与实践先走了一步，生态文明已具雏形，其成果惠及约10亿人口。但其发展之路对于发展中国家是不可复制的，全球尚有50多亿人口处在工业文明初期或中期，生态文明刚刚萌芽。中国是最大的发展中国家，如果我国率先跨入生态文明社会，全球"绿色版图"将明显扩大，同时，中国的生态文明建设与发展的成功之路，将促进发展中国家缩短工业化进程，"弯道超车"，实现生态文明社会转化。

2. 生态文明建设有助于我国可持续发展进步

要发展就必须有付出，与世界其他国家发展一样，中国的发展也走了不少弯路。改革开放以来，我国经济保持平稳快速发展，国内生产总值年平均增长

9.7%，经济效益明显提高，经济实力和综合国力上了一个大台阶，GDP从占世界的1.8%升至15.5%，成为仅次于美国的世界第二大经济体。创造了举世罕见的奇迹，成就辉煌。但发展中所付出的资源、环境代价过大，严重制约了全面建成小康社会宏伟目标的实现。如若继续以工业文明理念和思路应对，不但于事无补，还会使困境日益深化。唯有以生态文明超越传统工业文明，坚持以生态文明的理念和思路，对发展中的矛盾、问题作深刻检视、统筹评估、理性调控、综合治理，方能化逆为顺、化险为夷、举一反三、突破瓶颈制约，在新的起点上实现全面协调可持续发展。

知识链接

以能源、效益、效率为例。我国的资源产出效率极低，每吨标准煤的产出效率只相当于美国的28.6%，欧盟的16.8%，日本的10.3%。我国第二产业的劳动生产率，只相当于美国的1/30、日本的1/18、法国的1/16、德国的1/12和韩国的1/7。差距就是潜力，后进蕴藏着发展机遇。如若以生态文明理念和思路引领发展，我国面临的种种难题都可以大为缓解，并获得非常可观的经济、社会、生态、环境效益。

3. 生态文明将提升社会生态道德文化素养

思想是行动的指南，理论是实践的先导。我国环境恶化迟迟不能根本好转，除了物质方面存在的不足以外，还与人们的生态道德文化缺失有直接的关系。一份调查显示：高达91.95%的市长（厅局长）认为加大环保力度会影响经济增长。生态道德文化缺失还表现在消费领域追求奢华、过度消费、超前消费甚至挥霍浪费等方面。

陋习的改变从思想开始，"导之以德，齐之以刑，民免而无耻"。建设生态文明，不仅需要法律的约束，更需要道德的感悟。伴随生态文明建设的进一步深入开展，通过强化生态道德文化教育，补"生态道德文化课"，广大人民群众特别是公职人员的生态道德文化素质与能力都将得到提升并助推生态文明社会的最终形成（图1-2）。

（三）生态文明是科学发展的新征程

党的十八大总揽国内外大局，为推进有中国特色社会主义建设，作出加强经济建设、政治建设、文化建设、社会建设、生态文明建设"五位一体"的总体布局，为实现建设美丽中国、实现中华民族永续发展的宏伟目标，必须把生态文明建设作为第一位的任务、最大的基础，开启生态文明建设新征程。

生态文明主要由生态文化、生态产业、生态消费、生态环境、生态资源、生态科技与生态制度等七个基本要素组成。这七个基本要素是相互影响、相互作用

图 1-2　掩映在浓厚人文气息中的教学大楼

的有机共同体，共同达成生态文明愿景。其中生态文化繁荣是生态文明建设的精神支柱，生态产业发展是生态文明建设的物质基础，生态消费模式是生态文明建设的公众基础，生态环境保护是生态文明建设的基本要求，生态资源节约是生态文明建设的内在要求，生态科技发展是生态文明建设的驱动力量，生态制度创新是生态文明建设的根本保障。

作为人类特有的认识能力和实践能力，创新是人类主观能动性的高级表现，是推动民族进步和社会发展的不竭动力。一个民族要想走在时代前列，就一刻也不能没有创新思维，一刻也不能停止各种创新。解决生态环境问题无论怎么创新，都不能以牺牲环境、破坏生态为代价，不做华而不实的表面文章，要着眼于中、长期而不是短期的发展，以顶层设计，规范生态文明建设，真正把人与自然的和谐与可持续发展纳入到日常活动、国民经济发展与宏观决策中。鼓励更多主体的积极参与，创建更加公平、公开的法制与监督环境，以更加灵活的政策工具，营造更加良好的舆论氛围。

二、生态环境与生态文明

（一）生态、环境与生态环境

1. 生态与环境

生态和环境其实是两个完全不同的概念。生态是指各种生命支撑系统、各种生物之间物质循环、能量流动和信息交流形成的统一整体。环境是一个相对的概念，主体不同，环境内涵不同，即使是同一主体，由于对主体的研究目的及尺度不同，环境的分辨率也不同。如对生物主体而言，生态环境可以大到整个宇宙，小至细胞环境。对太阳系中的地球生命而言,整个太阳系就是地球生物生存和发展的环境;对某个具体生物群落而言,环境是指所在地段上影响该群落发生发展的全部有机因素和无机因素的总和。相对人而言,环境指的是人类生存的物质条件,是生态系统中直接支撑人类活动的部分,可分为自然环境、经济环境和社会文化环境。

生物的生存、活动、繁殖需要一定的空间,生物在长期进化过程中,逐渐形成对周围环境某些物理条件和化学成分,如空气、光照、水分、热量和无机盐等的特殊需要。各种生物所需要的物质、能量以及它们所适应的理化条件是不同的,所以它们将作用于环境然,而环境反过来也会对生态产生影响,因此,出现了一系列生态与环境的关系。

2. 生态系统与环境系统

生态系统是包括特定地段中的全部生物和物理环境的统一体,是一定空间内生物和非生物成分通过物质的循环、能量的流动和信息的交换而相互作用、相互依存所构成的一个生态学功能单位(图1-3)。其功能特点是生物生产、能量流动、物质循环和信息传递;而环境系统是一个复杂的,有时、空、量、序变化的动态系统,系统内外存在着物质和能量的变化和交换。其功能特点是整体性、有限性、不可逆行、隐显性、持续反应性、灾害放大性。从这个意义上讲,生态和环境的相似之处更为明显,它们都包括物质的循环和能量的流动,并以此作为存在和发展的基本特点。

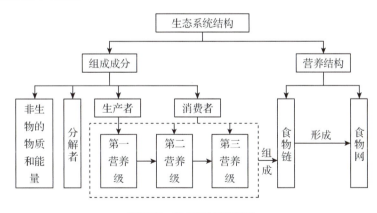

图1-3 生态系统结构图

生态系统实际上就是一定地域或空间内生存的所有生物和环境相互作用的、具有能量转换、物质循环代谢和信息传递功能的统一体。例如,森林是一个具有统一功能的综合体。在森林中,有乔木、灌木、草本植物、地被植物,还有多种多样的动物和微生物,加上阳光、空气、温度等自然条件。他们之间相互作用,是一个实实在在的生态系统,草原、湖泊、农田等都是这样(图1-4)。由此可见

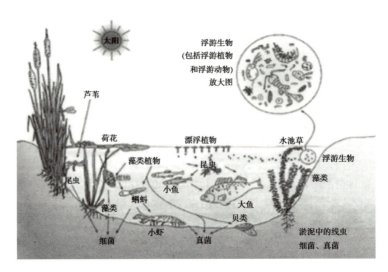

图 1-4　水域生态系统

环境是生态的基础，生态重点强调生物与环境的关系。

此外，生态与环境的相似之处还表现在其特征上。它们均是开放的系统，系统都是处于动态平衡之中，都具有自动调节能力，而且均具有一定的区域特性，即因时因地而不同。在实践中，生态和环境的界限似乎越来越被忽视，人们常常以环境改善取代生态建设，造成"局部环境好转，整体生态恶化"的情况。而在评价上，仅以环境质量来衡量生态文明建设水平。

3. 生态环境

生态环境是指由生物群落及非生物自然因素组成的各种生态系统所构成的整体，是生物及其生存繁衍的各种自然因素、条件的总和，生态环境由生态系统和环境系统中的各"元素"相互作用，共同组成（图1-5）。人类离不开环境，生态环境间接地、潜在地、深远地影响着人类的生存和发展。一旦生态环境被破坏，虽然人类可以通过科技使自己看上去暂时免于伤害，但最终仍然会导致人类生活环

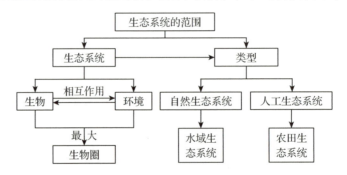

图 1-5　生态系统的范围概念图

境的恶化，影响到人类的生存与持续发展。因此，生态环境问题是牵一发而动全身，要保护和改善生活环境，改善和提升人类居住环境，就必须保护和改善生态环境（图1-6）。生态环境与自然环境虽然在含义上十分相近，但是，从严格意义上来讲，生态环境并不等同于自然环境，两者有着较大的差别。其中，自然环境的外延比较广，各种天然因素的总体都可以说是自然环境，但只有具备一定生态关系构成的系统整体才能算得上是生态环境。仅有非生物因素组成的整体，虽然可以称为自然环境，但并不能叫做生态环境，例如，火星上面的地形地貌，都是自然环境的存在，但不能居住，至少目前不能。

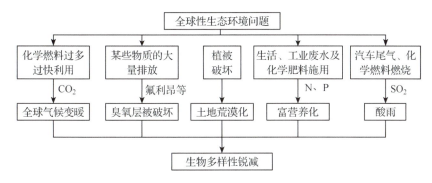

图1-6　全球性生态环境问题架构图

（二）生态文明为生态环境保护指明方向

生态环境保护作为建设生态文明的主阵地和根本措施，是生态文明理念思想内涵和根本目的的内在要求。由于某种原因，人类在生态环境保护上曾经有过愚昧、迷茫与失误，致使生态环境问题不断并呈日益恶化趋势。生态文明理念的产生与普及，是人类在自我发展中的自我修复与完善，也为生态环境保护界定了路标，指明了方向。作为我国一项重大和系统的国家战略，生态文明建设涉及人类经济社会发展的全局和各个领域，而生态环境保护以其在基础保障和优化调控等方面的重要作用，成为生态文明建设宏大战略中无可替代的主阵地。建设生态文明，需要以保护生态环境为前提，在生态环境方面进行系统的政策设计、制度安排和深入实践，统筹考虑生态可持续发展与保护的关系。

生态文明的提出，为解决发展中的环境问题提供了理论和方法指导。在过去的发展历程中，由于生态文明意识不强，没有充分注意选择科学合理的发展模式，对生态环境关注不够，大多采用低水平、低效率的粗放型经营方式，引发了一系列环境问题，严重影响了人民群众生活质量的持续提高。这些问题对我国经济社会的发展带来的负面效应与日俱增，因此，必须加强生态文明建设，以生态文明引领经济与社会建设，以生态文明指导生态环境保护，在实现经济与社会建设目标的同时，采取切实有效的措施，明显改善生态环境质量，努力建设资源节约、环境友好型社会，实现人与自然的和谐共存、共生。

（三）生态环境和谐是生态文明建设所归

生态环境保护是生态文明建设的根本措施。在改革开放几十年里，我国环境恶化、生态破坏越来越严重。一系列数据与现实表明，生态问题已经不是一个简单的环境保护的问题，也不是一个可以忽略不计，可以置之不理的问题，而是一个重大的政治问题，也是影响中国可持续发展的生存与发展问题。胡锦涛同志曾对我国发展道路有过这样的评述，他说：原来我们是"加速发展"，后来是"更快更好地发展"，这次提出"又好又快地发展"，把"好"提到前面，意思是要注重发展的质量、发展的效益，是和"生态文明"相呼应的。

生态文明建设的目标就是生态环境和谐。社会主义和谐社会是人类孜孜以求的一种美好社会，是我们党不懈追求的一种社会理想。和谐社会一方面体现为个人自身的和谐，二是要实现人与人之间的和谐，三是要达成社会各系统、各阶层之间的和谐，四是要促成个人、社会与自然之间的和谐，五是要建立整个国家与外部世界的和谐。全面建设小康社会将为实现社会主义和谐社会提供可能，为达成这一奋斗目标，必须建立在生态环境和谐基础上实现社会和谐发展，在生态环境保护方面，一是要把国民经济存在的问题与环境保护联系起来，在分析前进中面临的困难和问题中防止经济增长的资源环境代价过大；二是要把环境保护作为经济又好又快发展的重要抓手，在优化结构、提高效益、降低消耗、保护环境的基础上，实现2020年人均国民生产总值比2000年翻两番；三是要把建设生态文明教育、宣传与建设作为全面建设小康社会的五大要求之一，使主要污染物排放得到有效控制，生态环境质量明显改善。生态文明观念在全社会牢固树立；四是要着力建设资源节约型、环境友好型社会，要完善有利于节约资源和保护生态环境的法律和政策，加快形成可持续发展体制机制，落实节能减排工作责任制；五是在对外关系方面，强调在环境保护问题上相互帮助、协力推进、共同呵护人类赖以生存的地球家园。

三、生态文明的主要特征

（一）自然性与自律性

生态文明具有自然性。追求"人与自然协调发展"是生态文明建设的核心目标，也是人类赖以生存的基础。早在几千年前，老子和道家就提出人与自然万物是连续一体的。认为，自然存在具有深刻的价值，人类应当尊崇自然，关注自然，与自然和谐相处。老子所勾勒的世界蓝图是万物和谐，各遂性命，充满生机的协调世界，这恰好是全球正在努力实现的生态文明社会的伟大理想。

图 1-7 生态绿色滋润着文明的成长

生态文明也强调人的自律性。这与道家崇尚自然、道法自然、效天法地、天人合一等思想不谋而合。人类的生存与发展离不开自然,既不能离开自然谈生存,更不能跳进自然随心所欲,为所欲为,肆意妄为,蛮干乱来。这涉及如何处理人与自然的关系的问题,与以往的原始文明、农业文明、工业文明一样,生态文明也主张在改造自然的过程中发展物质生产力,不断提高人们的物质需要和生活水平,但更突出强调在尊重、爱护和保护自然环境前提下利用和改造自然(图1-7)。

追求生态文明的过程是人类不断认识自然、适应自然的过程,也是人类不断修正自己的错误、改善与自然的关系和完善自然的过程。在与自然的关系中,具有主观能动性的人是矛盾的主要方面,生态问题的根源在于人类自身,在于人类的活动与发展,建设生态文明的关键是人类。解决生态安全问题归根到底须检讨人类自身的行为方式、节制人类自身的欲望。认真定位自己在自然界中的位置,认识到人类是不能脱离自然界而独立存在的自然界的一部分,既不能做自然界的主宰,也不做自然界的奴隶,应该与自然环境的相互依存、相互促进、共处共融。也只有尊重自然、爱护生态环境、遵循自然发展规律才能实现人与自然界的协调发展。

(二)和谐性与公平性

生态文明的本质追求是和谐,其目的是达到社会和谐和自然和谐相统一,是人与自然、人与人、人与社会和谐共生的文化伦理形态,是人类在总结成功经验，汲取发展教训基础上，遵循人、自然、社会和谐发展这一客观规律而取得的物质与精神成果，稳定与和谐的生态，既是自然环境的福祉，更是人类自己的福祉。

生态文明是充分体现公平与效率统一、社会公平与生态公平统一的文明。与工业文明相比，生态文明所体现的是一种更广泛更具有深远意义的公平，它包括人与自然之间的公平、当代人之间的公平、当代人与后代人之间的公平。当代人不能肆意挥霍资源、践踏环境，必须留给子孙后代一个生态良好、可持续发展的环境与地球。

（三）基础性与持续性

生态文明关系到人类的繁衍生息，是人类赖以生存发展的基础。它同社会主义物质文明、政治文明、精神文明一起，关系到人民的根本利益，关系到全面建设小康社会的全局，关系到事业的兴旺发达和国家的长治久安。作为对工业文明的超越，生态文明代表了一种更为高级的人类文明形态，代表了一种更为美好的社会和谐理想。生态文明应该成为社会主义文明体系的基础，人民享受幸福的基本条件。

作为人类社会进步的必然要求，建设生态文明功在当代、利在千秋。只有追求生态文明，才能使人口环境与社会生产力发展相适应，使经济建设与资源、环境相协调，实现良性循环，保证永续发展。生态文明是保障发展可持续性的关键，没有可持续的生态环境就没有可持续发展，保护生态就是保护可持续发展能力，改善生态就是提高可持续发展能力。只有坚持搞好生态文明建设，才能有效应对全球化带来的新挑战，实现经济社会的可持续发展。

（四）整体性与多样性

生态文明的整体性，一方面体现为对现有其他文明具有整合与重塑作用，社会的物质文明、政治文明和精神文明等都与生态文明密不可分，是一个统一的整体；另一方面体现在对待自然的态度上，自然界蕴育万物，万物各有自己的运演规律，既要把自然界看成是一个有机联系的整体，把人类看做是自然界的有机组成部分，也应看到生态问题的全球性。地球生态是一个有机系统，其中的有机物、无机物、气候、生产者、消费者之间时时刻刻都存在着物质、能量、信息的交换。每种成分、过程的变化都会影响到其他成分和过程的变化。在保护大气层、保护海洋、保护生物多样性、稳定气候、防止毁灭性战争和环境污染等方面，必须依靠全球协作（图1-8）。

生态文明的价值观强调尊重和保护地球上的生物多样性，强调人、自然、社会的多样性存在，强调人与自然公平，物种间的公平，承认地球上每个物种都有其存在的价值。多样性是自然生态系统内在丰富性的外在表现，在人与自然的关

图 1-8　姹紫嫣红的生态校园

系中，一定要承认并尊重、保护生态的多样性。

（五）开放性与循环性

自然界既是一个开放的系统，又是一个充满活力的循环系统。开放性意味着此事物与众多彼事物的联系性，具有一损俱损、一荣俱荣的关系。开放性、循环性是自然生态系统客观的存在方式，这就要求人们在思考人与自然的关系时，把自然界作为一个开放的生态系统，努力认识和把握能量的进出、交换和循环规律。人在从自然界中摄取能量时，一定要考虑其承受力，保证自然生态循环系统的顺利进行。

建设生态文明，需要大规模开发和使用清洁的可再生能源，实现对自然资源的高效、循环利用；需要逐步形成以自然资源的合理利用和再利用为特点的循环经济发展模式。要按照自然生态系统物质循环和能量流动规律重构经济系统，使经济系统和谐地纳入自然生态系统的物质循环过程中，建立起一种符合生态文明要求的经济发展方式，使所有的物质和能源能够在一个不断进行的经济循环中得到合理和持久的利用，把经济活动对自然环境的影响降低到尽可能小的程度。

（六）伦理性与文化性

生态文明是生态危机催生的人类文明发展史上更进步、更高级的文化伦理形态。化解人与自然关系的危机，协调人与自然的关系，首先应该实现伦理价值观的转变，以生态文明的伦理观代替工业文明的伦理观。传统哲学认为，只有人是主体，自然界是人的对象，因而只有人有价值，其他生命和自然界没有价值，只能对人讲道德，无须对其他生命和自然界讲道德，这是工业文明人统治自然的基础。生态文明认为，人不是万物的尺度，人类和地球上的其他生物种类一样，都是组成自然生态系统的一个要素。不仅人是主体，自然也是主体；不仅人有价值，自然也有价值；不仅人有主动性，自然也有主动性；不仅人依靠自然，所有生命都依靠自然。因而人类要尊重生命和自然界，承认自然界的权利，对生命和自然界给予道德关注，承认对自然负有道德义务。只有当人类把道德义务扩展到整个自然共同体中的时候，人类的道德才是完整的。

生态文明的文化性，是指一切文化活动包括指导我们进行生态环境创造的一切思想、方法、组织、规划等意识和行为都必须符合生态文明建设的要求。培育和发展生态文化是生态文明建设的重要内容。应该围绕发展先进文化，加强生态文化理论研究，大力推进生态文化建设，大力弘扬人与自然和谐相处的价值观，形成尊重自然、热爱自然、善待自然的良好文化氛围，建立有利于环境保护、生态发展的文化体系，充分发挥文化对人们潜移默化的影响作用。

第二节　生态文明的愿景展现

生态文明是当前人类共同追求的一种理念，它以人与自然，人与人、人与社会的和谐共生、良性循环、全面发展、持续繁荣为基本宗旨，向世人展示了一幅美好的人类世界的画面(图1-9)。

图1-9　含笑湖春波荡漾

一、人与自然的和谐生态

正确处理人与自然的关系，与自然融洽共处，共生共荣是生态文明建设的根本之一。建设生态文明，需要将生态文明理念扩展到社会管理的各个方面，渗透到社会生活的各个领域、各个环节，成为广泛的社会共识。

（一）和谐共生的绿色理念

绿色理念也即生态理念，是人们正确对待生态问题的一种进步的观念形态，包括进步的生态意识、生态心理、生态道德以及体现人与自然平等、和谐的价值取向，环境保护和生态平衡的思想观念和精神追求等。生态文明以不同以往的人类文明形态提出，这就意味着需要确立一个新的价值尺度或价值核心。建设生态文明千头万绪，但有关的理念工作要先行，要在全社会树立生态文明理念，要逐步形成尊重自然、认知自然价值，建立人自身全面发展的文化与氛围，从而转移人们对物欲的过分强调与关注。

1. 尊重自然，生态文明建设的首要态度

自然是人类赖以生存的根本，"皮之不存，毛将焉附"。没有了自然，人类要么是幽灵，要么是妖怪。反思过去，正视现实，只有尊重自然，才能从内心深处出发，与自然和谐相处，才能清醒的认识到人类自己是自然的一部分，深刻认识到一切生命都是值得珍惜的、不可缺少的、应该尊重的，改变传统的"向自然宣战""征服自然"等落后思想，真正地树立起以科学发展观为指导的"人与自然和谐相处"理念（图1-10）。

图1-10　生态平衡的含笑湖广场

2. 顺应自然，生态文明建设的基本原则

客观规律是事物运动过程中固有的、本质的、必然的、稳定的联系，是不以人的意志为转移的客观世界的规则。在客观规律面前，人类只能利用与遵循，否则必然受到客观规律的制裁和惩罚。随着科学技术的积累与进步，人类对自然有了更多的认识与了解。反思与总结，在生态文明建设中，也只有适应自然规律，才能做到人与自然的和谐相处。顺应自然，一方面要科学认识大自然中的各种规律，减少因为无知而违背自然规律，胡作非为；另一方面要以制度约束人类行为，防止明知故犯，妄自尊大，任意妄为。

3. 保护自然，生态文明建设的重要责任

人类在发挥主观能动性，向自然界索取的同时，也要以主观能动性约束自己，保护自然、维护生态平衡。要树立人与天地一体的理念，像爱惜保护自己的身体那样去爱惜保护自然。要大力弘扬人与自然和谐相处的核心价值观，通过多种途径，在全社会牢固树立起生态文明的价值观，使生态文明理念深入人心，让生态保护成为公众的价值取向，生态建设成为公众的自觉行动。

(二)节能减排的绿色生产

建设生态文明前提是发展，人类的存在同样也需要发展，只有发展，才能不断满足人民群众日益增长的物质文化生活需要。生态文明建设要求从人类发展需要出发，在生态文明理念的指导下，致力于消除经济发展与活动对大自然生态稳定与和谐构成的破坏，逐步形成与生态相协调的生产生活与消费方式。传统领域的工业文明固然能使经济快速增长，带来物质上的富裕增加，但人类却感受不到享受物质财富的安全感、幸福感与痛快感。如果不能按生态文明的要求及时予以矫正，经济社会发展将不可持续。目前，我国已经把保护自然环境、维护生态安全、实现可持续发展这些要求视为发展的基本要素，提出了通过发展去实现人与自然的和谐以及社会环境与生态环境平衡的目标。这就需要我们在发展的同时，保护好人类赖以生存的环境；转变经济发展方式，走生态文明的现代化道路；把经济发展的动力真正转变到主要依靠科技进步、提高劳动者素质、提高自主创新能力上来，以最小的资源消耗及环境代价获得最大的经济效益、生态效益和社会效益。

经济发展与生态保护不是一个绝对的矛盾体，在处理两者关系时，要防止重经济发展轻生态保护的现象，必须彻底摒弃靠牺牲生态环境来实现发展，先发展后治理等传统的发展观念和发展模式。也要防止重生态而停止经济发展，从一个极端走向另一个极端，以停滞经济发展来实现生态环境保护，同样不可持续。生态文明建设就是要把经济发展和生态保护统一在可持续发展的平衡点上，以生态环境保护促进经济社会又好又快发展，实现经济发展和生态环境保护的双赢(图1-11)。

图1-11 经济发展携手环境保护奔向美丽中国

(三)天人合一的绿色生活

绿色生活观念强调人与自然的和谐相处,要求我们养成绿色生活方式,从物质层面上说,就是适度消费,尽量减小环境代价。"没有买卖就没有杀戮,没有买卖就没有破坏。"在生态文明建设中,人类可以以自己绿色消费行为与习惯,反制工业生产,对生产厂商形成直接压力,迫使其改进技术,提高商品的生态性,以促使生产领域更生态、更环保。所以,大力倡导消费者的绿色消费行为对于缓解生态和环境危机具有重要的现实意义。要推行绿色消费,需要建立一个绿色消费的社会氛围,让消费者拥有绿色消费的认知。政府、媒体、社区多位联动,经常开展绿色消费的活动,促进绿色消费观深入人心,公民除了自己养成绿色消费的习惯外,还需要积极参与生态环境的治理,通过投票、谈判协商、参与听证会和民意调查、关注政策的制定和实施等,使公民以其新的管理理念和管理模式为生态环境治理注入新的活力,从而提高生态环境治理的效能。

人类依赖自然万物而生,又受自然的制约。自古以来,我国对绿色生活就有朴素认识,人们也一直在践行着取之有度、用之有节的生活理念。老子的"天人合一、道法自然、抱朴见素、少私寡欲",荀子的"从人之欲,则势不能容,物不能赡",孟子的"苟得其养,无物不长;苟失其养,无物不消",都是我国传统文化留下的宝贵财富。当前,生态环境已成为全面建成小康社会的短板和瓶颈制约,推动生活方式绿色化,实现生活方式和消费模式向低碳绿色、文明健康的方向转变,力戒奢侈浪费和不合理消费,已是形势使然、民意所指、民心所向。

建设生态文明,关键在于人的行动,在于形成符合生态文明要求的生活方式和行为习惯。人的生活方式应自觉以实用节俭为原则,以适度消费为特征,应该追求基本生活需要的满足,崇尚精神和文化的享受。作为物质产品的生产者和消费者,人们应该在生产和生活中养成节约资源、善待环境、循环利用、物尽其用,降耗减排的良好习惯,主动抑制直至消除浮华铺张、奢侈浪费等不良习惯。

二、人与社会的和谐共处

(一)生态宜居的生态城市

生态城市是一个崭新的概念,是一个经济发展、社会进步、生态保护三者保持高度和谐、技术和自然达到充分融合、城乡环境清洁、优美、舒适,从而能最大限度地发挥人类的创造力、生产力,并促使城镇文明程度不断提高的稳定、协调与永续发展的自然和人工环境复合系统。是按生态学原理建立起一种社会、经济、自然协调发展,物质、能量、信息高效利用、生态良性循环的人类聚居方式。这个系统不仅强调其重视自然生态环境保护对人的积极意义,更重要的是借鉴于生态系统的结构和生态学的方法,将环境与人视为一个有机整体。这个有机整体有它内部的生态秩序,有生长、发展、衰亡的过程,有同化作用和异化作用共同组成的新陈代谢(图1-12)。

图1-12 樱花盛开的校园

为建设生态家居的生态城市,指导我国绿色建筑和绿色生态城区建设,2013年4月3日,住房和城乡建设部以通知的形式印发了《"十二五"绿色建筑和绿色生态城区发展规划》,倡导因地制宜的理念,优先利用当地的可再生能源和资源,充分利用通风、采光等自然条件,因地制宜发展绿色建筑,倡导全生命周期理念,全面考虑建筑材料生产、运输、施工、运行及报废等全生命周期内的综合性能。规划提出到"十二五"期末,新建绿色建筑10亿平方米,建设一批绿色生态城区、绿色农房,引导农村建筑按绿色建筑的原则进行设计和建造。在理念导向上,倡导人与自然生态的和谐共生理念,以人为本,以维护城乡生态安全、降低碳排放为立足点,在目标选取上,发展绿色建筑与发展绿色生态城区同步,促进技术进步与推动产业发展同步，政策标准形成与推进过程同步。在推进策略上，坚持"先管住增量后改善存量，先政府带头后市场推进，先保障低收入人群后考虑其他群体，先规划城区后设计建筑"的思路。重点任务是推进绿色生态城区建设、推动绿色建筑规模化发展、大力发展绿色农房、加快发展绿色建筑产业、着力进行既有建筑节能改造，推动老旧城区的生态化更新改造。

（二）合作治理的绿色行政

绿色行政就是行政人员提高自己的环境意识和政策水平，以绿色方针、绿色计划、绿色政策和绿色管理为理念，促进建立一个利于社会、经济、生态和谐发展的决策机制和运行机制等。在现代社会里，单一的行为很难完全掌握解决多样化、综合性、动态的问题所需的知识和信息，也没有足够的知识与能力去应用所有的工具。在治理复杂的公共问题过程中，政府应充分组合起各种行政资源，以每个参与主体各尽其责，发挥各自优势，做到优势互补，节省治理成本。在制定政策、实施政策时都要以生态环境保护为基本出发点，不仅要做到绿色行政，更要积极践行绿色生产、绿色宣传、绿色参与、绿色消费和绿色智慧。

绿色行政认为消费是污染的根源，实现可持续社会必须减少个体的物质消费；技术的进步不仅不能满足人类无限的需求，也不会像环境主义所说的"可以解决一切产生的生态和环境难题"，以更多的"能源和物质投入因而出现更多的污染"为代价。绿色行政认为经济增长和人类发展只有在一定限度内才具有持续性，而且这一可持续发展必须深刻改变人类与自然的现阶段关系和人类的社会与政治生活模式（图 1-13）。

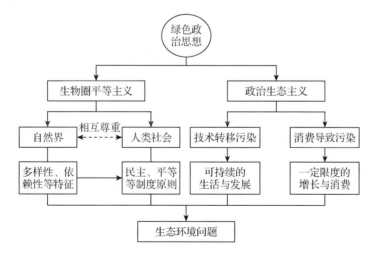

图 1-13　绿色政治思想架构图

(三)尊重环境的生态法制

生态文明必须有一套完善的有利于保护生态环境、节约资源能源的政治制度和法规体系,用以规范社会成员的行为,确保整个社会走生产发展、生活富裕、生态良好的文明发展道路。其中,最重要的是健全和完善与生态文明建设相关的法制体系,重点是要突出强制性生态技术、生态标准法制的地位和作用。建设生态文明,要求人类选择有利于生态安全的经济发展方式,建设有利于生态安全的产业结构,建立有利于生态安全的制度体系,逐步形成促进生态建设、维护生态安全的良性运转机制,使经济社会发展既满足当代人的需求,又对后代人的需求不构成危害,实现生态权利的代际公平。

当前,要大力宣传生态文明建设的法律法规(图1-14),只有树立起"建设绿色家园,造福子孙后代"的环保意识和法制观念,生态文明建设才能得到大家的响应与大力支持,自觉地参与到生态绿化建设中,同时,要加大执法检查,切实纠正生态绿化有法不依、执法不严、违法不究、以罚代法和以权代法的不良倾向。

图1-14　生态文明教育基地

三、人与自我的和谐人格

和谐既是一种表征,更是一种心理。外化于形,既是一种状态,也是一种过程,还是一种结果,更是一种价值。作为状态,它表现为体用相宜、物我相生的情景;作为过程,它表现为万有必和、差别常在、常变相因、变而有常的必然趋势;作为结果,它表现为自然、社会、思维等一切现象,自我组织、自我发展的现实情况;作为价值,它表现为包罗万象的正当性,将科学之真、道德之善、艺术之美集于一身,是一切价值的元价值。

(一)和谐人格的内涵

内化于心,和谐是人的一种积极、向上、健康的人生态度和生存状态。在这种状态下,人的生命充满活力,内心体验积极,社会适应好,潜能得以发挥,实现社会功能有效发挥。和谐人格既是一种内部和谐,也是人事和谐,还是人际和谐,更是人与自然和谐,作为个体内部和谐,即是人的个体内部心理成分(认识、情感、意志、个性等)的协调统一,不因主观因素、剧烈冲突而产生精神痛苦。作为人事心理和谐,表现为人在处理事情时的理性、冷静,适度和乐观、善于"息事"。作为人际心理和谐,表现为人与人交流中的默契和融洽,善于"宁人",易融合于群体之中,并承担适当的社会角色。作为人与自然的和谐,表现为人与自然的和谐相处。

对内协调和对外适应是和谐人格的集中表现。和谐人格者善于调节自己的心理,坦诚地看待外部世界和自我内心世界,能够愉快地接纳自我,承认现实,欣赏美好的事物,而且能够大度平静地生活和接受生活中的各种挑战。而和谐人格的形成,将有助于个体人的行为和谐,并推己及人,有助于人际交往与活动的和谐,最终促进和谐社会形成和生态文明建设与发展。

健康、和谐的心理,是社会安全运行与和谐发展的重要保障;反之,则会对公共政策信用、人际信任、价值信仰等造成损害,影响政府行政效能,破坏社会的稳定和平衡,妨碍社会发展。人们是否拥有和谐心理,是建设和谐社会的重要条件。

(二)和谐人格建立的重要性

1. 不和谐人格危害和谐社会,妨碍生态文明建设

人格不和谐、不健康不仅影响着心理不和谐者本人的幸福感,而且还会给社会和他人造成伤害,从而影响社会和谐,有时会带来十分严重的后果。

首先,心理不和谐者会导致心理疾病,甚至自毁生命。据报道,精神疾病在中国疾病负担中已排名首位,约占疾病总负担的20%,比艾滋病、肺痨疾病等给整个社会造成的危害更大更深。随着经济的发展,生活节奏的加快,尤其是沿海经济发达地区,精神疾患率越来越高。而毗邻深圳的广州市居民心理完全健康者只占10%。人类的心灵深不可测,一旦扭曲,便会给本人、家庭和社会造成巨大的伤害和损失。

其次,心理不和谐者在受挫后容易产生攻击行为。心理学家发现,攻击是受挫的继发行为。一个遭受挫折的人,容易做出某种攻击行为。攻击主要指向三个方面：一是直接制造挫折的人；二是与挫折的形成没有直接关系的人，迁怒于人，找出气筒便是如此；三是受挫者本人，自杀是其极端表现形式。这种在行为受挫后诱发的心理挫折尽管在一定条件下并未会产生攻击性行为，但它却是产生攻击行为的重要原因之一，是造成社会不和谐的心理因素。事实上，社会上许多故意伤害他人和危害社会的攻击性事件就常常是由心理挫折这种心理不和谐状态所引起的。

2. 和谐人格是建设生态文明的重要基础

健康、和谐的心理，是社会安全运行与和谐发展的重要保障；反之，则会对公共政策信用、人际信任、价值信仰等造成损害，影响政府行政效能，破坏社会的稳定和平衡，妨碍社会发展。人们是否拥有和谐心理，是建设和谐社会的重要条件。

和谐心理能有效引导人际交往，为构建和谐社会奠定坚实基础。整体社会的和谐有赖于社会群体以及群体中的个体的和谐。而个体成员的和谐最本原的就是个体心理的和谐。古人曾通过"克己复礼"来争取实现"阡陌纵横，鸡犬相闻，黄发垂髫并怡然自乐"的发展状态，其实质就是告诉我们，通过对人性的道德约束和礼仪规范，实现个人的"仁心"即心理的和谐，从而达到整个社会的"娴静、舒适、安逸"。因为只有个人心理和谐了，才能逐步实现人际关系的和谐，最终实现整个社会关系的和谐。

和谐心理能有效调和社会矛盾，为维护和谐社会发挥重要作用。美国密歇根大学心理学家尼比斯特曾说过："协调是东亚哲学的中心思想……。"美籍华人学者杜维明先生也指出，儒家关于和谐共处的价值取向（即和谐心理）正是要为个人与个人、家庭与家庭、社会与社会、国家与国家之间谋求一条共生之道，它有助于把竞争限制在一定领域和一定程度，是避免人际关系发生激烈冲突的"润滑剂"。和谐心理所追求的就是在分歧中求协调，在差异中求一致，在对立中求妥协，在冲突中求共存，以保持整个社会的和谐状态。

和谐心理能有效地激励个体发展，为促进和谐社会进步储备"能量"。和谐社会是一个科学发展的社会，也是一个不断进步和创新的社会。和谐社会的发展是"整体的、内生的、综合的"发展，是在承认个体差异性前提下实现人的全面发展，目标是达到各社会成员既各尽所能、各得其所，又和谐相处。因此，如何在充分发掘人的潜能，实现个体成员个性发展，把活力灌输到整个社会有机体的同时，又保持一种有序的发展和竞争，是和谐社会建设的关键。和谐心理本质上要求各社会成员一方面能尽可能地发挥自己的作用，为和谐社会的进步贡献聪明才智，另一方面个体的发展也要遵从全面的、科学的发展，讲究"度"的把握。这些只有在和谐心理的状态下才能顺利实现。

事实证明，一个心理和谐的人是一个能够坦诚地看待外部世界和自我的内心世界，能够愉快地欣赏美好的事物，也能够平静地接受各种问题的人；也必定是一个可以活得很充实，活出一种精神、一种品位、一份精彩的人。

（三）和谐人格的养成

和谐人格养成可以从以下两个方面理解，一是从发展的轨迹来看，人们要拥有完备的和谐人格必须经历感知和谐、领会和谐、创新和谐与传播和谐四个阶段。通过感知和领会情感色彩浓、感染力强、影响范围广、积极意义强的社会思潮，形成和谐的思维方式和价值观念，并通过凝聚人气、激发创造力、支配行为、变革社会等过程，传播创新的和谐心理，在全社会逐步形成人与自身、人与人、人与社会、人与自然全面和谐的氛围。

1. 认识自我，感知和谐

社会是由人组成的，人的心理和谐，自己跟自己和谐，自己跟他人和谐，人类群体之间和谐，人和环境和谐等都是围绕着人展开。和谐社会最为重要的内容是人与人之间关系的和谐，其最基本的是个体人自身的心理和谐。

而认识自我，是个体人自身心理和谐的起点，"认识你自己"是镌刻在古希腊宗教中心戴尔菲·阿波罗神庙的一句箴言，希腊哲学家苏格拉底曾对这句话进行过论证和解说，这句箴言是古希腊哲学里面一个重要的命题，深深影响了人类两千多年来的思辨和认识。《孙子兵法》提出，"知己知彼，百战百胜"。鲁迅先生曾说"我的确时时解剖别人，然而更多的是更无情面地解剖我自己"。一个人生存在社会里，既要认识这个社会，认知生存的环境，更要认清自己。"知人难，知己更难"。一个人想要成功，就应敢于剖析自己，知道自己，进而结合社会环境，达到对自己客观、全面的了解，发扬长处，弥补缺陷。

2. 提升自我，领会和谐

加强个人修养不仅是个人心理健康的重要基础，也是和谐社会的必然要求，因为每个人素质的提高，近则安亲友，远则安众人。孔夫子尚云，"修己以安百姓，尧、舜其犹病诸"（《论语·宪问》），强调君子当敬其身，加强修养，并在此基础上安天下百姓，而且即使尧舜等先贤圣哲也不过如此。

领导干部作为社会成员，既有与公众相同的心理健康问题，同时，他们的心理健康状况又会影响到他们的工作，并间接影响到公众。在构建和谐社会的过程中，对领导干部群体心理健康问题的关注既有个人适应的意义，也有重要的社会意义。

3. 善待自我，传播创新和谐

一个和谐的社会，其社会成员必定拥有健康人格。只有拥有健康人格，才能以己之身，现身说法，传播、创新和谐，教育和引导其他人、社会走上健康、文明发展的生态文明建设道路。善待自我就是从个体出发,从精神上保持良好状态,以保障机体功能的正常发挥,促进自我成长并在服务社会生态文明建设中实现人生价值。

善良是心理养生的营养素,心存善良,就会以他人之乐为乐,乐于扶贫帮困,心中就常有欣慰之感;就会与人为善,乐于友好相处,心中就常有愉悦之感;就会光明磊落,乐于对人敞开心扉,心中就常有轻松之感。始终保持泰然自若的心理状态,把血液的流量和神经细胞的兴奋度调至最佳状态,从而提高了机体的抗病能力。

宽容是心理养生的调节阀,人在社会交往中,吃亏、被误解、受委屈的事总是不可避免地要发生。面对这些,最明智的选择是学会宽容。宽容是一种良好的心理品质。它不仅包含着理解和原谅,更显示着气度和胸襟、坚强和力量。一个心胸狭窄的人,其心理往往处于紧张状态,从而导致神经兴奋、血管收缩、血压升高,使心理、生理进入恶性循环。宽以待人,等于给自己的心理安上了调节阀。

乐观是心理养生的不老丹,乐观是一种积极向上的性格和心境,它可以激发人的活力和潜力,解决矛盾,逾越困难;而悲观则是一种消极颓废的性格和心境,它使人悲伤、烦恼、痛苦,在困难面前一筹莫展。

淡泊是心理养生的免疫剂,是一种崇高的境界和心态,是对人生追求的深层次定位。有了淡泊的心态,就会不以物喜,不以己悲,保持一颗平常心,一切有损身心健康的因素,都将被击退。

第三节　大学生与生态文明思想

作为一种基础的价值导向,生态文明观念是构建社会主义和谐社会不可或缺的精神力量。建设生态文明有助于唤醒人类生态忧患意识,尽最大可能地节约资源、持之以恒地保护生态环境。作为即将步入社会的建设者和社会建设成果的享有者,大学生参与建设生态文明任重而道远。在校期间,就应勤学苦练、主动树立生态伦理观,做一个坚守生态法治观建设者,勤学苦学,以己之学在以后的工作中立足岗位创新生态经济观,并通过积极参与社会实践弘扬生态文化观,做生态文明建设的践行者、推广者和生力军。

一、树立生态伦理观

生态伦理是人类处理自身及其周围的动植物、环境和大自然等生态环境的关系的一系列道德规范。通常来说,生态伦理是人类在进行与自然生态有关的活动中所形成的伦理关系及其调节原则。维护和促进生态系统的完整和稳定是人类应尽的义务，也是生态价值与生态伦理的核心内涵。从宏观层面来看，与人类未来的生存问题关系最为密切的是生态伦理。当今环境问题、生态问题的出现，迫使人们不得不重新思考与定位人与自然的关系，进行人与自然关系的理性思考（图1-15）。

图 1-15　生态校园文明家园

（一）人类中心主义对生态环境的影响

人类中心主义在本质上是一种以人类的利益为出发点和归宿点，以人类的价值评判为标准，围绕人的需要处理人与自然关系问题的思想。大致经历了宇宙人类中心主义、神学人类中心主义、近代（传统、强式）人类中心主义、现代（弱式）人类中心主义四个阶段。

现代人类中心主义是在当代生态危机日趋严重的情况下，人类重审自身在宇宙中的地位、重审人与自然的关系的结果。现代人类中心主义抛弃了传统人类中心主义的不合理之处，如它的至上性、唯一性、排他性、短视性等局限，吸取了它的合理之处，如对人类利益的关心、对人类需要的维护、对人类价值的信仰以及对人的伟大创造力的理解等。又增添了新的内容，如看到了人与自然的休戚相关性，教导人们用相对的、有条件的、可变的观点看待人与自然的关系，主张以尊重自然规律为基础来规范人类的实践行为和建构新的文明发展模式。

与人类中心主义相反，非人类中心主义认为并非只有人类才具有内在价值，动物、植物，甚至河流、岩石等生态系统都具有内在价值，它们都是道德共同体的组成部分和成员。非人类中心主义是在人类中心主义发挥到极致——科技的滥用，导致日益严重的生态危机的基础上产生的。在价值层面上，非人类中心主义主张自然本身具有内在价值，认为自然界是一个动态系统，人类只不过是后来的加入者，自然的价值在人类存在以前就已存在，人对其具有客观义务；在意义层面上，非人类中心主义反对把人类作为解释中心，解释中心应为整个自然界，主张人与自然地位平等，对自然不应该进行人为干预；在利益层面上，非人类中心主义认为应当扩大利益主体范围，利益主体不仅包括人，而且包括动物、植物等生命现象，它们虽然有别于"人类主体"，但它们也应该像"人类主体"一样享有利益，必须把人类的道德关怀扩展到非人类领域。非人类中心主义分为三个主要流派，即动物解放或动物权利论、生物中心论和生态中心论。

（二）辩证分析人类中心主义

1. 近代（传统、强式）人类中心主义评析

近代人类中心主义具有一定的合理性。它使人类从自然、社会、自身的奴役和束缚中解放出来，确信人是自然界、社会、自己的主人，成为自然的、社会的、自己的控制者。近代人类中心主义的主客二分论，在弘扬人的客观能动性、发挥人的主动性和创造力方面功不可没，为人类创造了巨大财富，并进入现代文明。

但近代人类主义的局限性是显著的。它只是群体中心主义或少数人中心主义，只考虑当代人的利益而不顾及后代和其他人的利益，否定"代际公平"。同时，它夸大了人的主体性与能动性，过分追求科学技术在征服改造自然方面的作用，忽视了科学技术在适应自然、协调与自然关系方面的作用，客观上助长了人类对自然不顾后果的掠夺和征服，导致了环境、生态的恶化。

2. 现代（弱式）人类中心主义评析

现代人类中心主义强调把全人类的利益当做其行为的指针，强调整体的和长远的人类利益高于人们的局部和暂时的利益，将道德关心延伸到子孙后代，不仅考虑当代人的利益，更要考虑后代人的利益，使后代得以延续，后代人得以稳定、健康地生存和发展。

现代人类中心主义的动机带有功利性，在一定程度上利己主义，保护环境资源的目的是为了更好地利用，但这正符合了"物竞天择"的自然物种生存法则，任何物种只有适应环境并在生存竞争中取胜才能存在下去，因而任何物种必须利己，人类也是一样，可以牺牲局部利益，但不可能为其他非人类的存在而否定自己的生存权利和根本利益。

3. 非人类中心主义评析

非人类中心主义为人类改造传统人类中心主义理念、构建新的合理的现代人类中心主义提供了借鉴，其中不少原则与人类中心主义的伦理原则具有相容性。它对人类中心主义的质疑有利于人类更好地认识到自己在宇宙中的地位，对于抑制人类的盲目自大、对自身理性的盲目夸大有一定的作用，有利于人类更好地处理和协调人与自然的关系，合理利用自然。

但是非人类中心主义对"人类中心主义"这一概念不能科学理解、正确运用，而是根据主观需要进行随意裁量，比如任意改变概念的内涵，缩小概念的外延，把人类中心主义说成是"人类统治主义"，这是不公正的。它主张自然界的权利，没有考虑到自然存在物不具有权利、义务的意识，也不具有行使权利和履行义务的能力，因而不能成为"权利主体"，也不能成为道德主体，道德关系只能存在于人类之间。非人类中心主义将自然物上升为权利主体，强调人类应当"尊重""敬畏"它们，并对它们承担责任，这是对道德关系的曲解。另外，非人类中心主义主张不要对自然过程进行人为干预，也是不合逻辑的。与自然界的其他物种一样，人类必须不断地与自然进行物质、能量、信息的交换，才能维持自己的生存，人类对自然界的干预，本身就包含在自然界的进化之内，强调人类的"不干预"，就是对自然的最大的干预，让人不要干预自然，实际上是抹杀了人的主体性、能动性，这是不现实的。

（三）当代生态伦理观的建构与实践

1. 走出人类中心主义

人类中心主义是导致全球问题的思想根源。走出人类中心主义认为，人类中心主义实质是一切以人为中心或一切以人为尺度，自然界的价值要服从人的价值。人的主体性使人可以站在自然的对立面征服、开发、利用自然，而人的物质欲望的无限性则是人毫无节制地肆意破坏自然的原因。因而，主张正确估量人的理性，尊重自然规律，走出以人类为唯一中心的人类中心主义思想是解决全球性问题的出路。

2. 走入人类中心主义

环境问题的出现恰恰是没有正确地理解、认识和运用人类中心主义的思想。正如美国植物学家默迪所说，蜘蛛是蜘蛛的中心，人理所当然以人为中心，每一种物种的存在都有其自身的价值和目的。从生物学层面上看，人类不以自身为中心，人这个物种就将消亡，这是一个客观存在的不争的事实。从价值论层面上看，人是价值世界的中心，人类奋斗和争取的一切都是人的利益。讨论的生态问题、环境问题，根本上、实质上也是为了维护人类整体、长远的利益。人类中心主义不等于人类沙文主义，不等于个人中心主义、群体中心主义，不能把生态危机归罪于人类中心主义本身，需要对环境问题负责的只是狭隘、片面、扭曲的人类中心主义。人类不是要走出而应走进真正的科学的人类中心主义。

3. 超越人类中心主义

此观点认为人类中心主义具有积极和消极的双重效应，要超越，但不可简单地加以否定，所要做的是反思、批判和超越传统的人类中心主义，实现人类中心主义从传统到现代的转变，使其更合理、更完善。因此，要以人为中心，以人为本，正确认识和处理人与自然的辩证关系，构建新的人与自然关系的新模式。

二、坚守生态法治观

树立公民生态意识，必须完善相关的生态法律。以培养和提高公众的生态法律意识为切入点，广泛传播生态知识、法律知识，介绍以及实际适用生态法律规范，使人们形成有关生态保护的价值观，认识人与自然之间的相互影响、相互作用、相互制约关系，形成人与自然协调和谐发展的生态价值观；通过生态法律制度规定公民的生态环境权利与义务，明确并维护有利于生态环境保护目标的公民之间各种利益关系，为生态治理和建设过程中引发的矛盾和纠纷提供解决途径。

（一）完善立法

1. 把可持续发展作为环境保护立法基本准则

我国已经基本上形成了以《宪法》为核心，以《环境保护法》为基本法，以环境与资源保护的有关法律、法规为主要内容的较为完备的环境与资源法的法律体系，且其中很多都体现了环境、经济、社会可持续发展和协调发展的原则。在环境污染及自然资源破坏日趋严重的今天，及时修正并确立可持续发展的指导思想，是生态环境立法的必然趋势。

2. 加大环境保护立法中环境资源保护的成分

现行的《环境保护法》在立法体例上包括污染防治与自然资源保护两大方面的内容，但它并没有规定自然保护基本原则、基本制度和监督管理机制等，且法律的调整范畴基本上是以环境污染防治法为核心的法律体系，因而可以说它基本上是一部污染防治法。事实上，环境保护不仅包括对已有污染的治理，还包括对现有环境的保护。必须按照"预防为主，保护优先"的要求，坚持防治并重，建设与保护并举，城镇与农村并重，统筹兼顾综合决策的方针，以经济手段的法律化来管理自然资源，做到经济发展和自然资源开发保护同时进行。在可持续发展的战略目标下，必须强化环境资源保护在政府决策中的分量，增加环保投入，为环境资源计划管理提供现实办法。

3. 注重生态环境立法的现实性和可操作性

当前，我国有关生态环境的法律规定缺乏操作性的现象比较突出，一方面是一些法律规定过于原则、抽象，实践中难以把握；另一方面是立法中缺乏程序性规范。迄今为止，我国尚无一部统一的环保程序法，甚至连作为环境纠纷非诉讼处理重要方式之一的环境仲裁制度都无法可依，实践中根本无法操作。应针对环境资源法中实体性规定，通过在本法中或在其实施细则中及时地补充相应的、完善的程序性规范，以确保实体性规范的实施。

（二）强化执法

1. "最严生态法治"庇佑生态文明

党的十八大将生态文明建设提高到重要位置，表明了我国加强生态文明建设的坚定意志和坚强决心。古人说："治乱还须重典。"意思是说违法现象严重之时，只有采取严厉的法律手段，才能拨乱反正，使社会乱象得到根治。要实行"最严生态法治观"，就要建立起完善的责任追究制度，对那些危及生态环境、破坏森林资源，从而造成严重后果的责任人，必须追究其责任，而且应该终身追究，只有将违法分子绳之以法，才能体现法律的权威。法律应该是一道红线，任何人、任何组织都触碰不得，一旦以身试法，就要为之付出惨重代价。只有将林业生态保护工作纳入法制轨道，才能为我们的青山绿水筑起一道坚不可摧的铜墙铁壁。

2. 加大环境保护部门的监督执法力度

建立一套人民检察院环境司法监督机制，进一步完善各级权力机关、行政机关、各政党、各人民团体以及广大人民群众对生态环境执法的监督，是切实保障环境执法依法进行的保证。同时，污染防治要向行政责任与刑事责任相融合的行政刑法方向发展，将现行大量的行政处罚上升为具有刑事责任性质的处罚。本着"谁污染谁治理"的环境保护立法原则，明晰污染责任制，强化污染者的法律责任。

3. 加强执法资源整合

生态环境立法基本上是针对单项污染防治和单项资源要素保护进行的，缺乏对污染的全面控制和资源整体保护，形成了分部门多头管理的混乱局面，各部门之间协调困难重重。例如，按照现行法律、法规的规定，我国土地、农牧、矿产、林业、水利等由众多产业部门和行政区划管理。而这些管理单元的第一职能是通过开发利用自然资源创造经济效益，而不是保护环境资源，从部门利益出发，对本部门有利可图的，往往互相争夺；而无利可图的则往往无人愿意负责，互相扯皮、推诿，人为造成许多工作漏洞。环保部门"统一监督管理"的职能在很大程度上被肢解和架空，其职能根本无法落实。

（三）普遍守法

目前，生态环境立法的实施状况告诉我们，如果没有普遍守法的意识，还继续把生态环境保护看做是可有可无、可遵守可不遵守，那么再完备的生态环境立法也是纸上谈兵，要切实地落实到他们的自觉行动中。

对于人民群众环境守法意识的养成，必须不断加强宣传教育，大力扩展群众的环境权，提高群众的环境守法意识。所谓环境权，是指环境法律关系的主体享有适宜健康和良好生活环境，以及合理利用环境资源的基本权利。其内容包括生态性权利和经济性权利。前者体现为环境法律关系的主体对一定质量水平环境的享有并在其中生活、生存、繁衍，其具体可化为生命权、健康权、日照权、通风权、安宁权、清洁空气权、清洁水权、观赏权、环境美权等（图1-16）。后者则表现为环境法律关系主体对环境资源的开发和利用，其具体可化为环境资源权、环境使用权、环境处理权等。此外，基于环境保护的需要，还包括环境知情权、环境监督权、环境事务参与权、环境结社权、环境改善权、环境请求权等程序上的环境权。因为环境权的内容十分抽象复杂，因此，必须通过行政法、民法、经济法、刑法等部门实体法将其具体化才能切实予以保护。只有通过实体法中公民环境权的确立和程序法中类似"公民诉讼"制度的建立，才能有效地保护受害者的利益，并进而保护社会公众的利益以及保护包括受害者在内的公众的过去、现在和将来的环境权益，使人们对切身利益的保护与改善同环境保护联系起来，增进对环境问题的理解、关注和行动，进而将环境守法内化为一种自觉。只有这样，我国生态环境的法治才能最终得以实现。

图1-16　风光旖旎的北国校园

三、创新生态经济观

（一）生态与创新的关系

在经济领域，生态与创新的关系大致有四种类型，即非生态导向的非创新、

生态导向的非创新、非生态导向的创新、生态导向的创新。由于生产力的严重不足，长期以来，中国的发展模式是非生态的非创新模式；发展模式基本上依赖于土地、劳动和资本等生产要素的投入，并且生产要素很大程度上又是依赖于自然资本的，因此它既不是创新的，也不是生态的。在今天的中国，社会经济发展面临的最大制约是自然资本的制约，因此真正需要的创新是生态可持续的创新。以生态为导向，实现经济的可持续创新，具体包括生态可持续的经济创新、社会创新和体制创新或者说治理创新。其中生态导向的经济创新主要是指发展循环经济。发展循环经济的目的，一是要替代以资源高消耗和污染高排放为特点的线性经济方式，实现"从摇篮到摇篮"的经济变革；二是要替代单纯地从末端治理的资源环境管理模式，实现全过程的资源节约和环境预防。循环经济的绩效判断需要考虑作为投入的自然消耗和作为产出的发展效果的比值。因此，生态导向的经济创新需要发展和传播资源生产率，例如，单位土地、单位能源或者单位排放的经济产出等观念，以推动经济过程的绿色转型。

（二）供给侧改革，创新激发生态经济活力

中央提出的"供给侧改革"实质是创新。其目的一方面是为全力推进经济结构优化和转型升级，避免跌入"中等收入陷阱"；另一方面则是为了加大生态文明建设，实现经济、社会的可持续发展。为此，党的十八届五中全会提出"释放新需求、创造新供给"，促进企业创造有效的产品和服务，短时间内实现产品服务"出清"。

图 1-17　生态校园

供给侧改革核心是结构性改革。按照习近平总书记讲的"供给侧结构性改革"完整表述，核心是结构性改革，结构性改革对比需求总量刺激，更为集约、精准。例如，产品结构问题，所谓产能过剩实质就是产品素质低下、竞争力不强。我国钢铁产量世界第一，但汽车钢板还需要大量进口，如果我们提高了钢铁

产品质量，就能在很大程度上缓解了产能过剩。除了化解产能过剩、降低杠杆、供给新兴产业外，还需要在关键技术供给、创业规模供给、房地产供给、知名品牌供给、健康医疗供给、国际教育旅游供给等方面加大改革与建设力度，而要继续保持我国创新创业活力，就一定要改善生态环境（图1-17）。生态环境是吸引人才的第一要素，生态环境的严重破坏，不仅降低了人民生活质量和寿命，而且降低了对人才的吸引力。

第二章
生态文明危机状况

第一节　世界生态危机状况

一、温室效应扩大

（一）温室与温室效应

温室（Greenhouse）又称花房、大棚。日常所见到的玻璃育花房和蔬菜大棚就是典型的温室。室内温度较室外高且不散热。使用玻璃或透明塑料薄膜是让太阳光能够直接照射进温室，加热室内空气，同时，还可阻挡室内热空气向外散发，使室内温度保持高于外界，以利于植物快速生长。作为一项技术，温室通常可见于春季育秧、花卉培育和反季节果蔬种植等。

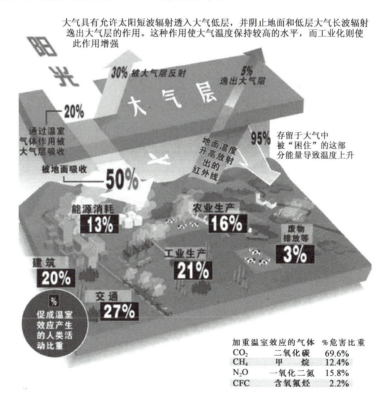

图 2-1　温室效应架构图

温室效应（Greenhouse Effect）又称"花房效应"或"大气保温效应"。在地球引力作用下，地球表面原本就裹着一层厚厚的保护膜——大气层，大气层可以防止阳光与外来物体对地球的伤害，同时也可将太阳短波辐射透过大气射入地面，而地面增暖后放出的长波辐射又被大气中的二氧化碳等物质所吸收，从而产生保暖效果。由于这种保温作用类似于栽培农作物的温室,故称温室效应。大气中温室气体的含量决定了保温的强度与效果,大气保温本可以促进地球生物的繁衍与生长,有益于地球生物当然也包括人类,但由于工业文明产生了超量的吸热物质,这一平衡被打破了,温室效应随之增强,在太阳照射外加人类制造的超量温室气体共同作用下,地球表面温度直线攀升所引起的全球气候变暖等一系列极其严重问题,引起了全世界各国的关注(图 2-1)。

(二)温室效应提速的主要原因

空气中本含有二氧化碳,而且在过去很长一段时期始终处于"边增长、边消耗"的动态平衡状态中,其中 80% 来自人和动、植物的呼吸,20% 来自燃料的燃烧。散布在大气中的二氧化碳有 75% 被海洋、湖泊、河流等地面的水及降水吸收溶解。还有 5% 的二氧化碳通过植物光合作用,转化为有机物质贮藏起来。通过这些途径,大气中的二氧化碳基本保持恒定,占空气体积成分 0.03%。

工业文明后,由于人口急剧增加,工业迅猛发展,人类及动物呼出的二氧化碳和工业排放的大量二氧化碳,远远超过了过去任何时候,超出了生态环境可以承受的范围(图 2-2)。而另一方面,由于对森林滥砍乱伐,对湿地任意破坏,对草原随意开垦和城镇化建设、工业园建设、土地硬化、沙化等破坏了植被,减少了将二氧化碳转化为有机物的条件。再加上地表水域逐渐缩小,降水量大大降低,减少了吸收溶解二氧化碳的条件,破坏了二氧化碳生成与转化的动态平衡,一增一减之中,温室气体含量倍增,促使地球气温直线攀升,到目前为止人类仍然没有放慢这一脚步,致使气温恶性循环愈加严重。

形成温室效应的气体,除二氧化碳外,还有其他气体。其中二氧化碳约占 75%、氯氟代烷约占 15%~20%,此外还有甲烷、氧化亚氮等 30 多种。二氧化碳本来可以通过防止地表热量辐射到太空中调节地球气温。科学研究表明,如果没有二氧化碳,地球的年平均气温将比目前降低 20℃。但是,如果二氧化碳含量过高,就会使地球仿佛捂在一口锅里,热气升腾而散发不出去,温度渐次升高,使"温室效应"渐次恶化。就像一个发高烧的患者,如果不做退热处理,而是用被子捂着,其高烧所造成的后果,要么因自身调节到位,出一身热汗而退烧,要么因高烧晕厥休克直至死亡。人类现在

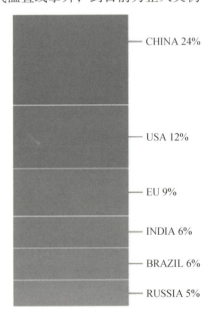

图 2-2 全球 CO_2 排放前六名

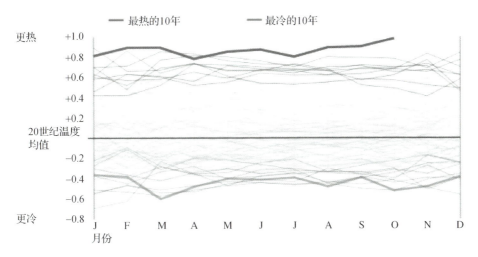

图 2-3　1901—2015 年各年份地表均温与 20 世纪地表均温差值比较

（图中 2015 年为该纪录中温度最高年份）

要做的其实就是要退热，以生态环境保护、生态文明建设修复生态，使我们居住的地球环境回归生态平衡（图 2-3）。

（三）温室效应的危害

1. 极端病虫害增加

气温升高使台风强度增强，台风源地向南北两极扩展，还会引起和加剧传染病流行等。如果任由气温上升让南北极冰层溶化，被冰封十几万年的史前致命病毒可能会重见天日，目前人类对这些原始病毒没有抵抗能力，将会形成全球性疫症，严重威胁人类。

2. 海平面大幅上升

温室效应正导致海平面渐次升高。一方面因受热膨胀引发海平面升高。另一方面是高山冰川、格陵兰及南极洲上的冰块加速溶化，使海洋水量增加。19 世纪末以来的百年间由于全球平均气温上升了 0.3～0.6℃，致使海平面上升了 10～25 厘米。据测算，升温 1.0～3.5℃，海平面将上升 50 厘米，升温 1.5～4.5℃，海平面将上升 70～140 厘米。进入本世纪以来，全球气候变化正以平均气温波动式变化、总体呈升温趋势。据报告资料显示，即使海平面只小幅上升 1 米，也足以导致 5600 万发展中国家人民沦为难民。巴布亚新几内亚的卡特瑞岛作为全球第一个即将被海水淹没的有人居住岛屿。为此，44 个小岛国组成了小岛国联盟，为他们的生存权呼吁。此外，淹没于水中的还将包括许多国际大城市，如纽约、上海、东京和悉尼。

3. 气候反常加剧

地球现在是一个不断被加热的保温瓶。全球温度升高导致海啸、台风,夏天极热,冬天极冷等极端天气增多。在 2004 年一年里,斯堪的纳维亚半岛上的核电站由于遭受时速约 200 千米的大风袭击而关闭,导致英国和爱尔兰成千上万人深受停电之苦。2005 年夏天,美国中西部的旱灾导致密苏里河水降到历史最低水平,亚利桑那州一周内因为极端热浪导致 20 人死亡。而印度城孟买一天内的降水量达到 900 多毫米,导致 1000 人死亡,2000 万人口的生活受到严重影响。气候反常加剧,干旱持续的时间将更长,暴雨将更猛烈,热浪将更频繁,暴风将更强烈,频率将更繁乱。

4. 沙漠化面积增大

土地沙漠化是一个全球性的环境问题,而伴随着"温室效应",土地沙漠化情况将进一步加剧,越来越恶化。中国已有 1200 万公顷的土地变成了沙漠,特别是近 50 年来形成的"现代沙漠化土地"就有 500 万公顷。据联合国环境规划署(UNEP)调查,全世界每年有 600 万公顷的土地发生沙漠化。在撒哈拉沙漠的南部,沙漠每年大约向外扩展 150 万公顷,每年给农业生产造成的损失达 260 亿美元。沙漠化使生物界的生存空间不断缩小,从 1968 年到 1984 年,非洲撒哈拉沙漠的南缘地区发生了震惊世界的持续 17 年的大旱,给这些国家造成了巨大经济损失和灾难,死亡人数达 200 多万。

为减少大气中过多的二氧化碳,需要人们尽量低碳生活,节约用电,少开汽车。保护好森林和海洋,不乱砍滥伐,不让海洋受到污染以保护浮游生物的生存。通过植树造林,减少使用一次性方便木筷,节约纸张(减少造纸用木材),不践踏草坪等行动来保护绿色植物,使它们多吸收二氧化碳来帮助减缓温室效应。

二、极端天气频现

(一)气候与极端天气

作为一种不易发生的气候事件,极端天气是指天气(气候)的状态严重偏离其平均态,一定时间在一定地区内出现的有记录以来罕见的气象事件。总体上看,极端天气可以分为极端高温、极端低温、极端干旱、极端降水等几个类型。一般来说,极端天气虽然发生概率小于 5%~10%,是 50 年或 100 年一遇的小概率事件,但社会影响大,造成的破坏巨大。不过,随着全球气候变暖,极端天气气候事件成为了"新常态"。联合国政府间气候变化专门委员会(IPCC)最新评估报告表明,过去 60 年中,极端天气事件特别是强降雨、高温热浪等极端事件呈现出不断增多、增强,分布范围广,更加频繁的趋势。

中国气象局国家气候中心监测统计数据显示：2014 年全球气温创 1880 年有记录以来历史新高，2015 年再次刷新历史上最暖。俄罗斯、美国、澳大利、欧洲及非洲的部分地区创下了新的高温纪录。2016 年，我们正在经历极端天气的折磨，包括东南亚地区的强降雨、5 至 7 月在英国发生的洪水、东南欧和俄罗斯的热浪、南非和南美一些地区非同寻常的降雪、6 月份海湾地区发生的前所未有的强热带风暴和中国南部地区发生的强降雨及洪水等。8 月的高温、干旱致使玻利维亚与美国等地区相继发生山火。

（二）极端天气频繁的主要原因

极端天气由不常见变的比较频繁，是有着其深刻而复杂的原因，深层次上讲，很多气候异常现象都是全球变暖惹的祸，当全球变暖达到一定程度之后，就会导致大气环流、西南季风和台风的迁移路径发生改变。而致使全球气候变暖的罪魁祸首是生态失衡，是人类无休止、无抑止的为所欲为。

全球气候变暖导致全球平均温度升高，但分布点却呈发散性和不均匀性。其中，全球变暖的速率在高纬度地区和中低纬度地区不均匀，高纬度地区比中低纬度地区升温更加强烈，从而导致了中高纬地区径向环流减弱，中高纬地区的西风基本流减速。而西风基本流一旦减速，中高纬地区的"槽"和"脊"移动就会减慢，并且长时间控制某一地区，这就影响了大气环流的正常运行，引发出更多气候事件发生。

人类不合理的活动是极端天气多发的根本原因之一。城市区域性暴雨和洪涝灾害，除了全球气候变暖之外，还有城市本身的热岛效应，还有地表的覆盖发生变化，导致热量吸收量和散失量不平衡，导致区际城市热量比较多，产生热岛效应，热岛效应影响下，极端降水和暴雨就比较集中在城市区域。另外，太阳活动也对极端天气有影响。

（三）极端天气肆虐地球

1. 极端降水侵袭多国

极端天气对世界的影响是全局性的，生活在地球上的生物，包括人类都深受其害。从全球范围看，面临类似极端天气挑战的国家越来越多，受影响的面越来越大。2016 年上半年发生在欧洲的极端降水及其引发的洪水，致使多国被"浸泡"。最严重的一起灾难发生在德国辛巴赫，当地警方发言人表示："水位涨起来的速度太快了，居民们没有时间逃生"。极端暴雨也横扫了邻国奥地利，萨尔茨堡地区暴雨成灾、水患严重。如果说德国、奥地利遭遇了跨国"世纪水患"，那么法国巴黎则再次印证了"每 100 年都要被塞纳河淹没一次"的"诅咒"（图 2-4），所幸，这场三十年来最严重的洪灾从 2016 年 6 月 5 日伴随塞纳河水达到 6.1 米的峰值后开始消退。

图 2-4　2016 年 6 月 5 日法国塞纳河水位持续上升，河畔的罗浮宫被迫闭馆

暴雨光顾的不仅是北半球，南半球也没有被"幸免"。2016 年 6 月 6 日澳大利亚东海岸遭遇暴风雨袭击，新南威尔士州、昆士兰州及塔斯马尼亚州境内多地发生洪水灾害，至少造成 3 人死亡、3 人失踪，多处房屋被冲毁，大量居民被疏散。

相较于经济发达地区，经济欠发达国家的脆弱性在暴雨侵袭下一览无遗，损失更大。斯里兰卡灾难管理中心 2015 年 5 月 20 日统计数字显示，洪灾及山体滑坡已造成 71 人死亡，近 150 人失踪，大量房屋倒塌，约 30 万人无家可归（图 2-5）。发生在巴基斯坦北部的 2016 年强暴风雨伴随着时速超过 100km 的阵风，伊斯兰堡 11 人因此丧生、69 人受伤，在拉瓦尔品第市则有 19 人遇难、122 人受伤。

图 2-5　2016 年 5 月 20 日，斯里兰卡凯勒尼耶的受灾民众等待救援

2. 极端干旱农业减产

2016年上半年，极端天气在全球多地开启"看海"模式的同时，另外一些地方却倍受干旱的"煎熬"。

在恶劣气象影响下，东南亚多国面临十分严峻的挑战。为应对旱灾，中国打开了湄公河上游景洪水电站的闸门长达两周，向下游地区释放了大量的淡水，但仍无济于事。在越南，湄公河三角洲迎来1926年有记录以来最严重的持续干旱。在这个重要的农产区，干硬的田地随处可见巨大的裂缝、枯死的稻梗和皱缩的害虫尸体。由于长时间无降水，在越南西南部地区，150多万亩咖啡树枯死，预计咖啡产量将下降30%左右。此外，越南大米出口预计也将减少10%。在泰国，5000多个村庄出现旱灾。60年来最严重的水危机导致地下水枯竭，不少河道附近道路坍塌。

虽然邻国一南一北经受着强暴风雨，但位居中间的印度却不得不面对严重干旱，2016年印度小麦平均单产、种植面积和总产均比2015年减少6.1%，为5年来最低。印度小麦产量仅次于中国，占全球总产量的30%以上。小麦的持续减产，将影响全球小麦供应及价格。

在巴西东北部，4月以来降水量仍较常年同期减少30%~70%，加之部分地区气温偏高，对玉米开花授粉、籽粒灌浆不利，导致了玉米减产。

应对极端气候变化与影响，人类将花费较多时间较大精力去适应，也将会遇到许多困难，但生物，特别是脆弱的生物系统与生态环境，将受到严峻的挑战，生物多样性的消亡将会不断扩大并最终消失（图2-6）。

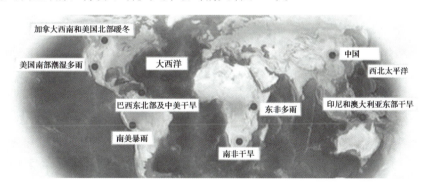

图2-6 2015年厄尔尼诺对全球气候的影响

3. 极端高温炙烤全球

除了一些地方"看海"，一些地方受"煎熬"之外，全球还有一些地方被高温"炙烤"着。

在中国，极端高温最典型的体现是内蒙古自治区呼伦贝尔市，该地区因其年平均温度低、夏季适宜避暑获赠"中国冷极"美誉。然而，2016年入夏以来，当地反复多次出现高温天气，特别是在2016年8月3日新巴尔虎右旗最高气温达44.1℃，刷新当地高温极值。与此同时，高温也加剧了当地旱情。由于7月份呼伦贝尔草原区降水量较常年同期减少60%～80%，高温少雨导致大部分地区发生中度至重度干旱。土壤失墒严重，当地牧民称"挖地一尺多都难以看到湿土"；天然草场大面积枯黄，草群盖度、高度、产草量有所下降。全市牧区草场受旱面积达10242万亩，占牧区草场总面积的98.17%；全市农作物受旱面积达2148万亩，占播种面积的80%。额尔古纳河流域各河流流量比历史同期偏少12%～78%，嫩江流域各河流流量则比历史同期偏少48%～71%。受严重干旱影响，部分地区还受到蝗灾威胁。"由于植被含水量极低，防火形势也极为严峻。"

应对极端高温方面，贫困国家仍然处于不利地位。虽然贫穷国家累计排放的二氧化碳远远低于富裕国家，但他们遭受极端高温天气影响却最为严重。那些离赤道较近的地区遭受了更多极端高温天气侵袭，而许多贫困国家恰恰位于这一区域。

2013年7月初，美国多地连续数日最高气温超46℃，最热的加州"死亡谷"地区气温高达53.3℃。死亡谷国家公园的游客们将鸡蛋直接打碎在石块上，一会工夫就做成了煎蛋，而"煎蛋模式"同样也在中国等地发生过。2013年8月5日至11日，日本局部地区出现40℃以上高温，9815人中暑入院，17人死亡。

因2016年7月份罕见高温天气，8月7日，葡萄牙北部特罗法发生山火。从8月14日起，美国加州因连日高温干旱，引发了旧金山克莱顿地区林地发生了约3000英亩的山林野火，不仅烧毁大片土地，包括民居在内的百余栋建筑被焚，千余名居民撤离家园。玻利维亚中西部地区也遭遇了近10年来最严重的山火。

4. 极端灾害警戒人类

点击互联网，随处可见极端天气气候事件频繁发生，"百年不遇"已成了年年相遇，严重影响人类的生存与发展。

2014年是全球史上最热的一年，巴西遭遇50年来最严重干旱，南美洲多国遭遇严重洪涝灾害，美国东部接连遭受罕见暴风雪袭击，澳大利亚的罕见高温，打破150余项气候纪录，持续高温引发多起森林火灾；上移暴风雨频繁入侵欧洲多国，部分地区损失严重；印度新德里47.8℃高温创62年来纪录；8月20日日本广岛突降历史最强暴雨，73人遇难；11月寒流席卷半个美国，多地降暴雪，积雪厚度最高超2米。2014年我国六大区域（东北、华北、西北、长江中下游、华南和西南）气温均偏高，破历史纪录。南方局地暴雨洪涝多，东北和黄淮伏旱重；登陆台风偏强，5个台风登陆时平均风速达40.6米/秒，超强台风"威马逊"历史罕见；冬半年中东部平均风速较常年偏小5%，大气环境容量低，华北霾天气多、影响大。

2014年高潮刚过，2015年又掀起了极端天气的新高潮，成为全球有气象记录以来最热的一年。从美国纽约、波士顿、首都华盛顿到俄罗斯的莫斯科，都出现了破纪录的冬季高温天气。世界气象组织发布报告说，2015年全球平均地表温度比1961年至1990年的平均值高出0.73℃，比1880年至1899年的平均值高出1℃。

2014年和2015年全球平均地表温度连创新高，造成气候越来越不稳定，极端天气气候事件增多，人类面临的气候风险增大。2016年，由于受气候变暖引发的超强厄尔尼诺事件影响，全球气候更是反常，柬埔寨、印度及非洲南部等地干旱严重；德国、法国、美国、澳大利亚、印度及非洲多国先后发生暴雨洪涝、泥石流等灾害；印度、美国等地遭遇极端高温天气、强雷电和龙卷风灾害；美国相继发生多起EF4级以上的龙卷风灾害；巴黎遭遇了近百年来最严重的洪水灾害。

全球气候变化是自然和人类活动共同造成的，但造成当今气候变暖的主因是人类活动。人类必须行动起来，尽力阻止气候变暖。必须实现可持续发展方式的转变，减少温室气体排放，减缓气候变化的速度和规模。同时，也必须在生物多样性保护、森林保护、减少污染方面多做努力。

三、天灾人祸遗恨

（一）人间地狱，飓风过后的新奥尔良市

"卡特里娜"飓风自2005年8月25日在美国南部地区登陆以来，已经造成至少55人死亡，100多万人因电力供应中断而受到影响。

1. 新奥尔良凄惶无助

"卡特里娜"肆虐过后，新奥尔良没膝深的污水还没有退去，触目所及是被飓风刮倒的大树和电线，城市里没有电，没有水，也没有燃气。联合国儿童基金会统计显示，美国南部的飓风灾害使大约120万人成为灾民，其中包括30万至40万儿童。对那些无家可归的灾民，及时的救援就意味着生存，但愤怒和沮丧渐渐在体育馆、会议中心和高速公路边等待政府救援的灾民中滋长。虽然记者们在报道中尽量避免对此做出评论，但是镜头告诉了人们：那些没有离开新奥尔良的绝大多数人都是贫穷百姓和黑人（图2-7）。

2. 气候变暖必须正视

新奥尔良市是座地势低于海平面依靠复杂大坝系统维系的城市，而缓冲地带密西西比河三角洲湿地却被不计后果的发展破坏了，是个不可持续发展的居住地。人类的破坏，让超级飓风一次次增强，一年年增多，破坏性越来越超出人们想象。1970—1994年，大西洋上每年有8.6次热带风暴，5次飓风，1.5次大型

图 2-7 "卡特里娜"肆虐过后,新奥尔良凄惶无助

飓风。1995年以来,数字就激增至13.6次风暴,7.8次飓风和3.8次大型飓风。"卡特里娜"飓风重创美国经济达到400亿美元。

3. 唯一出路在于行动

人类活动导致了不可逆转的气候变化,但是有关政策并没有相应改变,尤其是在美国。平均每个美国人排放的二氧化碳量是欧洲平均水平的2倍。随着气候变化的节奏加快,地球已进入了一个不可逆转的失控的气候变化阶段,但美国政府却漠视全球变暖。"卡特里娜"飓风警示人们,不尊重自然,必然招致自然更大的报复。

(二)梦乡人祸,印度博帕尔事件

1984年12月3日凌晨,印度博帕尔市,大地笼罩在一片黑暗之中,人们还沉浸在美好的梦乡里。没有任何警告,没有任何征兆,一片"雾气"在博帕尔市上空蔓延,很快,方圆40平方千米以内50万人的居住区已整个儿被"雾气"形成的云雾笼罩了。人们睡梦中惊醒并开始咳嗽,呼吸困难,眼睛被灼伤。许多人在奔跑逃命时倒地身亡,还有一些人后来死在医院里,众多的受害者挤满了医院,医生却对有毒物质的性质一无所知。多年后,有人这样写道,"每当回想起博帕尔时,我就禁不住要记起这样的画面:每分钟都有中毒者死去,然后放到卡车上,运往火葬场和墓地;他们的坟墓成排堆列;鸡、犬、牛、羊也无一幸免,横七竖八地倒在没有人烟的街道上;街上的房门都没上锁,不知主人何时才能回来;存活下来的人已惊吓得目瞪口呆,甚至无法表达心中的苦痛;空气中弥漫着一种恐惧的气氛和恶臭。这是我对灾难头几天的印象,至今仍不能磨灭"。

这一灾难缘于1969年美国联合碳化物公司在印度中央邦博帕尔市北郊建立的联合碳化物(印度)有限公司,这个公司专门生产滴灭威、西维因等杀虫剂。

由于这次事件，化工厂被严禁设于邻近民居的地区，世界各国化学集团改变了拒绝与社区通报的态度，亦加强了安全措施。

（三）温情脉脉，危害久远的爱河事件

爱河（Love Canal）是美国著名旅游胜地尼亚加拉瀑布（Niagara Falls）旁边的小镇。1976年在此的发生爱河污染事件是美国历史上的重大污染事件，造成的直接经济损失达到2.5亿美元，给美国国内和国际社会造成了重大影响。

1890年，美国企业家威廉·拉芙（William T. Love）计划在伊利湖（Lake Erie）和安大略湖（Lake Ontario）两大水系间修建一条运河方便航运，两大湖之间水位的落差可建瀑布，还可修建水电站为60万人口的城市供电。新运河以拉芙的姓氏（Love）命名，就是"爱河"。但随着1893年的经济危机，投资者纷纷撤回投资。同时，国会通过法律禁止从附近的尼亚加拉瀑布取水。工程被停止，爱河工程烂尾，留下了一个大约1.6千米长，15米宽，3~12米深的巨大凹槽。自1942年开始，胡克电化学公司共向巨大凹槽倾倒了22000吨包括碱性物质、卤代烃类、还有染料生产的工业废料。1953年，胡克公司在废料之上铺上一层6米厚的黏土层，种上植物，并以1美元的象征性价格卖给了尼亚加拉市教育委员会，并在买卖合同中，特别申明免除自己的责任。

1954年，政府开始在工业废料埋藏处的正上方修建小学，1955年投入使用。随后，在六个街区之外第二所小学建成。1957年，市政府在周围为低收入家庭修建下水道。周围地带也被开发商购买并修建房屋出售。1968年穿越爱河的高速公路也开始施工。这一系列大规模工程，导致填埋废料的黏土层被破坏，工业废料开始泄露，肆意横流。

随着居民中不断发现可疑病例，爱河居民开始要求政府关闭当地小学，保护孩子们的安全。但是政府一直装聋作哑，没有做出任何实际行动。1978年11月，在埋藏的工业废料中被发现有超过200种化合物，其中有大约200吨的废料含有毒性严重的致癌物质二恶英。1980年5月美国环保署的报告指出，爱河地区的工业废料有可能导致基因损伤，在检测的36名爱河居民中，有11人出现了染色体损伤。

爱河事件在美国国内造成了重大影响，成为当时人们关注的焦点，白宫最终同意重新安置所有爱河居民，并通过了"超级基金法案"。法案在法律层面上明确了污染治理和赔偿、追责方面的责任和义务，为后来美国应对类似的环境健康危机提供了参照与启示。

第二节 中国生态危机状况

生态安全同国防安全、经济安全一样，是国家安全非常基础性的重要组成。

由水、土、大气、森林、草地、海洋、生物组成的自然生态系统是人类赖以生存、发展的物质基础。当一个国家或地区所处的自然生态环境状况能够维系其经济社会可持续发展时，它的生态就是安全的；反之，就不安全。1949年以来，党和政府十分重视生态保护与建设工作，充分发挥社会主义优越性，广泛发动广大人民，植树造林，防治水土流失，建设生态农业，大搞环境建设，我国生态保护与建设工作取得举世瞩目的成就，对抑制生态退化趋势发挥了重要作用。但是，我国生态环境形势仍然严峻，例如，一方治理多方破坏，点上治理面上破坏，治理赶不上破坏等问题仍然十分严重。为此，要采取必要对策，以遏制生态破坏的趋势。

改善环境质量首要的是控制污染源。污染源指造成环境污染的污染物发生源，即对环境排放有害物质或对环境产生有害影响的场所、设备、装置或人体。例如，森林火灾、火山爆发等就是天然污染源；工业废气、生活燃煤、汽车尾气、核爆炸等是人为污染源。遏制污染应以后者为主，尤其是遏制工业生产和交通运输所造成的污染。按受污染物影响的环境要素，可分为大气污染物、水体污染物和土壤污染物；按污染物的形态可分为气体污染物、液体污染物和固体污染物；按污染物的性质可分为化学、物理和生物污染物。

天、地、人三者的关系问题为古往今来的人们所关注，孰轻孰重？人们议论纷纷。荀子曾从农业生产的角度论述过天时、地利、人和的问题。他认为三者并重，缺一不可。从生态环境、生态安全角度来说，天、地是我们赖以生存的环境，人是生态环境破坏与改善的关键，人类要生存下去，实现可持续发展，天时、地利、人和三者一个都不能少，都非常重要。

我们从天、地、人三个方面来概述污染源，统述我国的生态危机状况。

一、天

（一）大气污染严重

按照国际标准化组织（ISO）的定义，大气污染是指由于人类活动或自然过程引起某些物质进入大气中，以足够的浓度、足够的时间危害人类的舒适、健康和福利或环境的现象。影响大气污染范围和强度的因素有污染物的性质（物理的和化学的），污染源的性质（源强、源高、源内温度、排气速率等），气象条件（风向、风速、温度层结等），地表性质（地形起伏、粗糙度、地面覆盖物等）。防治大气污染的方法很多，根本途径是从源头做起，改革生产工艺，综合利用，将污染物消灭在生产过程之中；另外，全面规划，合理布局，减少居民稠密区的污染；在高污染区，限制交通流量；选择合适厂址，设计恰当烟囱高度，减少地面污染；在最不利气象条件下，采取措施，控制污染物的排放量。

从环境保护部2016年3月22日通报情况来看，2015年，"010-12369"环保举报热线及全国环保微信举报平台共受理群众举报近15000件。举报主要集中在中、东部地区，广东、河南、浙江、山东、河北、黑龙江、江苏、福建等省的举报量位于前列。其中，反映大气污染问题的举报高居首位，占全年受理总数的78.3%，而反映异味和恶臭情况占所有大气污染举报的73%。化工业、非金属矿产加工业、金属冶炼与加工业三大行业的涉气举报最多，三者合计占所有涉气举报的57%。在受理的10176件微信举报中，涉及大气污染7001件（占68%），水污染1157件（占11%），噪声污染2186件（占21%），固废污染290件，辐射污染34件。

我国向大气中排放的各种废气数量很大，远远超过大气的承受能力。在国家掌握监测数据的559个城市中，达到国家空气质量一级标准的城市只占4.3%，二级标准的城市占58.1%，三级和超过三级标准的城市占37.6%。2014年，二氧化硫排放总量为1974.4万吨，氮氧化物排放总量为2078.0万吨，二氧化硫排放量超出环境容量近一倍。我国每新增一单位GDP所排放的二氧化碳为日本的近两倍。我国大气污染的成因具有多样性：燃煤排放的大量烟尘，如SO_2和NO；机动车尾气污染日趋严重；城市清洁度差，扬尘污染严重。所以，我国当前大气污染的特征是复合型的，即煤燃烧+汽车尾气+扬尘。大气氧化性增强，能见度降低。与世界上相关城市比较，我国的城市空气污染处于相当高的水平。人体若长期生活在超过空气质量三级标准的环境中，其身心健康将受到损害（表2-1）。

表2-1 国家环保部公布的2014年全国废气中主要污染物排放量

二氧化碳（万吨）				氮氧化物（万吨）				
排放总量	工业源	生活源	集中式	排放总量	工业源	生活源	机动车	集中式
1974.3	1740.3	233.9	0.2	2078.0	1404.8	45.1	627.8	0.3

（二）引人关注的雾霾

雾霾，是雾和霾的混合物。但是雾和霾的区别很大，雾是由大量悬浮在近地面空气中的微小水滴或冰晶组成的气溶胶系统，是近地面层空气中水汽凝结（或凝华）的产物。多出现于秋冬季节（2013年1月份，全国曾大面积出现雾霾天气）。雾的存在会降低空气透明度，目标物的水平能见度降低到1000米以内，雾是自然天气现象，虽然以灰尘作为凝结核，但总体无毒无害；霾是空气中的灰尘、硫酸、硝酸等颗粒物组成的气溶胶系统造成的视觉障碍。也称灰霾（烟雾），霾使大气混浊，能见度恶化，目标物的水平能见度在1000~10000m的为轻雾或霭（Mist），霾的核心物质是悬浮在空气中的烟、灰尘等物质，空气相对湿度低于80%，颜色发黄。气体能直接进入并黏附在人体下呼吸道和肺叶中，对人体具有不可逆的伤害。早晚湿度大时，雾的成分多。白天湿度小时，霾占据主力，雾霾天气的形成是主要是人为的环境污染,再加上气温低、风小等自然条件导致污染物不易扩散。形成雾时大气湿度应该是饱和的,相对湿度在80%到90%之间(如有大量凝结核存在时,相对湿度不一定达到100%就可能出现饱和)。由于液态水或冰晶组成的雾散射的光与波长关系不大,因而雾看起来呈乳白色或青白色和灰色。

作为是一种大气污染状态,雾霾是对大气中各种悬浮颗粒物含量超标的笼统表述,尤其是PM2.5(空气动力学当量直径小于等于2.5微米的颗粒物)被认为是造成雾霾天气的"元凶"。随着空气质量的恶化,阴霾天气现象增多,危害加重。中国不少地区把阴霾天气现象并入雾一起作为灾害性天气预警预报,统称为"雾霾天气"(图2-8)。

图 2-8　雾霾天气笼罩下的城市居住区

2013年11月5日,中国社会科学院、中国气象局联合发布的《气候变化绿皮书:应对气候变化报告(2013)》指出,近50年来中国雾霾天气总体呈增加趋势。其中,雾日数呈明显减少,霾日数明显增加,且持续性霾过程增加显著。雾霾区占国土面积的1/4,人口约6亿,包括华北平原、黄淮、江淮、江汉、江南、华南北部等地。2013年12月10日,《辽宁省环境空气质量考核暂行办法》公布以来,辽宁省首次给8个城市开出5420万元"雾霾罚单"。其中沈阳3460万元,大连160万元、鞍山780万元、抚顺160万元、本溪20万元、营口40万元、辽阳500万元、葫芦岛300万元,罚缴资金将全部用于蓝天工程治理环境空气质量。

2014年1月4日,国家首次将雾霾天气纳入自然灾情进行通报。2014年2月,习近平在北京考察时指出:应对雾霾污染、改善空气质量的首要任务是控制PM2.5,要从压减燃煤、严格控车、调整产业、强化管理、联防联控、依法治理等方面采取重大举措,聚焦重点领域,严格指标考核,加强环境执法监管,认真进行责任追究。

(三) 厄尔尼诺加剧

厄尔尼诺事件是指发生在赤道太平洋中东部的海水大范围持续异常偏暖现象。当赤道太平洋中东部海区的海水表面温度比常年同期偏高0.5℃，并持续3个月以上就进入了"厄尔尼诺状态"；持续6个月以上则确认为一次"厄尔尼诺事件"。发生厄尔尼诺事件时，通过海洋和大气相互作用就会改变正常的大气环流，导致全球气候异常。通常情况下，厄尔尼诺事件发生时，南美沿海岸国家易遭受暴雨洪涝灾害，印度尼西亚、澳大利亚东部、非洲东南部等地易出现干旱。

1951年以来全球共发生了3次超强厄尔尼诺事件。最近一次于2014年9月开始，2016年5月结束，共持续21个月；其持续时间之长、峰值强度之高、海温累积距平之大，均为有完整气象观测记录以来之最。受此事件影响，2016年以来，我国极端天气气候事件增多。一是入汛早、累计雨量大、涝重于旱。华南地区3月21日入汛，比常年偏早16天；全国平均降水量比常年同期偏多23%，为1954年以来同期最多；二是暴雨过程多、强度大。南方地区出现了20次区域性暴雨过程，为历史同期最多；全国有155个县(市)累计降水量突破历史极值。三是强对流天气重发多发，造成的灾害重。全国共发生26次大范围强对流天气过程，雷暴大风频次明显偏多、影响范围偏大，10级以上大风日数超过2012年至2015年总和。2016年4月13日，飑线天气横扫广东省，东莞麻涌镇龙门吊倒塌导致18人死亡；2016年6月4日，四川广元突发大风天气，导致游船翻沉，造成15人死亡；2016年6月23日，江苏盐城龙卷风冰雹特大灾害造成了99人死亡；四是强降雨引发的洪涝和泥石流灾害明显偏多偏重。据国土资源部门统计，入汛以来，全国已发生地质灾害超过1100起，明显多于前几年。2016年5月8日，福建泰宁暴雨引发山体滑坡造成38人死亡；江西、湖北、广西、重庆等地发生了多起严重洪涝灾害。

二、地

(一) 土地荒漠化持续

土地是地球陆地表面极薄的一层物质，也称土壤层，土壤层具有肥力、能够供植物生长，其厚度一般在2m左右。土壤不但为植物生长提供机械支撑能力，并能为植物生长发育提供所需要的水、肥、气、热等要素。土壤对于人类和陆生动植物生存与发展极为关键。没有土壤，任何树木、谷物无法生长，就不可能有森林或动物，也就不可能存在人类。土地荒漠化，是指由于大风吹蚀，流水侵蚀，土壤盐渍化等造成的土壤生产力下降或丧失，土质的恶化，表面沙化或板结而成为不毛之地，例如，沙漠和戈壁。荒漠划分为风蚀荒漠化、水蚀荒漠化、盐渍化、冻融及石漠化。荒漠化及其引发的土地沙化被称为"地球溃疡症"，已成为严重制约中国经济社会可持续发展的重大环境生态问题（图2-9）。

由于掠夺式开发，乱开滥垦、过度樵采和长期超牧，全国草地面积逐年缩小，草地质量逐渐下降，其中中度退化程度以上的草地达1.3亿公顷，并且每年还以2万平方千米的速度蔓延。尽管我国森林覆盖率有所增加，但森林资源总体质量仍呈下降趋势，

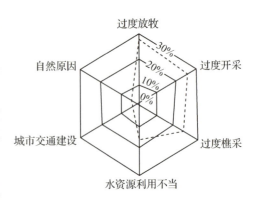

图2-9　影响我国土地荒漠化扩大的因素统计图

人均积蓄量不足世界平均水平的1/7，森林的生态功能严重退化，全国水土流失面积已达367万平方千米，并以每年1万平方千米的速度在增加。据统计，全国荒漠化土地面积261.16万平方千米，继续以每年2424平方千米的速度扩展。沙化土地的面积为172.12万平方千米，占国土面积的17.9%。每年因荒漠化造成的直接经济损失达540亿元，相当于1996年西北五省财政收入总和的3倍，平均每天损失近1.5亿元。1949年来，全国共有1000万公顷的耕地不同程度地沙化，每年造成粮食损失高达30多亿千克。在风沙危害严重的地区，许多农田因风沙毁种，粮食产量长期低而不稳，群众形象地称为"种一坡，拉一车，打一箩，蒸一锅"。在宁夏、内蒙古一些沙化严重的地区，当地农民被迫远走他乡，成为生态灾民，内蒙古自治区鄂托克旗，30年间流沙压埋房屋2200多间，近700户村民被迫迁移他乡。

（二）土壤污染面扩大

土壤是人类以及陆生动植物生存的依托。凡是妨碍土壤正常功能，降低作物产量和质量，或通过饮食间接影响人体健康的物质都叫做土壤污染物。由于固体废物不断向土壤表面堆放和倾倒，有害废水不断向土壤中渗透，大气中的有害气体及飘尘也不断随降水进入土壤中，导致土壤被污染。我国虽然人均耕地少，在全世界5000万人口以上的国家中排倒数第三位。但又不得不面对土壤酸化、盐渍化严重，耕地面积减少，土壤肥力下降的困局。酸雨面积占国土面积的25%，土壤酸化程度有增无减；盐渍化土地总面积约占国土总面积的8.5%（表2-2）。

表2-2　国家环保部公布的2014年全国工业废物产生及利用情况

产生量（万吨）	综合利用量（万吨）	贮存量（万吨）	处置量（万吨）
325620.0	204330.2	45033.2	80387.5

案例剖析

毒地事件

2016年4月,常州外国语学校因选址紧邻"毒地"而导致的环境污染风波,受到广泛关注。央视报道称,从该校初一、初二学生已收集的683份体检报告中,统计出522名学生指标异常。很多学生出现淋巴结肿大、甲状腺结节、血液指标异常、白细胞减少等异常症状。

至2016年4月,环境保护部和江苏省成立的调查组进行调查和追溯,"常外毒地事件"真相被逐渐揭开。由江苏常隆化工有限公司(以下简称常隆化工)原址暴露出来诸多的"历史遗留问题"和"二次污染问题"的背后,是危废物处置存在监管真空,具体监管规范欠缺(图2-10)。

常隆化工原名常州农药厂,始建于1973年,其涉及多种危化品原料、中间体的生产经营和多种危险废物(简称危废)。虽然农药厂每年都给农民补偿,但常隆化工造成的土壤和地下水污染并未得到有效控制。农药厂的废弃物——

图2-10 常州外国语学校周边示意图

废酸也未无害处置。据《中国经营报》报道,搬迁前夕,常隆化工将危废物埋入厂区几个长宽各50米,深5米的大坑中,并用新土覆盖。搬新址后,常隆化工因偷排污物而成为中国赔付额最高(1.6亿)的环保公益诉讼案的主角,被写进2014年度"两高"工作报告,是典型的污染大户。

常州黑牡丹建设投资有限公司是负责修复常隆污染地块和省道S122的建设单位,在对毒地土壤修复中采用了异地填埋方式,将大量毒地土壤作为S122省道基填土土方。村民们收集一些异常土块,留作"证据"。2016年4月底,江苏康达检测技术股份公司对农民收集的土样和在S122工地抽取的8个样本进行检测,于外观气味异常的样品中检出多种有毒有害物质,且含量相当大,如萘、苯、二氯苯、氯苯胺等有毒物质含量比周边其他土壤相差几十到数千倍。虽然国家环境保护总局环办[2004]47号文件早有规定,但常州黑牡丹建设投资有限公司竟然熟视无睹,所作所为全无责任所言。

土壤污染和地下水污染,不同于空气污染,它看不见摸不着,危险隐藏在地表之下。它远离人们的视野，经常被人们忽视，被新闻媒体忽略。空气污染，可能刮大风一天就可以暂时恢复；但是土壤污染、地下水污染则需要花上十几年甚至成百上千年，且人工花费巨大。更可怕的是，土壤污染和地下水污染造成的健康危害是慢性和长期的。几天连续的重度空气污染，可能会让医院呼吸科的就诊病人激增；但是生活在受污染土地上几个月，甚至几年都不会产生明显症状，但是受害状况一旦发现的时候，往往已经很严重。

（三）水环境恶化严重

水资源是人类赖以生存的保障，水生态文明建设就是人与水和谐相处，促进水生态系统良性发展，为人类经济社会发展提供持续健康支持。我国本来就是水资源匮乏国，人均水资源只有2000多吨，是世界人均占有量的1/4，为世界上13个贫水国家之一。而且，我国水资源分布贫富不均，华北、西北的一些地区缺水严重。尽管水环境污染在全球普遍存在，但我国水环境污染状况更加严重。

70年代，我国日排污水量为3000万~4000万吨，80年代达到7500万吨。2004年中国环境状况公报，年废水排放量为482.4亿吨，其中工业废水排放量为221.1亿吨，生活污水排放量为261.3亿吨。这些废污水80%以上未经处理直接排入江河湖库。我国城镇供水环境污染日益严重，城市水域受污染率高达90%以上，不少城市供水水源受到威胁（表2-3）。

表2-3 国家环境保护部公布的2014年全国废水中主要污染物排放量

化学需氧量（万吨）					氨氮（万吨）				
排放总量	工业源	生活源	农业源	集中式	排放总量	工业源	生活源	农业源	集中式
2294.6	311虎	864.4	1102.4	16.5	238.5	23.2	138.1	75.5	1.7

我国《地表水环境质量标准》将地表水依次划分为五类：Ⅰ类水质最好，Ⅴ类最差。其中，辽河、海河污染严重，淮河水质较差，黄河水质基本丧失了使用功能。主要淡水湖泊富营养化严重，且有逐年加重的趋势，超标污染物质主要为氮和磷。在七大淡水水系中，Ⅰ~Ⅲ类水为41.8%，Ⅳ~Ⅴ类水30.3%，劣Ⅴ类水27.9%。这些水体已经失去使用功能，成为有害的脏水，连农业灌溉都不行。监测的27个重点湖库中，Ⅱ类水质的湖库2个，Ⅲ类水质的湖库5个，Ⅳ类水质的湖库4个，Ⅴ类水质湖库6个，劣Ⅴ类水质湖库10个。全国湖泊约有75%的水域受到显著污染。大多数湖泊出现富营养化，蓝藻泛滥，湖水出现绿粥状污染物，气味难闻，令人不堪入目，被当地称作"生态癌"。地下水受到污染的程度和海洋环境一样不容乐观，近岸海域污染严重，Ⅳ类和劣Ⅳ类海水已达46%以上，其中污染最严重的东海海区，劣Ⅳ类海水比例高达53%。

三、人

生态文明既是一种人与自然和谐的文化价值观，也是一种生态系统可持续前提下的生产观，同时还是一种满足自身需要又不损害自然的消费观。大量事实反复证明，人为因素的作用，导致了一场场生态灾难。令人担忧的是，时至今日，新的生态破坏行为还时有发生。主要体现为生态意识薄弱，生态行为有待提高，生态制度仍需完善。

（一）生态意识薄弱

生态意识是人类在处理自身活动与周围自然环境间相互关系以及协调人类内部有关环境权益时的基本立场、观点和方法。决策失误导致的生态破坏是最大的破坏，在生态决策时，能否处理好眼前利益和长远利益、局部利益和整体利益、经济效益和环境效益等方面关系，是生态意识在决策中的反映，在建设与维护中，能否切实做到经济建设与环境保护协调发展，是生态意识指导实践的表达。具体来说，生态意识主要包括生态道德意识、生态忧患意识、生态科学意识、生态价值意识和生态责任意识五个方面。

作为未来社会的行为主体，大学生生态素养状况直接关系未来生态文明建设力度和强度。调查显示，绝大多数学生认同"更持久地利用自然资源"这一环境保护目标价值（表2-4），这一环境价值观对实现人与自然的和谐共生有着积极的意义，但大学生的个人环保责任认知仍需要加强（表2-5）。

表2-4　大学生对生态环境保护目标价值的态度　　　　　　　　%

	环境保护的目的	有效人数	很不赞成	不大赞成	比较赞成	很赞成	不大确定
1	以后彻底征服自然	500	53.2	28.4	8.4	8.4	1.6
2	顺应自然	500	21.2	35.4	21.8	17.6	4.0
3	能更持久地利用自然资源	500	9.0	12.6	25.4	52.0	1.0

表2-5　大学生对生态环境保护责任主体的认知　　　　　　　平均分

	环保主体	有效人数	最小值	最大值	平均分	标准差
1	本地政府	494	1	4	3.59	0.577
2	中央政府	493	1	4	3.57	0.623
3	企业	495	1	4	3.53	0.623
4	个人	494	1	4	3.42	0.650
5	社会团体	492	1	4	3.33	0.676

如果缺乏生态意识的支撑，人们的生态文明观念淡薄，生态环境恶化的趋势就不能从根本上得到遏止。大学生是社会中接受高等教育最多的群体，也是未来建设的主力军，他们对个体在生态文明建设中责任的意识有待加强，正说明了当下生态意识的薄弱。由于人们对生态政策不甚了解、对生产生活中产生的污染种类认知不全面、对生产生活中污染的危害性认知不足等，所以在生态文明建设中才会出现诸多主观不到位，客观被动局面。可以说，生态意识的薄弱是生态危机的一个深层次根源。因此，大力培育公民的生态意识，并使之外化为行动，内化为精神，为生态文明的发展奠定坚实的基础，这也是生态文明建设的根本路径。

树立公民生态意识，必须努力营造良好的社会氛围。生态环境的保护有赖于广大人民群众的共同参与，必须实现思想观念和行为方式的根本转变。为此，要坚定不移地实施可持续发展战略，在发展经济的同时注意控制人口、优化环境和保护资源，坚定不移搞好环境保护，为公民生态意识的提高创造外部条件，发挥示范作用；必须坚持不懈地利用多种形式开展生态环境保护的宣传教育，普及环境科学和环境法律知识，提高全民族的环境意识和环境法制观念，树立保护环境人人有责的社会风尚；必须建立和完善环境保护教育机制，把生态道德教育贯穿于国民教育的全过程，帮助公民树立正确的生态价值观和道德观。

（二）生态行为有待提高

生态行为是指以科学的生态知识和正确的生态意识为指导，做出有利于生态系统的行为。生态行为是个体生态素养的外在表现，与生态行为相对应的是反生态的行为，在这两者间，还存在第三者——"伪生态行为"。伪生态行为是表面看似生态保护，实则破坏生态，是指一些人表面热衷于生态保护实际上却是生态破坏者的面目。人类对质量日益下降的生态环境表示悲悯，这是人类良知尚未泯灭的证明；但同时又以前所未有的速度和规模戕害生态，使自己维护生态的努力化为乌有。每一个现实的人都难以彻底摆脱生态保护者兼破坏者这样一种尴尬的双重身份。因此，做一个纯粹的生态保护者是很难的；相形之下，不做"伪生态行为"者却相对容易。

从大学生日常生活行为习惯和社会参与方式两个层面考察大学生生态行为能力。调查显示（表2-6）：大学生生态环保习惯已初步养成，环保参与度但仍有待提高（表2-7）。

表2-6　大学生生态环保习惯　　　　　　　　　　　　　　　%

环保习惯	经常	有时	偶尔	从不	不大确定
购物时特意不使用塑料袋	17.8	43.0	30.8	4.4	4.0
在外就餐时特意不使用一次性餐具	14.2	28.8	37.0	15.2	4.8

(续)

环保习惯	经常	有时	偶尔	从不	不大确定
对生活垃圾分类处理	15.6	32.0	30.4	17.2	4.8
将废电池投入专门的回收桶或回收站	23.4	23.0	26.6	21.8	5.2
植树绿化	14.4	33.4	38.0	10.4	3.8
使用再生纸	19.2	22.4	27.0	17.8	13.6
随时关紧水龙头	82.9	5.4	5.6	5.8	0.4
使用节能产品	34.0	34.4	19.4	6.0	6.2

表2-7 大学生环保参与水平　　　　　平均数

	有效人数	最小值	进行过	没进行过	最大值	平均值	标准差
关注国内外环境保护事件	498	1	44.6%	55.4%	4	2.67	0.975
参加环保公益活动	496	1	39.8%	60.2%	4	2.38	0.897
做环保志愿者	494	1	19.1%	80.9%	4	1.64	0.856
阻止别人的环境破坏行为	498	1	10.2%	89.8%	4	1.41	0.786
参与环保宣传(如撰文、绘画、表演等)	494	1	16.1%	83.9%	4	1.24	0.657
为解决日常环境污染问题投诉、上访	495	1	0.8%	99.2%	4	1.02	0.843

倡导和践行生态消费，也是生态行为提升的重要方面。生态消费是指符合生态伦理的科学的消费方式，传承先进文化，倡导合理、有目的、有节制的消费观念。针对社会上不文明和非生态的消费观念，我们应从思想教育入手，使人们逐步树立起正确的消费观念。我们要从环境理论、人类可持续发展的高度，使人们明确奢侈、浪费的危害性，帮助人们从"人类中心主义"中解脱出来，自觉控制自己的行为，合理节制自己的欲望，自觉树立人与自然界生态协调、以及人类生存空间和谐的可持续发展的消费观念；我们必须注重生态消费精神的积淀培养，以培养和造就素质高、有涵养、能力强的理性消费公民为目标，优化消费环境，使不同阶层消费者的消费观念和消费行为趋于生态化、科学化和人性化。

（三）生态制度仍需完善

生态文明制度是保护生态环境所依靠的制度，是在面对资源约束趋紧、环境污染严重、生态系统退化的严峻形势下提出的，加强生态文明制度建设，完善相关的生态法律将有效促进生态文明建设。以培养和提高公众的生态法律意识为切入点，广泛传播生态法律知识，介绍生态法律规范以及实际适用生态法律规范，使人们形成有关生态保护的价值观，认识人与自然之间的相互影响、相互作用、相互制约关系，形成人与自然协调和谐发展的生态价值观；通过生态法律制度规定公民的生态环境权利与义务，明确与维护有利于生态环境保护目标的公民之间各种利益关系，为生态治理和建设过程中引发的矛盾和纠纷提供解决途径。

第三节　生态危机影响人类发展

人类不但是文明的建立者，也是文明的享有者，但同时还是文明的破坏者，因此更应是文明的维护者。生态危机最深刻的根源是人类主体性的不断膨胀，过度的关注自我价值的实现，而忽视了自然的客体性存在与被伤害，忽视了自然对人类主体活动的需要。人类对自然的工具性价值或观念推动了现代社会的高速运转，也严重威胁着人类生存健康。纯自然因素给人类带来的损害常常是地域性的，局部性的，低频率的，但也是可控的。而人为因素（如环境污染）对生态系统的破坏能造成各种规模性的急、慢性毒害事件，增加人群癌症发生率，甚至对子孙后代发育与健康带来严重影响。如果这一系列的破坏性后果得不到足够重视，听之任之，其后果是无法收拾的，那时，也就意味着人类文明的终结。

一、影响人类生理健康

气候变化直接或间接的影响人类健康。众所周知，日常情况下，人体疾病的发生发展常与季节性气候变化有关。例如，春季天气以多变为特征，这个时期是呼吸道传染病的高发季节，感冒、风疹、水痘、麻疹、流脑、猩红热等疾病时常流行，中、老年人心肌梗死的发病率也非常高。乙型脑炎多发于夏、秋季；霍乱、痢疾等肠胃病则多发于夏季。上海市的一项研究发现，人的死亡率高低与季节变化有一定关系。深秋以后，死亡人数急剧增加；冬季为死亡人数的高峰，最冷的2月比5、6两个月多2倍。日平均气温在15~25℃之间死亡减少，但在炎夏的热浪袭击下，特别是在日最高气温达35℃以上时，死亡人数又骤然增加。这些研究结果表明，极端气候加剧放大了对人体的健康的影响，人类生理健康面临更大挑战。

图2-11　人体对环境致病因素的反应

气候变化引起的热浪、洪水、暴风雨等天气、气候异常事件和海平面上升等，直接影响人类的健康和生命，同时气候变化还会影响淡水资源的供应，加重空气污染，对健康产生间接的影响。更为重要的是，气候异常可引起生态和环境发生相应变化，导致全球生态系统功能的失衡。随着全球气候变暖，疟疾、登革热等通过昆虫传播的疾病将可能殃及世界人口的40%~50%，极大地威胁人类的健康和日常生活。在高温与高湿地区，气候变暖可能造成蚊蝇孳生，增加霍乱病、疟疾和黄热病等流行病的发病率，同时因温度和降水区发生系统性变化，可能从根本上改变病媒体传播的疾病和病毒性疾病的分布，使其移向较高纬度地区，致使生物病因疾病如疟疾、血吸虫病、锥虫病、黄热病、鼠疫、霍乱等一系列疾病的流行范围扩大等，使更多人口面临疾病危险（图2-11）。

（一）发病率的分布情况

我国近20年来癌症呈年轻化、发病率和死亡率"三线"走高的趋势。全国肿瘤登记中心发布的《2012中国肿瘤登记年报》显示，新发肿瘤病例约为312万例，平均每天8550人，每分钟有6人被诊断为癌症。恶性肿瘤发病率在35~39岁年龄段为87.07/10万，40~44岁年龄段几乎翻番，达到154.53/10万；50岁以上人群发病占全部发病的80%以上，60岁以上癌症发病率超过1%，80岁达到高峰。1989年全国肿瘤发病率仅为184/10万，2012年全国肿瘤死亡率为180.54/10万，每年因癌症死亡病例达270万例。发病率和死亡率有所上升，我国居民因癌症死亡的几率是13%，即每7~8人中有1人因癌死亡。肿瘤死亡率男性高于女性，为1.68:1。从病种看，居全国恶性肿瘤发病第一位的是肺癌，其次为胃癌、结直肠癌、肝癌和食管癌，前10位恶性肿瘤占全部恶性肿瘤的76.39%。居全国恶性肿瘤死亡第一位的仍是肺癌，前10位恶性肿瘤占全部恶性肿瘤的84.27%。死亡率最高者为肺癌（图2-12）。

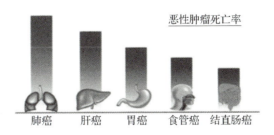

图2-12　恶性肿瘤死亡率分布情况

数据显示，我国癌症发病呈现年轻化趋势，包括乳腺癌、肺癌、结肠癌、甲状腺癌等发病年龄均低于此前年龄。就地区而言，城市地区的结直肠癌发病率上升速度较快。

监测还显示我国癌症发病呈明显地域性,其中,食管癌高发区主要集中河南、河北等中原地区;胃癌高发区主要集中在西北及沿海各地,如上海、江苏、甘肃、青海等较为突出;肝癌高发区集中在东南沿海及东北吉林等地区。

(二)污染影响人体健康

人需要呼吸空气以维持生命。一个成年人每天呼吸大约2万多次,吸入空气达15~20立方米。因此,被污染了的空气对人体健康有直接的影响。主要表现是呼吸道疾病与生理机能障碍,以及眼鼻等黏膜组织受到刺激而患病。例如,1952年12月5~8日英国伦敦发生的煤烟雾事件死亡4000人。人们把这个灾难的烟雾称为"杀人的烟雾"。据调查分析,那几天的伦敦无风有雾,工厂烟囱和居民取暖排出的废气烟尘弥漫在伦敦市区经久不散,烟尘最高浓度达4.46微克/立方米,二氧化硫的日平均浓度竟达到3.83毫升/立方米。二氧化硫经过某种化学反应,生成硫酸液沫附着在烟尘上或凝聚在雾滴上,随呼吸进入器官,使人发病或加速慢性病患者的死亡。

由上例可知,大气中污染物的浓度很高时,会造成急性污染中毒,或使病状恶化,甚至在几天内夺去几千人的生命。其实,即使大气中污染物浓度不高,但人体成年累月呼吸污染了的空气,会引发慢性支气管炎、支气管哮喘、肺气肿及肺癌等疾病。

(三)环境病因机理分析

专家推测肿瘤的发病原因与当地的饮食风俗、环境气候等有一定关系。北京市卫生局统计数据显示,2010年肺癌位居北京市男性恶性肿瘤发病的第一位,在女性中居第二位,仅次于乳腺癌。2001—2010年肺癌发病率增长了56%。新发癌症患者中有五分之一为肺癌患者。值得注意的是,这一时期也正是经济发展的高峰期,大气污染严重。据研究表明肺癌发病的增加与人口老龄化、城市工业化、农村城市化、环境污染化以及生活方式不良化有关(吸烟是导致肺癌的重要因素之一)(图2-13)。

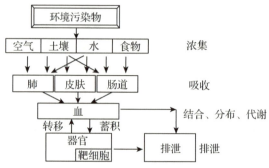

图2-13 环境污染物吸收、分布、代谢多室模型图

癌症年轻化也与环境污染和不良的生活饮食习惯有关。食管癌的明确的诱因是与吃食物过快、过烫有关。现在生活节奏变快，不少人吃饭马虎，以及年轻人爱吃火锅等都是不良的饮食习惯。雾霾天气现象会给气候、环境、健康、经济等方面造成显著的负面影响，例如，引起城市酸雨、光化学烟雾现象，导致大气能见度下降，阻碍空中、水面和陆面交通；提高死亡率、使慢性病加剧、使呼吸系统及心脏系统疾病恶化，改变肺功能及结构、影响生殖能力、改变人体的免疫结构等。

知识链接

雾霾影响身体健康

冬雾是"冬季杀手"，加上工业废气、汽车尾气、空气中的灰尘、空气中的细菌和病毒等污染物，附着于这些水滴上，对人们身体健康产生重大影响。

1. 对呼吸系统的影响

通过呼吸，霾能直接进入并黏附在人体呼吸道和肺泡中。尤其是亚微米粒子会分别沉积于上、下呼吸道和肺泡中，引起急性鼻炎和急性支气管炎等病症。对于支气管哮喘、慢性支气管炎、阻塞性肺气肿和慢性阻塞性肺疾病等慢性呼吸系统疾病患者，雾霾天气可使病情急性发作或急性加重，如果长期处于这种环境还会诱发肺癌。

2. 对心血管系统的影响

浓雾天气压比较低，会阻碍正常的血液循环，导致心血管病、高血压、冠心病、脑出血，可能诱发心绞痛、心肌梗死、心力衰竭等，使慢性支气管炎出现肺源性心脏病等。同时，人还会产生一种烦躁的感觉，血压自然会有所增高。由于气温较低，一些高血压、冠心病患者从温暖的室内突然走到寒冷的室外，血管热胀冷缩，也可使血压升高，导致中风、心肌梗死的发生，所以心脑血病患者一定要按时服药小心应对。

二、影响人的个性心理

（一）影响人的认知

生态环境灾难其实就是人的灾难，因为地球是人唯一的家园，对于自然的破坏其实无异于人类的自我伤害，是人类的自杀行为。从更本质的角度上讲，人怎么待物，人就怎么待人；人怎么待自然，人就会怎么待自己。愈演愈烈的生态危机深层次影响着人的认知。

人类对自然的认知经历了"天然自然""人化自然"到"生态自然"三个发展阶段，体现在对自我的认识层面上，也经历了自我—社会自我—生态自我的不同阶段。人类对自我认识的不同阶段与认识转变不仅仅是一个简单的语义学上的转变，而是深刻的反映了人对自己生存环境关系的认识加深与和处理方式的不同。

1. 天然自然，人类生态环境观念的开始

自古希腊开始，"自然"一词长期在"本性"意义上使用，后来逐渐演变为"自然事物的总和"。亚里士多德的《物理学》认为："自然'是它原属的事物因本性（不是因偶性）而运动和静止的根源或原因。"在那时的人看来，"自然"创造了世界万物，是充满神性且令人生畏的至高无上的存在，是不可违背的，否则将遭天谴，由此产生了原始的自然崇拜。客观上的强大自然对比弱小人类与主观方面的认知局限，有效地遏制了人类对于自然的任意践踏。正如马克思所说："自然界起初是作为一种完全异己的、有无限威力和不可制服的力量与人们对立的，人们同它的关系完全像动物同它的关系一样，人们就像牲畜一样服从它的权力。"在自然的面前，人类只能依赖、屈从、顺应，以牺牲自我，约束自身消解人与自然的矛盾，维持着原始的人与自然的和谐。为了生存与发展，人类通过劳动、制造工具对自然界进行积极的改造。作为整个人类生活的第一个基本条件，劳动既是人类社会从自然界独立出来的基础，又是人类社会区别于自然界的标志。在劳动中，人类积累知识，增长能力，马克思主义认为，劳动创造了人本身。随着人类对自然有了更多的认识与积累，生产力有了显著地发展，中世纪后，虽然人不具备对自然进行根本性改造和变革的能力，但仍尝试着局部改变自然，其破坏力被自然消化而化于生态平衡，人与自然保持基本的和谐关系。

2. 人化自然，人类生态环境观念的迷失

到了近代，随着人对自然认知的转变，人与自然的关系走向了对立和冲突。作为与人类社会相区别的物质世界，自然被分成了天然自然和人化自然两大块。

黑格尔最先从认识论的角度提出"人化自然"的观点，他认为，自然成了区别于精神的物质的东西。物质和精神、主体和客体二元分化。这一观点一直沿用至今，影响深远。在这一观点指引下，人与自然的关系发生了转变，原来的"被主宰"转身成为"征服者"，人类不再敬畏自然，不再为顺应自然而生活，而是大规模地对自然资源进行无节制的掠夺和攫取，造成生态被严重破坏，生存环境日益恶化，导致了20世纪中期全球性生态危机凸现。

3. 生态自然，人类生态文明建设方向

工业文明所带来的巨大物质财富并没有让人类感到快乐，生态失衡，生态危机让人们步步惊心感到末日来临，越来越多的人开始关注生态危机。反思人与自然的关系，生态自然的观念正逐渐成为世界各国的共识与行动。虽然还不那么圆满，但《京都议定书》的达成还是显示了人类生态理念与建设的艰难转折。

实际上，关注和反思早在一个多世纪之前就开始了。恩格斯指出："我们必须时时记住,我们统治自然界绝不像征服者统治异民族一样,绝不像站在自然界以外的人一样——相反的,我们连同我们的肉、血和头脑都是属于自然界,我们不要过分陶醉于对自然界的胜利。对于每一次这样的胜利,自然界都报复了我们。"马克思也指出:"不以伟大的自然规律为依据的人类计划,只会带来灾难。"人类应自觉地有目的地利用自己的能动性来协调人与自然的关系。因为人是自然界的一部分,自然也是人的一部分,人与自然在本质上是一个整体。人在设定自然的同时也被自然所设定,人化自然的同时也被自然化。现代生态自然观与马克思主义的人化自然思想一脉相承。都把自然看作一个有机的整体,人及社会是自然的一部分,人类的一切活动最终都必须服从整体的自然规律。这种观点一方面克服了"人类中心主义"的缺陷,将人与自然相统一,恢复了人的自然属性,提出了保护自然也就是保护人类自身,人与自然的命运休戚与共,人类要想持续发展就必须充分认识自然、尊重和保护自然,与自然和谐相处。

从人是自然的依附到人是自然界的主人再到人是自然界的一员、从天然自然到改造自然再向促进人与自然和谐发展的转变,反映了生态环境变化对人的认知的影响。人类只有保护好自然才能保护好自身。马克思谈及共产主义社会时,有一个极其精辟的概括:"这种共产主义,作为完成了的自然主义,等于人道主义,而作为完成了的人道主义,等于自然主义,它是人和自然之间、人和人之间的矛盾的真正解决。"他认为共产主义就是人与自然的本质统一,是生态文明的实现,是从必然王国走向自由王国。

(二)影响人的情绪和情感

地理环境、天气气候等都会对人的健康和情绪产生不可忽视的影响。为了生存与发展,前人做了大量的研究、积累和总结。研究表明:气温在21℃上下,些许微风和不太强的阳光对人的健康生活是有利的。人体是准恒温的,为保持体温不变,就要不断向外界排出新陈代谢所产生的热量或汗水。所以,相对湿度为85%或气温为38℃、相对湿度为50%或气温为40℃、相对湿度为30%左右时,人的体温调解能力就会发生困难,极易中暑。同时,气候对关节炎、心脏病是有影响的,"东边日出西边雨"使人心情烦躁。因此,要求人们应该掌握这些规律,发挥主观能动性,在心情烦躁时注意克制,有病的人要注意防护。但随着生态环境的破坏,极端气候频现的状况下,人的情绪和情感极易出现较大波动,人们发现,地球不再那么友好了,规律也被一个个打破,生存的环境日趋恶劣,生存变得越发困难了。

极端气候令人们血压升高,情绪激动,使负面情绪加大,免疫力下降。由于超强降水,长时间降雨,一些地方地面湿度异常偏大,使人情绪低落,让较多的人患上忧郁症。同时,阴天和下雨前的低气压会使学龄儿童坐立不安。阳光本来对人情绪有益处,尤其是在冬天,但长期的干旱,晴热少雨,以容易造成"情绪中暑"让人烦躁不安。在许多国家,如美国、瑞士和以色列,干热的风因减少了空气中的负离子,会使精神失常现象增多、人们的办事效率降低,反应迟钝并容易发怒。负离子对人是好处的,它们可以改善人的脑功能,提高情绪;而正电子却有相反的作用。有些调查表明,暴雨前人们会异常活跃和兴奋。研究认为这是跟空气中带电粒子变化有关,雷电可以增加大气中的负离子,而负离子使人欢快。

知识链接

生态产品助你"吃"掉忧郁情绪

菠菜除含有大量铁元素外,还含有人体所需要的叶酸。研究发现,缺乏叶酸会导致精神疾病,包括抑郁症和早老性痴呆等。这是因为缺乏叶酸会导致脑中的血清素减少,造成抑郁症出现。

研究显示,全世界住在海边的人一般都比较快乐和健康。不只是因为大海让人神清气爽,最主要是他们把鱼当做"主食"。这可能是由于鱼油中的脂肪酸能阻断神经传导路径,增加血清素分泌,使去甲肾上腺素系统功能得以平衡。

南瓜之所以能制造好心情,是因为它富含维生素 B_6 和铁,这两种营养素都能帮助身体所储存的糖原转变成葡萄糖,而葡萄糖正是脑组织唯一的燃料。

香蕉含有一种被称为生物碱的物质,可以振奋精神和提高信心。香蕉还是色氨酸和维生素 B_6 的主要来源,这些都可以帮助大脑制造血清素,减少产生忧郁的情况。

研究发现,吃复合性的碳水化合物食物如全麦面包、标准粉、馒头、苏打饼干等能提高情绪,有抗忧郁的作用。这可能与这类食物含有丰富的维生素 B 族、矿物质有关。

葡萄柚不但有浓郁的香味,还可以净化繁杂思绪,也可以提神醒脑。至于葡萄柚所含的大量维生素 C,不仅可以维持红细胞的浓度,使身体抵抗力增强,而且也可以抗压力,使人精神愉悦。

(三)影响人的意志

从心理学角度讲,心理过程的形成及行为的产生都来源于环境刺激。环境遭到破坏,生态失衡严重不仅影响着人类生产、生活、生存和发展,也影响着人的心理和行为。作为高级动物,环境中各种微小的刺激都会使人产生相应的反应。据研究,目前有 50 多种不同性质的污染会对人的心理健康产生影响。环境污染在成为社会公害的同时,对人心理健康也产生着负面影响,危害着人们的身心健康,让人处于一种不安全、不稳定、不健康的生活环境中。世界卫生组织的一份统计资料表明，1982—1983年的"厄尔尼诺事件"使大约10万人患上了忧郁症，精神病的发生率上升8%，交通事故增加5000次以上。同样，持续大雾天影响人的心理，从心理上说，大雾天会给人造成沉闷、压抑的感受，会刺激或者加剧心理抑郁的状态。此外，由于雾天光线较弱及导致的低气压，有些人在雾天会产生精神懒散、情绪低落的现象。

知识链接

污染影响人的心理健康

　　受污染的影响，人的心理也会产生变化，因应污染的性质不同，引起的心理问题也就不同。受锰污染影响，一些锰矿工人或神志呆滞，或时常莫明其妙地发笑，精神时而亢奋、时而冷淡，同时伴有语言障碍、语速缓慢、口齿不清、语无伦次，素质及体质都会发生很大的变化；塑料工厂的氯乙烯气体会使工人失眠多梦、抑郁不安、定向发生障碍；油漆车间的二甲苯气体会使人记忆力下降、神志不清、产生幻觉、表情冷漠、乏力懒惰、易激动等；在硫矿区、硫化燃料或合成橡胶、制糖、制革、造纸、屠宰等厂区，人们常常能闻到一种臭鸡蛋味，这种典型的臭味多是硫化氢的特殊臭味。当每立方米空气中含有1~24微克硫化氢时，人们就可闻到恶臭味，并产生不快的感觉。长时间处在恶臭环境中，人的精神就会发生变化，并产生平衡功能失调、意识不清、味觉紊乱、视觉模糊、判断力和记忆力下降等问题，影响人的正常生活和工作；主要来源汽车排出的含铅尾气所致的铅污染会使人记忆力减退、工作效率降低。铅污染，是人们无法感觉到的一种污染，它对人(尤其是儿童)的心理及智力的影响很大。当100mL血液中的铅含量超过60微克时，儿童就会出现智能发育障碍和行为异常。人们生活需要宁静的环境，然而城市的噪音污染问题已使越来越多的人感到痛苦不堪。高噪音可引起色觉与色视野异常；强噪音可使人眼对运动体的对称平衡反应失灵；噪音干扰人的注意力并影响人的语言交流和记忆力；噪音会影响儿童的智力。一项调查研究表明，噪音环境中儿童智力发育比安静环境低20%。水体污染对人类健康的影响也是极为明显的。人饮用被污染的水后，大脑皮层运动区、感觉区和视听区会受到损害，造成运动、言语、情绪、性格障碍。污染物的性质不同其所导致的心理和行为表现也就不同。饮用二硫化碳污染的水体后，人会出现视力减退、思路不清楚、性格变化等现象。除了以上所述的几种污染外，光污染、电磁污染、热污染等也会对人心理健康产生损害作用。

　　对于一项需要注意力高度集中的工作来讲，环境是否被污染是一项很重要的影响因素。但是在实际生活中却没有考虑环境质量状况，结果造成意外事故增多，工作效率降低。例如，许多学校的建设也没有考虑环境污染问题，建在交通便利、繁华的地方，汽车尾气污染、噪音污染等对学生的心理健康和智力发展造成了极为不利的影响。考虑、关注和研究环境污染对人们心理的影响，可以帮助人们提高对环境保护的认识、自觉地调整自己的心理状态，使人们在工作、生活中处于最佳的身心健康状态。

三、影响人类生存发展

生态危机严重影响着人类的生存发展，纵观历史的发展进程，"生态文明"的提出与人类生存方式的发展转变有着紧密的联系。因为"生态文明"这一概念是在对"类原始"的农业文明、"破坏与发展式"的工业文明的反思与发展演进中产生，是对人类的生存状态、境遇、条件和客观过程的反映。可以说生态文明本身所体现出的人与自然、人与人以及人与社会关系的和谐共存、共生的理念，是与人类对自身生存方式反思相一致的，包括人类生产方式、生活方式、思维方式、价值观、制度、文化等方面。

（一）影响人类生产

在生态危机产生之初，人类并没有认识到由此带来的严重后果，而收敛自己的对自然的征服行动，中断自己对自然的强大破坏活动。但当生态危机由量的积累而引发的量变到质变，露出它肆虐全球，灾害世界每个人的时候，人类在反思，在行动上，人类的生产活动也由此发生了转变。

克服人对自然的盲目性和非理性要求，充分发挥人的潜能的条件下实现的人与自然的平等，是强调在发展中满足人民群众日益增长的物质文化生活需要，实现人与自然、人与社会以及人与人的和谐统一。

党的十七大报告首次明确提出要建设生态文明，旨在强调在发展经济产业、改变经济增长方式、消费方式的过程中，尽最大可能积极主动地节约能源、资源、保护人类赖以生存的环境，选择有利于生态安全的经济发展模式，发展有益于生态安全的产业结构，建立有利于生态安全的制度体系，逐步建立维护生态安全的良性运转机制，使经济发展既满足于当代人的需要，又不对后代人的需要构成威胁，实现经济发展、人口与生态环境协调发展。

（二）影响人类生活

人与自然的协生共存、经济、社会、环境的和谐共赢关键在于人的主动性，在于改变人类生活理念与生活方式。生态失衡，生态危机的出现，打破了以往人类文明生存发展的模式，要求人类必须走可持续发展的道路，必须实现以人与自然的和谐统一为核心的人、自然和社会的和谐统一。以"生态利益高于一切"作为处理人与自然关系的核心理念和最高的价值追求。从自身做起，从身边小事做起低碳生活、节约用水、节约用电、选择公共交通，从我做起合理消费，拒绝奢侈浪费。积极倡导文明的环保理念，牢固树立与生态保护相适应的政绩观、消费观，形成尊重自然、热爱自然、认知自然、善待自然的良好氛围，使人类生活方式要与生态系统实现完整的统一。不仅用文明而非野蛮的方式来对待自然，而且生活方式、文化价值、社会结构上都体现出人与自然的和谐关系。因此，要改变以往生活消费、文化价值、社会结构上与自然不相协调的一面，逐步形成符合生态环境观的生活方式与消费方式，同时要加强人的自觉与自律，加强人与自然相互依存、相互促进的联系，倡导人际关系和谐，承认社会分工且强调人格平等，形成一种团结、互助、友好、和谐的关系。

（三）影响人类生存

人类要发展，要生存，离不开生态文明，在生态危机日益加剧的状况下，人类生存与发展受到威胁，当温室效应成为新常态，当气候变暖成为新常态，当百年一遇，变成天天见的时候，人类还有地方可以生存吗？当然没有生存，就不可能谈发展。当全球性生态灾难到来时，也将是人类的末日来临。生态危机正改变着人类生存与发展，它要求人类改变过去"见物不见人"，改变把人与自然的关系看成占有者与被占有者的关系，改变人与人的关系实质上是一种物质关系，处于异化的状态。完全忽略了人的价值、生存条件、利益的状态。重建一个人们生活水平的提高与良好生态环境的改善相一致，一种符合人类生存发展状态的人—自然—社会整体生态系统的文明。在总结以往生态危机产生的教训基础上，实现人类通向未来真正自由王国的现实基础和条件。

总之，生态危机问题已经很严峻了，如果不采取措施，后果不堪设想。生态危机是人类长期活动所累积效应的结果，解决生态危机问题也需要一个长期的过程，而且全球各国都不能推卸的责任。但时不我待，为了生活的美好，未来子孙后代的生存发展，人类必须行动起来，尽快收手，生态环境才有可能被修复，生态才能平衡。

第三章
生态文明建设途径

第一节 理念先行 引领生态文明建设

党的十八届五中全会首次将"生态文明建设"作为引领经济发展的重大战略举措，列入"十三五"规划的任务目标，强调坚持可持续发展，坚定走生产发展、生活富裕、生态良好的文明发展道路，加快建设资源节约型、环境友好型社会，形成人与自然和谐发展的现代化建设新格局，推进美丽中国建设，把生态文明建设融入到经济建设、政治建设、文化建设、社会建设的各方面和全过程。推进生态文明建设意义重大，影响深远。然而，建设生态文明是一个长期的、系统的历史过程，不是一蹴而就的，必须有步骤、有方法、有路径。就如构思一篇美文，立意是灵魂一样，推进生态文明建设，也必须首先立好意，这个意就是理念。理念先行，用正确的理念引领生态文明建设就能够取得事半功倍的效果；理念先行，就是要践行生态发展观、培育生态文化观，强化生态文明教育，将生态文明理念内化于生态文明建设活动之中，成为生态文明建设的理论指导和实践指南。

一、践行生态发展观

生态发展理念强调发展生态优先，并且用生态发展的观点作为评价人类经济活动，制订经济政策和经济发展战略的原则。生态发展的观点是针对传统经济发展以持续增长为唯一目标及其造成严重后果而提出来的，它认为经济发展与生态环境不应当相互分离，而应当相互统一并密切的交织在一起，经济发展不应当损害基本生态过程，要在经济发展的同时注意建设环境和保护环境，即经济与生态全面发展的观点。只有这样，经济发展才能既满足人的基本需要，又不危害环境，保证当代人和子孙后代的利益。生态发展理念内含有既满足当代人的需要，又不损害后代人需要的可持续发展理念，是强调生态系统的健康和完整性的生态安全理念；最大限度地发挥科学技术的正效应、减少甚至最大限度抑制其负效应的绿色科技理念。

（一）可持续发展观

1987年，以布伦特兰夫人为首的世界环境与发展委员会发表了《我们共同的未来》报告，其中对可持续发展给出了定义："能满足当代人的需要，又不对后代人满足其需要的能力构成危害的发展。"1988年春，在联合国开发计划署理事会全体委员会的磋商会议期间，围绕可持续发展的含义，发达国家和发展中国家展开了激烈争论，最后磋商达成一个协议，即请联合国环境规划署理事会讨论并对"可持续发展"一词的含义，草拟出可以为大家所接受的说明。1989年5月举行的第15届联合国环境规划署理事会期间，经过反复磋商，通过了《关于可持续的发展的声明》。2015 年 9 月，联合国 193 个会员国在首脑会议上一致通过了《2030 年可持续发展议程》，这些目标述及发达国家和发展中国家人民的需求并强调不会落下任何一个人。联合国秘书长潘基文指出："这 17 项可持续发展目标是人类的共同愿景，也是世界各国领导人与各国人民之间达成的社会契约。它们既是一份造福人类和地球的行动清单，也是谋求取得成功的一幅蓝图。"

可持续发展是指经济、社会、资源和环境保护协调发展，它们是一个密不可分的系统，既要达到发展经济的目的，又要保护好人类赖以生存的大气、淡水、海洋、土地和森林等自然资源和环境，使子孙后代能够永续发展和安居乐业。可持续发展与环境保护既有联系又不等同。环境保护是可持续发展的重要方面。可持续发展的核心是发展，但要求在严格控制人口、提高人口素质和保护环境、资源永续利用的前提下进行经济和社会的发展。

可持续发展追求整体协调，共同发展。其基本特征就是经济可持续发展、生态可持续发展和社会可持续发展。首先，可持续发展鼓励经济增长，强调经济增长的必要性，必须通过经济增长提高当代人福利水平，增强国家实力和社会财富。但可持续发展不仅要重视经济增长的数量，更要追求经济增长的质量。其次，可持续发展的标志是资源的永续利用和良好的生态环境，经济和社会发展不能超越资源和环境的承载能力。要实现可持续发展，必须使可再生资源的消耗速率低于资源的再生速率，使不可再生资源的利用能够得到替代资源的补充。最后，可持续发展的目标是谋求社会的全面进步。可持续发展观认为，发展的本质应当包括改善人类生活质量，提高人类健康水平，创造一个保障人们平等、自由、受教育和免受暴力的社会环境。在人类可持续发展系统中，经济发展是基础，自然生态保护是条件，社会进步才是目的。

（二）生态安全观

生态安全是指生态系统的完整性和健康的整体水平，尤其是指生存与发展的不良风险最小以及不受威胁的状态，是人类在生产、生活和健康等方面不受生态破坏与环境污染等影响的保障程度，包括饮用水与食物安全、空气质量与绿色环境等基本要素。健康的生态系统是稳定的和可持续的，在时间上能够维持它的组织结构和自治，以及保持对胁迫的恢复力。反之，不健康的生态系统，是功能不完全或不正常的生态系统，其安全状况则处于受威胁之中。从广义上来说，生态安全还有防止由于生态环境的退化对经济发展的环境基础构成威胁，即因为环境质量状况低劣和自然资源的减少和退化削弱了经济可持续发展的环境支撑能力和防止由于环境破坏和自然资源短缺引起经济的衰退，影响人们的生活条件，特别是环境难民的大量产生，从而导致国家的动荡等两方面的意义。

安全的生态系统应该包括自然生态系统、人工生态系统和自然生态安全——

人工复合生态系统。从范围大小也可分成全球生态系统、区域生态系统和微观生态系统等若干层次。从生态学观点出发，一个安全的生态系统在一定的时间尺度内能够维持它的组织结构，也能够维持对胁迫的恢复能力，即它不仅能够满足人类发展对资源环境的需求，而且在生态意义上也是健康的。其本质是要求自然资源在人口、社会经济和生态环境三个约束条件下稳定、协调、有序和永续利用。随着人口的增长和社会经济的发展，人类活动对环境的压力不断增大，人地矛盾加剧。尽管世界各国在生态环境生态安全战略建设上已取得不小成就，但并未能从根本上扭转环境逆向演化的趋势；由环境退化和生态破坏及其所引发的环境灾害和生态灾难没有得到减缓，全球变暖、海平面上升、臭氧层空洞的出现与迅速扩大，及生物多样性的锐减等全球性的关系到人类本身安全的生态问题，一次次向人类敲响警钟。因此，不管作为个人、聚落、住区，还是作为区域和国家的安全，都面临着来自生态环境的挑战。生态安全与国防安全、经济安全、金融安全等已具有同等重要的战略地位，并构成国家安全、区域安全的重要内容。保持全球及区域性的生态安全、环境安全和经济的可持续发展等已成为国际社会和人类的普遍共识。

生态安全具有整体性、不可逆性、长期性的特点，其内涵十分丰富。首先，生态安全是人类生存环境或人类生态条件的一种状态。或者更确切地说，是一种必备的生态条件和生态状态。也就是说，生态安全是人与环境关系过程中，生态系统满足人类生存与发展的必备条件。其次，生态安全是一个相对的概念。没有绝对的安全，只有相对的安全。生态安全由众多因素构成，其对人类生存和发展的满足程度各不相同。若用生态安全系数来表征生态安全满足程度，则各地生态安全的保证程度可以不同。因此，生态安全可以通过反映生态因子及其综合体系质量的评价指标进行定量地评价。再次，生态安全强调以人为本。安不安全的标准是以人类所要求的生态因子的质量来衡量的，影响生态安全的因素很多，但只要其中一个或几个因子不能满足人类正常生存与发展的需求，生态安全就是不及格的。也就是说，生态安全具有生态因子一票否决的性质。最后，生态安全是可以调控的。不安全的状态、区域，人类可以通过整治，采取措施，加以减轻，解除环境灾难，变不安全因素为安全因素。

(三) 绿色科技观

绿色科技涉及能源节约，环境保护以及绿色能源等领域。高效、节约、环保的绿色科技产业是拉动整个世界经济最大的动力引擎。它包括绿色产品、绿色生产工艺的设计、开发，绿色新材料、新能源的开发，消费方式的改进，绿色政策、法律法规的研究以及环境保护理论、技术和管理的研究等。绿色科技是发展绿色经济、进一步开展环境保护和生态建设的重要技术保证。绿色科技促进人类长远生存和可持续发展，是有利于人与自然共存共生的科学技术。它不仅包括硬件，如污染控制设备、生态监测仪器以及清洁生产技术，还包括软件，如具体操作方式和运营方法，以及那些旨在保护环境的工作与活动。

绿色科技主要关注的是科技产品的设计及生产是否对环境、生态和人类健康构成危害。而过去科学家几乎不考虑这些问题，只考虑社会的需要。1941年，当科学家研制出高效和廉价的杀虫剂DDT时，人们拍手称快，因为它解决了农作物的虫害问题。然而，随着时间的推移，人们发现，DDT通过食物链最终会影响人类健康问题时，各国政府又不得不禁止DDT的使用。社会发展表明，人类在享受科技给人类带来的物质文明的同时，也承受着传统科技发展所带来的环境污染、生态破坏等恶果，承受着化学物质的毒性、致癌性和生物聚集作用对人类健康的危害。绿色科技革命是对近百年来传统的科技所开创的传统的工业体系和物质产品进行全面的评价和反思的产物，是站在环境、生态和人类健康的角度审视科技和科技产品所带来的社会后果。

今天，科学家已经把"绿色的理念"渗透到科学研究、技术开发、产品设计过程之中。从整体上看，绿色科技发展有如下特点：首先，绿色化学是绿色科技发展的前沿。对环境、生态和人类健康构成危害最直接原因是化学和化学工业。化学家把无污染、无公害、无毒性、环保型的化学生产技术纳入了自己的研究范围，开始了多层面、多角度、全方位地推进化学工业的"绿色化"。其次，环境洁净技术和友好技术是绿色科技的重点。环境洁净技术是指绿色科技洁净能源的技术开发和能源的洁净技术。环境友好技术是指环境无害标准优先于经济效益标准的技术研发。最后，绿色政策和绿色市场牵动绿色科技的发展。所谓"绿色政策"是指各国以可持续发展理念为核心制定的与环境保护相关法律、法规、政策和标准等。随着公众科技素质和环保意识的不断增强，绿色概念开始深入人心，绿色新产品受到关注。如绿色食品、绿色建筑、绿色材料、绿色能源、绿色包装、绿色服务、甚至出现了绿色冰箱、绿色电视、绿色计算机、绿色汽车，正是这些绿色需求和绿色消费开创了一个巨大的绿色市场，美国环境保护专家预测，全球以绿色科技所支撑的绿色市场规模在21世纪的最初20年将达到上万亿美元，仅次于信息技术产业。

绿色科技理念负载的是一种新型的人与自然关系，强调防止、治理环境污染，维护自然生态平衡。人是生物圈的构成要素，人与自然之间存在结果不对称的互动关系。在现代，随着环境污染和生态恶化，无论人的作用多么大，人对自然的影响只是改变自然的具体演化方式，不可能毁灭自然，更不可能消除自然的存在。但自然对人的巨大反作用就有可能毁灭人类。因此，从最高意义上讲，自然才是人的主宰，人只能尊重自然、敬畏自然。自然作为人的生存环境，人对自然的任何影响最终都转化为对人自身的影响。环境污染和生态恶化，也只是相对人而言。离开了人，自然界无所谓污染和生态恶化问题。

二、培育生态文化观

(一)生态文化的基本界定

生态文化，是生态学与文化学交叉之后形成的新语汇。生态文化作为一种社会文化现象，不仅有其特定的含义和价值观基础，而且有其合乎规律的、有序的、稳定的关系结构。正确认识生态文化的基本含义、内涵、特征及其价值理念，分析和把握生态文化的结构要素及其相互关系，是研究有关生态文化建设问题的必要前提。

在 1850 年以前，西方人将那些研究自然规律从而帮助人们进行生产实践的科学称为博物学，这应是生态学的前身。"生态学"(ecology)命名于 18 世纪六十年代，被定义为"研究植物与动物之间以及它们与生存环境之间相互依赖关系的科学"。就语源来说，ecology 来自两个希腊词根 oikos 和 logos。oikos 是房子、居所、生存地、家园的意思，而 logos 则是科学、研究的意思。非常有意思的是，"'oikos'意思是'家务'，经济学亦来源于这个词，然而，经济学是研究人类的'家政'，生态学则致力于自然界的'家政'。"显然，在当时工业化狂飙突进的年代里，生态学是研究如何最大化利用自然资源服务于人类、使人们生活得更富足的一种新人本主义"经济"学。

直至 19 世纪六十年代以后，世界各国才在生态学影响下达成共识，不再将人类凌驾于大自然之上，而是倡导人类与大自然和谐共处，于是诞生了"人类生态学"，"生态学的最新发展，是人类生态学的产生。"著名生态学家弗·迪卡斯雷特认为，把人和自然界相互作用的演变作为统一课题进行研究，才算开始找到生态学的真正归宿。这样就使生态学超出了生物科学，甚至超出了自然科学的范围，进入社会科学领域，如经济生态学、环境法学、生态美学、生态伦理学等。"生态政治学、生态马克思主义等新学说也应用而生。于是，生态文化成为人类创造的自然文化、人文文化、科技文化之后的第四种新文化。

"生态文化"有广义和狭义之分。

广义的"生态文化"是指一种价值观、文明观，"生态文化，首先是价值观的转变"；"生态文化"是"从'反自然'的文化，人类统治自然的文化，转向尊重自然，人与自然和谐发展的文化。"

狭义的"生态文化"是指一种社会文化现象(称之为"绿色文化")。它主要是自 19 世纪以来，人类在重视自身生存的生态环境保护的过程中，逐渐产生出来的一系列的环境观念、生态意识，以及在此基础上发展起来的一系列有关生态环境的人文社会科学成果，是自然科学与人文社会科学在当代相互融合的文化发展趋势，例如，生态文学、生态艺术、生态伦理、生态经济理论、生态政治理论、生态神学等。

（二）生态文化的主要特征

从研究对象而言，生态文化是一种有关人与自然关系的文化。它是与有关人与人的关系的社会文化或人文文化概念相对应的一种新的文化观念。社会文化要探讨和解决的是单纯的人与人之间的关系，而生态文化要探讨和解决的是人与自然之间的复杂关系。

1. 本质属性

生态文化是一种涉及社会性的人与自然性的环境及其相互关系的文化，它与属于社会科学的传统人文文化不同，是一种与社会科学与自然科学都有关系的一种全新的、交叉的先进文化。从其本质属性看，生态文化是生态生产力的客观反映，是人类文明进步的结晶，又是推动社会前进的精神动力和智力支持，渗透于社会生态的各个方面。

2. 价值功能

生态文化的价值功能主要表现包括：能正确指导人们处理好个人与自然之间的个体利益关系；能科学地协调好人类社会与生态环境系统之间的整体平衡关系。尤其是后者，能使有关人与自然的关系达到一种和谐的、可持续发展的状态。

3. 时空跨度

生态文化既具有历史传承性，又具有跨国界的地域性。生态文化既与中国传统的"天人合一"自然观一脉相承，又具有鲜明的时代特色，是生态文明时代的产物。同时，生态文化是属于人类的"文化共同体"，是人类社会共同的追求，具有明显的民族特色和地域特色。

4. 形态载体

生态文化分为有形载体和隐形载体两大类。有形载体包括森林、湿地、荒漠绿洲等自然生态系统，以及城市、乡村、田园等人工生态系统。隐形载体包括生态制度文化、生态心理文化以及有绿色象征意义的生态哲学、环境美学、生态文学艺术、生态伦理、生态教育等。

（三）生态文化的内容构成

生态文化的内容十分广泛，主要包括生态哲学、生态伦理、生态科技、生态教育、生态传媒、生态文艺、生态美学、生态宗教文化等要素。这些要素互相依存、互相促进，共同构成生态文化建设体系。

1. 生态哲学文化

生态文化产生于人们对当代生态危机的哲学反思。作为一种自然观，它既反对"反自然"的观念，又反对"自然主义"的观念，主张将"人与自然和谐"作为一种世界观，它是用生态学的基本观点观察现实事物和解释现实世界的一种理论框架，是对传统哲学的革命。一是，生态哲学文化促进了世界观的转变。传统的单纯的"人是万物之灵"、人"征服自然"的观念不仅使人类越来越远离自然，而且使人类备受自然的惩罚。二是，生态哲学文化促进了方法论的转变。生态哲学强调，对自然的研究与对人的研究并重，以整体性的方法把握人与自然的内在统一。三是，生态哲学文化促进了价值观的转变。从时间上来看，人类追求眼前利益的价值导向必将使人类提前离开自然界。因此，它要求人类具有开阔的视野和长远的利益打算，正确处理人与自然的关系。

2. 生态伦理文化

传统伦理学只关注人类的福利，只是对人与人、人与社会关系的道德研究，并不涉及人与自然界及其各种生物的关系。生态文化则关注构成地球进化着的生命的数百万物种的"福利"，把道德研究从人与人的关系的领域扩大到人与自然关系的领域，研究人对地球上生物和自然界行为的道德态度和行为规范，强调"只有当一个人把植物和动物的生命看得与他的同胞的生命同样重要的时候，他才是一个真正有道德的人"。这就是说，生态伦理文化是关于人们对待地球上的动物、植物、微生物、生态系统和自然界的一切事物所应采取行为的道德文化。生态伦理的思想虽然古已有之，但是作为一门学科，作为一种文化形态，还是西方环境保护运动的产物。

3. 生态科技文化

海德格尔说："技术不仅仅是手段。技术是一种展现的方式。如果我们注意到这一点，那么，技术本质的一个完全不同的领域就会向我们打开。这是展现的领域，即真理的领域。"现代科技的发展给人类带来了巨大的物质财富，提高了社会的文明程度，但同时又造成了严重的环境污染，危害着人类的生活和健康。因此，科技发展应重新认识和考虑人类对自然的依赖问题，应自觉承担维护人类生存环境的义务和责任。于是，一门研究人与自然环境关系的新文化——生态科技文化应运而生。生态科技文化亦即科学技术发展的"生态化"。当然，这里的"生态化"不是指各门科学技术化为生态学，而是指确立科学技术发展的生态意识，使科学技术发展带有鲜明的生态保护方向。

4. 生态教育文化

生态教育文化的主要任务是指对全民实施生态意识、生态知识、生态法制教育。生态教育文化建设应当努力使每一位有行为能力的人都有较强的生态意识。

同时，使受教育者获得关于人与自然关系、人在自然界的位置和人对生态环境的作用、生态环境对人和社会的作用、如何保护和改善生态环境以及如何防治环境污染和生态破坏等知识。重视生态保护的社会教育，通过各种形式，利用各种传播媒介，从幼儿园、小学、中学到大学，培养人们的生态价值观，提高人们的生态意识和生态道德修养，从而提高人们保护生态和优化环境的素质。生态法制是保护生态环境、维护社会集体利益的有力手段，对于许多施害行为，尤其是以损害生态获取私利的行为，往往只有运用法制手段方可制止。生态文化建设要把全民生态法制教育作为一项重要工作，为生态保护提供法制思想保证。

5. 生态文艺文化

生态文艺在生态文化中也有独特之处和重要地位。它给人的生态教育是一种情感教育，这是一个潜移默化、润物无声的教育过程，它能使生态文化表现得有血有肉，具有生动丰满的形态、内容及情感。正如马克思所说：狄更斯等作家"在自己的卓越的、描写生动的书籍中向世界揭示的政治和社会真理，比一切职业政客、政论家和道德家加在一起所揭示的还要多"。生态文艺因其生动地揭示了生态文化的价值和意义，使之更有生气与活力。生态文艺作为一种社会意识形式，应当在其生动的感性观照中，充分体现现代人的生态环境意识、生态审美情趣、生态思想情感、生态愿望要求，突出地展示社会主义社会的生态文化精神，努力使人们在对自身价值和本质力量的发现和确证中，获得与传统文艺不同的精神愉悦。

6. 生态美学文化

生态美学是在当代生态观念的启迪下新兴的一门跨学科性的美学应用学科，它以"生态美"范畴的确立为核心，以人的生活方式和生存环境的生态审美创造为目标，弘扬我国"天人合一"的自然本体意识，把我国传统美学以人的生命体验为核心的审美观与近代西方以人的对象化和审美形象观照为核心的审美观有机地结合起来，形成"生态美"的范畴，由此克服美学体系中的"主客二分"的思维模式，肯定主体与环境客体不可分割的联系，追求"主客同一"的理想境界，从而使审美价值既成为人的生命过程和状态的表征，又成为人的活动对象和精神境界的体现。

三、加强生态文明教育

著名天物理学家斯蒂芬·霍金曾告诫人们，人类如果想一直延续下去，就必须移民火星或其他的星球，而地球迟早会灭亡。至于这个时间期限，他预言是两个世纪。霍金说："由于人类基因中携带的'自私、贪婪'的遗传密码，人类对于地球的掠夺日盛，资源正在一点点耗尽，人类不能把所有的鸡蛋都放在一个篮子里,所以,不能将赌注放在一个星球上。"两个世纪,200年,天地史上一瞬间,这是需要我们面对的不容回避的严峻形势。反思人类走过的文明史,重新选择一条实现人与自然、人与人、人与社会的生态文明史,这就必然要求对教育进行重新定向,必须开展生态文明教育。

(一)生态文明教育途径

教育兴旺与否关乎国家的未来与民族的希望。教育不是一把打开所有思想之门的"万能钥匙",但它的确是一种促进人与自然更和谐、更可靠的重要路径。我国著名高等教育学者潘懋元教授曾指出:"许多严重破坏生态环境的事例,应负主要责任者很多是我们高等学校培养出来的专门人才"。因此,加强大学生的生态文明意识,帮助大学生建立良好的生态价值观,需要纳生态文明理念入高校教育过程中,加强高校生态文明教育,可通过完善高校生态文明教育的课程设置和建设良好的校园生态文化环境两大基本途径来加以实现。

1. 完善高校生态文明教育的课程设置

(1)构建生态文明教学体系框架。建立一套目标明确、逐步提升、针对性较强的大学生生态文明教育课程体系。针对低年级学生开设20~30学时的《生态文明教育》课程,帮助学生树立正确的成才观、生态道德观,使其能够结合自身特点和社会的需要来设计个人的生态道德素质培养目标。针对高年级学生开设《生态道德修养》《生态道德拓展训练》讲座,帮助学生掌握提升生态道德的方法,了解培养生态道德素质的一般步骤和途径。

(2)开展生态文明社会实践活动。在校内组建以"播撒绿色,奉献爱心"为活动宗旨的生态文明志愿者协会,开展生态文明教育系列活动。利用植树节、技能节、爱鸟周、科普周开展专题学术讲座、主题演讲、征文比赛等大型生态文明教育活动。利用环保纪念日(周、节),组织大学生编撰图文并茂的宣传资料,走进社区开展科普活动;广泛开展寒暑假社会实践,切实让大学生在实践中感知,在感知中反思,在反思中行动。

2. 建设良好的校园生态文化环境

校园生态文化环境主要包括物质环境和精神环境。加强生态物质文化建设是高校生态文明教育的基础,提升校园精神文明建设是高校生态文明教育的精神动力。首先,加强校园生态物质文化建设。校园生态物质文化建设就是要建设一个干净、漂亮、布局合理、宜人的校园环境。它与和谐的校园文化融为一体,不仅有观赏性和实用性,也充满人文气息。如多布置一些刻有校训、格言警句或美文的亭廊、游园、休闲椅等。加强绿化、美化、净化校园环境,创建一个有"原生态"气息的校园,教师和学生营造一种"亲生态"的文化氛围,将有助于提高教师和学生对生态文明的认识。其次,提升校园生态精神文化深度。教育界有个著名的"泡菜"理论，即泡菜的味道决定于泡汤，泡水好，无论是白菜、萝卜、黄瓜，泡出的味道都好，否则，结果相反。大学文化是大学的精神和理念，是高等教育文化所关注的焦点。因此，校园生态精神文化也就是绿色文化的提升至关重要，它决定了一坛菜的好坏，决定了所培养出来的学生的素质。

（二）大众传播媒介与生态文明教育

当今社会，大众传媒在生态文明建设中扮演着重要的角色和地位。大众传媒通过对环境破坏事件的报道和曝光，可以形成强大的社会舆论压力，督促相关部门采取解决问题的措施。此外，新闻媒体以报道或评论的形式将新近的环境名词或环保政策等加以整理和解释告知受众，可以丰富受众环保知识，构建生态文化。同时，新闻媒体将新近的环境事件予以报道，将现实生活中的环境问题迅速公开地呈现在公众面前，可使公众逐渐认识到环境问题的严重性和紧迫性，进一步引导公众的环境行为，培养环境友好型公民。由此得出，大众传媒在生态文明建设中担负着监督、引导、培育等重要的作用和角色。

1. 报道环境事件，监测生态文明

媒介具有通过反复播出某类新闻报道来强化该话题在公众心目中的重要程度的功能。大众传媒作为社会环境的"监测者"和"瞭望者"，对生态环境等问题同样具有此项功能。大众传媒对新近发生的环境事件进行报道，聚焦于人与自然环境的矛盾及其产生的社会问题，将人类环境的现状告知受众，从而引发社会的关注和警示。中央电视台《焦点访谈》对环境问题的典型报道就颇具影响力和代表性。例如，"如此退耕谁来负责""假造林真"圈钱""大海不是垃圾场"等议题不仅告知了公众部分环境事件的真相，同时对生态环境的破坏者形成巨大舆论压力，并最终督促政府部门解决问题。大众传媒在环境保护方面起到了积极的监督作用，成为生态文明建设的积极推动者。

2. 传播生态理念，构筑生态文化

在生态文明建设中，大众传媒以其独特的公共领域特性扮演着生态文明理念播种机的角色。环保传播是指通过大众传媒，对环境状况、环保危机、环保事件、环境文化、环境意识、环保决策、环保法制、环保产业、公众参与等环保相关问题进行的信息传播。大众传媒与生态环境有关的大量报道，无异于是一种环保传播的新闻活动。在信息化时代，大众传媒以报道、评论甚至是微电影等方式赋予环境议题的重要性，吸引受众对生态环境问题的关注，让生态文明理念、环境信息被更多的人所认知、共享、传播。因而在信息化时代要更好地发挥大众传媒的传播、告知功能，为生态文明建设服务。

第二节 方式转变，创新生态技术与管理

唯物史观认为，经济基础决定上层建筑。也就是说，一定的文明是以一定的物质生产方式为基础的。上层建筑又对经济基础具有能动的反作用，例如，工业文明带来的生态危机影响着经济的进一步发展与人类的生存。因此，转变发展方式对推进生态文明建设具有决定性意义。科学技术作为一把双刃剑，它的发展不仅极大地促进了经济的增长，也成为人类满足贪欲的帮凶，使得一系列生态环境污染问题日益严重。为了解决这些问题，实现社会的可持续发展，"生态技术创新与管理"被逐步提到日程上来。在可持续发展思想被越来越多的人接受的背景下，企业发展面临着来自公众、政府等方面的外在压力，生态技术创新与管理可以通过成本的降低、市场份额的提高、生产规模的扩大以及技术转让收益使企业走出持续发展与环境保护的两难困境，实现可持续发展。生态技术创新与管理可以通过推进生态技术的研发，加强企业生态管理，强化企业生态自律实现。

一、推进生态技术的研发

生态文明的物质基础是生态产业，它是以人与自然协调发展为中心，以自然、社会、经济等复杂系统的动态平衡为目标，以生态系统中物质循环、能量转化与生物生长的规律为依据进行经济活动的产业。它把国民经济的产业活动放在自然生态环境中进行，形成了生态产业的结构：生态农业—生态工业—生态信息业—生态服务业。生态化发展战略是以生态农业为基础，以生态工业与生态信息业为支撑，以生态产业为主导，以人与自然的和谐发展为中心，推动经济、社会的发展。生态化就是用生物科学技术武装工业、信息业和服务业。推进生态技术的研发是实现生态化发展战略的基础。

（一）当代科技观及转向

工业革命带来了巨大的生产力，也带来了对大自然的巨大破坏。科学技术是生产力的一个重要组成部分。科技创新是促进科学技术发展的重要手段，过去的科技创新一味地追求经济利益并未注意到科技发展对自然的破坏和对社会的不利影响，由此带来了生态环境危机和社会矛盾加剧。当代科技观正在进行一个"生态化"的转向，称之为"科技创新生态化"。

科技创新生态化是对传统科技创新的人与自然关系的扬弃。它的一个重要特性就是调整了人与自然的关系。科技创新生态化批判地吸收了传统科技创新对人的能动作用的认识，同时扬弃了其主客二分的机械论观点。用辩证法看待人与自然的关系，强调人与自然是一个复杂的整体，人的发展必须以自然的健康发展为

基础。只有自然系统的健康发展才意味着生态价值的实现。自然的价值包括两个方面：一是自然的使用价值，即自然物对人的有用性；二是自然的内在价值，即自然物之间彼此联结、相互利用而产生的动态平衡效应。传统科技创新没有将自然的内在价值纳入考虑，只看重自然的使用价值，强调最大化对自然的利用。而生态化的科技创新主张多目标协调发展。不仅要利用自然的使用价值，还要着重保护自然的内在价值，追求自然的可持续发展，因为自然是人类存在的根基，没有了自然，就没有了人类自身。

科技创新生态化也是生态文明与工业文明的辩证统一。工业文明的价值观是"人类中心主义"的价值观，生态文明的价值规则是"生态中心主义"。科技创新生态化要把它们统一起来。工业文明是经济发展的动力，也是生态文明的基础。经济不发展，就谈不上生态文明。经济发展了，才有能力去追求生态文明。生态文明的发展带来的生态伦理观念又反过来促进经济的进一步发展，从而实现可持续的发展。可以说，科技创新生态化是一种"人与自然关系中心主义"。只有以人为本，重新审视人与自然的关系，才能实现可持续发展。

(二)科学技术对生态环境的干预

科学技术的发展和利用，对社会生态具有正反两个方面的影响。科学技术在人类社会的进步与发展中，起着不可估量的作用。可以这样说，没有科学技术，就没有人类的现代文明。科学技术的迅猛发展，强烈冲击着社会的各个角落，改变着社会生态环境。一方面，科学技术的发展不断改变着人类生活的条件、状况和环境，有利于社会生态的发展；另一方面，某些科学技术的发展和使用又导致生态环境污染和巨大灾难，危害社会生态的发展。

1. 科学技术对生态环境的负面影响

虽然科技本身是不负荷价值的，但是由于人类对科学技术的不当使用会带来意想不到的恶果，导致地球不堪重负。首先，化学污染。当代人与现存生物已生活在一个被各种有毒物质毒化的环境中，这种局面不仅影响着当代人的生活，而且潜藏着摧残子孙后代的危险，科技的负面效应对人类所遭受的报复是广泛而惨重的。其次，人口膨胀。现代科技的杰出成就创造了发达的医学，延长了人的平均寿命，同时降低了新生婴儿的死亡率，世界人口已超过 60 亿。人口剧增，从各种渠道涌向城市，形成城市特别气候、形成热岛效应。如此众多的人口给生态环境造成了巨大的压力，加剧了环境污染。最后，资源能源减少加速。根据联合国经济合作与发展组织统计，科技先进国家每人每年平均耗能相当于 6 吨煤，落后国家每人每年平均则不到 0.5 吨煤，先进国家每人每年用纸不止 120 千克，落后国家每人每年用纸不到 8 千克。先进国家每人每天平均产生垃圾不止 4 千克，落后国家每人每天产生垃圾不到 0.5 千克。

2．现代科学技术对生态环境的积极干预。

现代科学技术不是只给环境带来负效应，随着科学技术的发展，它也开始为人类服务并成功地解决了许多环境问题。

（1）减排降耗。当今世界，在社会经济发展领域中，特别引人注目的变化是，科学技术突飞猛进，社会生产力大大提高，经济规模空前扩大。科技的发展使单位生产量的能耗、物耗大幅度下降，并不断开拓新能源和新材料，使发展越来越减少对资源、能源的依赖性，并减轻对环境的排污压力。

（2）有效治理环境污染。许多国家的经验表明，技术应用带来的资源浪费和环境破坏，最终还要依靠科学技术进步来解决。例如，解决汽车尾气污染问题，无论采用哪一种方法，科学技术都是关键因素。

（3）开发新能源。人类通过采用有效的技术手段开发自然资源，使资源范围从深度和广度两维拓展，低科技水平下的非资源变成高科技时代的资源，诸如核能技术的进步，使原子潜能变为有效的能源。

（4）开拓新生态领域。高科技的投入也使环境系统发生变化，太空技术的发展使外空环境改变。

（三）科学技术对生态道德的新要求

生态道德是人对整个自然生态系统的道德意识，更是人对其自身、及其所处的生存环境、人类社会和整个自然界的完整的道德关怀。地球生态环境的综合性比较强，在很长一段时间中，人们的关注点仅仅在于"物竞天择、适者生存"的外像，因此，人类误认为自然界是可以被人类征服、能够提供给人类取之不尽用之不竭的资源的场所，人和自然的关系只是利用与被利用以及征服与被征服的关系。在这种思潮影响下，随着科学技术的飞速发展，地球生态环境的平衡迅速遭到严重破坏与退化，大批物种急剧消亡，生物多样性减少，地球资源锐减，环境被污染……究其主导因素，在于人类的价值与观念，即人类中心主义的主导作用。就技术层面看，则在于技术异化与狭隘的科学技术发展论的影响所导致。至此，人类开始重新认识人与自然的关系，开始意识到人的活动是受制于大自然的发展规律的，建立尊重自然、保护自然的生态文明道德新科技观势在必行。

1．从人类中心主义走向生态中心主义

著名生态伦理学家罗尔斯顿表示"地球上的人类代表的是道德以及伦理，因此在地球上生活应当报以感恩的心态，要转变霸占自然的冲突理论为和谐相处的温和理论"。道德关怀的内容需要影响扩大，不但要包括人类本身，还要包括大自然。非人类中心主义一个普遍的思想就是肯定自然界的权利与地位，如果不承认这种地位以及权利，就无法与自然和谐相处。在生态道德的构建过程中，我们应当对自然采取一定的尊重态度，同时也不能否定人类的利益诉求，忽略了人类利益，空谈保护自然资源是不现实的，缺乏了应有的驱动力。

2. 构建科技道德规范，建设生态环境道德

科技道德规范是指在科技创新活动中规范人与社会、人与自然，以及人与人关系的行为准则，它规范了科技工作者及其共同体应恪守的价值观念、社会责任和行为规范。主要规范人类在科技活动时的行为，核心思想是使人类在从事科技发展的同时，不危及到人类的生命健康和生存环境，保障人类的基本利益，保障人类文明的永续发展。很多人把科技比作双刃剑和"潘多拉魔盒"，一旦打开或者不正确使用，就会产生不良后果。例如，炸药、原子能、化工技生物技术等，在给人类创造财富带来生活物质文明的同时，也带来战争隐患、生存危机、环境污染等一系列问题。所以，在科技发展过程中，必须重视道德规范的构建，弘扬科技的正面作用，抑制或消除其负面影响，使科技更好地为人类所用。

二、加强企业生态管理

随着近年来中国经济和科学技术的飞速发展，我国资源、环境方面的矛盾和问题日益加剧，使得企业生态化管理这一重要解决途径被人们逐渐关注，企业的生态化管理是实施可持续发展的重要保障。企业的生态化管理是指将生态学的思想运用于企业的经营管理中，将企业视作一个有鲜活生命的有机体，高度结合企业发展与环境保护，实现企业的可持续发展。企业有着自己的思维模式和循环系统以及消化、免疫系统，在企业管理的过程中，能够积极运用这些功能，为客户创造价值，将企业做大做活，通过实施生态化管理，促进企业的市场竞争力，进行企业品牌的凝炼等，进一步提升企业实力，促进企业的发展。

(一)培养企业生态意识

从企业生态系统生态学的角度来看，在宏观的角度以整个企业生态系统为中心，研究企业之间、企业与自然环境之间、企业与社会生态环境之间、企业与经济生态环境之间的相互作用以及人类对企业生态环境的影响等问题。树立企业生态化管理的理念，有助于企业形成核心的竞争能力和保持快速的发展，同时也符合全球经济实施可持续发展战略的目标。

塑造生态型企业，首要的条件之一就是要使企业员工不断增强保护生态环境的意识，用绿色的思维、理念，营造关注绿色、保护生态的良好氛围，使绿色思想扎根于企业，融汇于企业的思想、管理工作之中，最好能结合企业的经营性质和工作实质去做。以自来水公司为例，公司以消费水资源为主，就要树立起保护水资源、合理利用水资源的意识。这样既有益于企业的健康发展，又有益于自然生态的保护。这是人类可持续发展战略具体到团队、到个人的实践，也是新的绿色经济发展趋势。它推动着企业的经济转变，是对企业传统经营模式的更新，是遵循生态学规律实现经济有序发展的一种新思想。这种新思想的出现，将实现发展经济和保护自然环境的双重目标。

经济是环境密不可分的一部分，企业经济活动所需的空气、水、食物和能源等一切资源取自环境，企业在利用资源的同时，又向周围环境排放垃圾、二氧化碳、温室气体等。如果企业开发自然资源的速度超出自然本身的可再生能力，其结果是企业得到了发展，经济快速增长，而生态平衡被破坏，环境被恶化，环境的恶化反过来又会进一步制约企业的发展。因此，为了得到可持续的发展，企业必须建立环境保护的理念，在经济活动中将环境资源同企业内部的各种资源同等对待，既注重商品的交换价值、使用价值，又要注重大自然的生态价值。

（二）规范企业生态行为

企业应规范企业生态行为，在从事商务活动时与构成全球生态链的企业生态环境保持协调一致。企业在进行商务活动时应将环境成本（非可再生资源的使用、可再生资源的循环利用、废旧物品的管理、土壤和水污染的处理等）看作其商业活动整体成本的组成部分，并尽可能地采取措施降低这种成本，减少对环境的影响。

企业行为在生态文明建设中具有重要作用。首先，企业是节能减排大户。企业作为我国的主要生产者，在资源和能源的消耗上是最大的。其中，工业和交通运输产业的污染，占全国总污染的70%以上，节能减排是企业义不容辞的社会责任，是资源节约和环境保护的客观需要。其次，企业是保护生态环境的重要力量。在生态环境差的地方，污染都非常严重，大量的粉尘、二氧化碳排入大气中，空气质量急剧下降。《中国企业公民报告》蓝皮书指出，目前工业企业仍是环境污染的主要源头，污染比重高达70%。其中，企业在生产过程中排出的"三废"，即废水、废气、固体废弃物是造成环境污染的主要物质，特别是造纸、化工、钢铁、电力、食品、采掘、纺织等7个行业的废水排放量占总量的4/5。

企业行为与生态文明建设和谐发展的路径选择应相一致。首先，大力发展循环经济，实施清洁生产。循环经济是一种生态保护型经济，要求运用生态学规律指导人类社会的经济活动，改变以高开采、低利用、高排放为特性的传统经济，防止把资源不断变成污染物和废弃物并大量地排放到社会中，抑制单纯的数量型增长的局面出现，防止环境污染程度超过生态环境的承载能力。以低开采、高利用、低排放为特征的循环经济，能够提高资源和能源的利用效率，最大限度地减少废物排放，消除和解决长期以来资源、环境与发展之间的尖锐冲突，实现社会、经济和环境的协调发展。其次，提高工艺技术水平，走新型工业化道路。技术创新是企业发展的主要动力，是生态文明建设的技术保障。很多企业在生产流程和技术水平方面比较落后，制约了资源的合理利用，导致产品物耗过高，污染物大量排放。企业在从事生产经营过程中，应当反哺生态文明建设，将企业利益和生态文明建设的长远利益有机地结合起来，实现企业利益与生态效益共赢发展。企业内部必须提高创新能力，探索新资源、新能源的应用，提高产品的科技含量，从而缓解人类需要的无限性与自然资源有限性之间的矛盾，实现良好的经济效益和社会效益。

（三）完善企业生态评估

经济的飞速发展带来了人类社会的进步，同时也带来了一系列的环境污染等问题。环境问题已成为人类社会经济活动发展的障碍之一。对企业进行生态评估，有利于促进企业加强污染治理和生态保护，完善企业的环境管理系统，提高市场竞争力，也有利于实现经济和社会的可持续发展。企业生态评估就是通过对企业的经济活动进行相应的管理或约束，规范其行为，从而控制其对生态环境的不利影响，同时促使企业经济活动获得显著成果。

企业生态评估包括企业生态内部评估和企业生态外部评估。企业生态内部评估是组织自己或委托咨询机构人员对其环境绩效进行定期评价的过程，这个过程的环境绩效信息是通过环境会计获得的。它对企业造成的潜在环境影响是可预见的，企业可以有针对性地制定环境目标；引导企业实现可持续发展，实现经济、环境和社会效益"三赢"；在"绿色"竞争中保持优势。企业生态外部评估，也就是通常所说的第三方生态评估，是除企业外政府部门，中介机构等第三方，从企业出具的环境报告中，搜集环境绩效信息，并依据搜集的信息，测算与评估该企业的环境绩效的过程。它是沟通环境信息的桥梁与纽带。

企业生态评估包含以下三个方面内容：①企业行为的合法合规情况。②企业活动对环境造成的影响。其中包括排放污染物情况、有无污染事故发生情况、污染物达标排放情况、污染物治理情况、消耗资源情况等。③企业环保措施及污染防治情况。如企业污染环境程度，治理污染情况，机构设置和人员配备情况，废物的回收利用情况，清洁生产和技术改造情况等。完善企业评估将在促进企业合法合规、强化企业环境管理意识、降低企业成本、树立企业环保新形象、扩大市场占有率、吸引多方投资，促使企业上市等方面发挥越来越多、越来越大的积极作用。

三、强化企业生态自律

生态领域违法违规案件频发，很大一部分原因在于企业违法、失信成本低。近年来，生态改革不断推进，从立法、问责、执行等方面加大力度，全力打击环境违法行为，促使企业正视生态信用问题，通过提高企业生态自律、诚信意识，营造良好的环保守法氛围。

(一)生态文明建设与企业的责任

生态文明建设中的企业责任是企业社会责任的重要组成部分，是指企业力所能及地承担起环境保护、社会关爱、人与自然辩证统一的生态义务。企业作为国家技术创新和管理创新的主体，践行企业社会责任是加强生态文明建设的重要需求。纵观近年来我国企业社会责任实践，虽然企业已经开始投入更多的关注度在社会责任领域，但总的来说，效果并不尽如人意，不少企业还存在片面追求利润最大化、社会责任意识淡薄、漠视他人安全和环境污染的状况，给社会造成了较大的负面影响，与全面深化改革中生态文明建设的目标存在巨大冲突。

企业的生产经营活动消耗自然资源，基于人与自然和谐相处的原则，企业从自然界获得资源，就应当节约和保护自然资源，否则在自然资源逐渐耗竭下，不仅对社会经济的可持续发展产生极大的负面效应，企业本身也无法生存与持续发展。因此，现代社会经济的发展要求企业既要关注自身经济效益，还必须关注所要承担的社会责任，企业如何将社会责任贯彻到战略规划、价值链管理、质量管理等各个管理领域，其管理又如何体现生态文明的价值要求，是现代企业管理创新的新趋势。

围绕生态文明建设，我国企业社会责任建设应注重以下两个方面：其一，强化企业责任意识。突破在企业社会责任方面的误区，理解生态文明建设与企业发展的关系，增强企业生态意识和生态文明责任感。当前我国有不少企业并未真正理解当代中国企业社会责任的内涵，对其概念存在一定的误读。企业社会责任的基本理念是各种利益都能得以尊重，权利、义务、责任处于平衡之中的社会，而不是将企业存续和社会利益对立起来，强化企业的社会责任，既是中国经济转型升级、保持和谐稳定发展大局的需要，也是行业和企业提升自身竞争力的需要。其二，强化社会责任管理。强化企业的社会责任管理，将企业社会责任建设贯彻到企业战略创新和管理创新之中。当前，我国企业普遍存在社会责任管理缺位的问题，认识不到将社会责任意识纳入到公司发展战略和管理过程是建立企业新竞争优势的可持续发展需求，主要表现在企业战略规划不考虑生态因素，没有设立环境管理机构，成本效益计算范围排除环境要素等。企业不能把社会责任当做企业的一项额外工作，而是应该把社会责任融入到企业发展战略和日常经营管理中。

(二)企业的清洁生产与节能减排

就全球经济发展战略而言，21世纪是可持续发展战略行将贯彻落实的时代。中国企业在实施可持续发展战略中，推行清洁生产和实施节能减排尤为重要。工业化的发展，一方面推动经济的发展、满足人类对物质生活不断增长的需求，从而推动着社会的发展；另一方面，也消耗着地球上大量的自然资源，并在制造人类所需产品的同时不断产生各种污染和有害物质，成为地球环境最大的污染来源。这是人类经过漫长的工业化发展道路面临日益严重的环境污染后逐步形成的共识。

较长时期以来，我国工业企业走的是以高投入、高消耗、高污染换取较高经济增长的粗放型发展道路。这种发展模式一方面导致资源和能源利用不合理，另一方面给环境带来严重污染，而环境和资源所承受的压力反过来又对经济发展产生了严重的制约作用。因此，节能减排已成为我国企业可持续发展的当务之急。随着科学技术的发展，对工业防治污染研究和实践的不断深入，工业防治污染方法已逐步从过去单纯进行污染物排出后减量化、无害化处理的末端治理方式，发展到在产品的整个生命周期，包括产品及生产工艺的设计、产品的生产制造过程和产品的销售、服务及使用等各个阶段，以及从原料、生产工艺、产品性能等各个方面全方位考虑减少污染物产生、改善环境性能、降低成本的"清洁生产"策略。

清洁生产是指对生产过程、产品和服务实行综合防治战略，以减少对人类和环境的风险。对生产过程，包括节约原材料和能源，革除有毒材料，减少所有排放物的排放量和毒性；对产品来说，则要减少从原材料到最终处理的产品的整个生命周期对人类健康和环境的影响，对服务来说，则要将环境因素纳入设计和所提供的服务之中。显然，清洁生产的目标就是实现资源消耗与污染物排放的减量化、最小化，其本身是一个不断完善的相对过程。

（三）企业生态责任与绿色战略

企业社会责任指企业在追求利润最大化、满足股东利益的同时，还应当不损害或满足其员工、消费者、供应商、所在社区和环境等方面的利益，包括遵守商业道德、安全生产、职业健康和保护劳动者的合法权益以及保护环境、节约资源、支持慈善事业、捐助社会公益、保护弱势群体等。企业生态责任是企业社会责任中的一种，是指公司在谋求自身及股东最大经济利益的同时，还应当履行保护环境的社会义务，应当最大限度地增进作为社会公益的环境利益。

绿色战略思维和企业环境责任都有共同的关注点，即在重视企业与外部环境关系的基础上，都着眼于企业的可持续发展。企业绿色战略通常可以分为三个阶段：污染防治、清洁生产和清洁技术的开发。首先，实施可持续发展的战略的关键第一步就是要由污染控制转为污染防治。污染控制意味着对已经造成的浪费进行清洁处理，污染防治则是致力于减少甚至杜绝尚未发生的浪费。污染防治战略注重持续不断地减少浪费、降低能耗。其次，清洁生产是对工艺和产品不断运用一体化的预防性环境战略，以减少其对人体和环境的负面影响。企业应该在产品的设计、材料选购、工艺制造、成品出厂等所有活动和过程中都严格按国家标准要求，加强环境保护，防治污染，实行绿色生产战略。最后，企业要在兼顾经济利益的基础上更好地承担企业环境责任，更多关注科学技术这个关键因素。采用先进的生产技术和工艺，毋庸置疑可以推动企业的可持续发展。推动企业的可持续发展就要重视企业在清洁技术上的投入。

第三节 保障有力，完善生态法治与决策

一、加强生态法治建设

在我国整个法制体系建设中，生态环境法制建设起步较早，法律规范等级较高，法律体系较完备，许多立法在当时并不落后，有的甚至具有领先或超前的意义。但也要看到，我国生态环境法制也存在一些不足，其中有些问题是我国所特有的，这些问题不解决，我国生态环境法制建设就难以发展。解决这些问题的是建设中国特色的生态环境法制的关键，是生态文明建设的必由之路。

（一）生态法制建设概况

《中华人民共和国环境保护法》是为保护和改善环境，防治污染和其他公害，保障公众健康，推进生态文明建设，促进经济社会可持续发展制定的国家法律，由中华人民共和国第十二届全国人民代表大会常务委员会第八次会议于2014年4月24日修订通过，自2015年1月1日起施行。新《环境保护法》进一步明确了政府对环境保护监督管理职责，完善了生态保护红线等环境保护基本制度，强化了企业污染防治责任，加大了对环境违法行为的法律制裁，法律条文也从原来的47条增加到70条，增强了法律的可执行性和可操作性，被称为"史上最严"的环境保护法。

新《环境保护法》引入了生态文明建设和可持续发展的理念，明确了保护环境的基本国策和基本原则，完善了环境管理基本制度，突出强调政府监督管理责任，设信息公开和公众参与专章，强化了主管部门和相关部门的责任，强化了企事业单位和其他生产经营者的环保责任，完善了环境经济政策。鼓励投保环境污染责任保险，加大了违法排污的责任，解决了违法成本低的问题，新环保法加大了处罚力度。

2018年十九届二中全会审议通过《中共中央关于修改宪法部分内容的建议》中，加大了此方面的法制力度。

除此之外，《中华人民共和国宪法》第九条、第十条、第二十二条、第二十六条规定了环境与资源保护。具体的法律法规包括：

（1）环保法律。包括环境保护法、水污染防治法、大气污染防治法、固体废

物污染环境防治法、环境噪声污染防治法、海洋环境保护法。

（2）资源保护法律。包括森林法、草原法、渔业法、农业法、矿产资源法、土地管理法、水法、水土保持法、野生动物保护法、煤炭管理法。

（3）环境与资源保护方面。主要有水污染防治法实施细则、大气污染防治法实施细则、防治陆源污染物污染海洋环境管理条例、防治海岸工程建设项目污染损害海洋环境管理条例、自然保护区条例、放射性同位素与射线装置放射线保护条例、化学危险品安全管理条例、淮河流域水污染防治暂行条例、海洋石油勘探开发环境管理条例、陆生野生动物保护实施条例、风景名胜区管理暂行条例、基本农田保护条例。

（4）新刑法在第六章《妨害社会管理罪》中增加了破坏环境资源保护罪。

（二）生态环境法律的基本原则

环境保护法的基本原则，是指为环保法所遵循、确认和体现并贯穿于整个环保法之中，具有普遍指导意义的环境保护基本方针、政策，是对环境保护实行法律调整的基本准则，是环保法本质的集中体现。环保法的基本原则如下所示。

1. 环境保护与社会经济协调发展的原则

该原则是指正确处理环境、社会、经济发展之间相互依存、相互促进、相互制约的关系，在发展中保护，在保护中发展，坚持经济建设、城乡建设、环境建设同步规划、同步实施、同步发展，实现经济、社会、环境效益的统一。

2. 预防为主、防治结合、综合治理的原则

该原则是指预先采取防范措施，防止环境问题及环境损害的发生；在预防为主的同时，对已经形成的环境污染和破坏进行积极治理；用较小的投入取得较大的效益而采取多种方式、多种途径相结合的办法，对环境污染和破坏进行整治，以提高治理效果。如合理规划、调整工业布局、加强企业管理、开发综合利用等。

3. 污染者治理、开发者保护的原则

该原则也称"谁污染谁治理，谁开发谁保护"的原则，是明确规定污染和破坏环境与资源者承担其治理和保护的义务及其责任。

4. 政府对环境质量负责的原则

地方各级人民政府对本辖区环境质量负有最高的行政管理职责，有责任采取有效措施，改善环境质量，以保障公民人身权利及国家、集体和个人的财产不受环境污染和破坏的损害。

5. 依靠群众保护环境的原则

该原则也称环境保护的民主原则。是指人民群众都有权利和义务参与环境保护和环境管理，进行群众性环境监督的原则。

（三）生态环境法律的实施与生态文明教育的开展

生态环境法律属于环境法学的范畴。环境法学教育与环境伦理教育、环境技能教育并称为环境教育的三大基本内容。环境法学教育弘扬环境法律，确立良好的环境社会秩序；环境技能教育传授环境知识，建立科学的环境认知；环境伦理教育培养对环境的感情，树立正确的环境价值观，三者缺一不可。

在现代社会，环境保护和生态文明的实现归根到底要靠法治。制定良好的环境法律制度并确保其实施，是生态文明建设的基本途径。只有当社会的公民知法、守法、懂法、用法，普遍遵守环境义务，并能够有效地运用法律武器捍卫自己的环境权益时，生态文明的实现才有希望。而环境法治能否实现，或者说能在多大程度上实现，与环境法学教育的水平密切相关，如果没有兼具丰富的环境知识、深厚的环境伦理和良好的法律专业技能的环境法律人才，就难以制定出完善的环境法律制度；而没有对环境法的宣传普及和法治文化的推动塑造，已制定的环境立法也难得到普遍遵守和高效实施。从这个意义上说，环境法学教育实乃关系环境保护和生态文明建设的成败的大事。

在我国，环境法学教育主要是作为专业教育，在高校法学院系中进行的。1980年，北京大学率先在法律系本科生中开设环境法学课程，开启了我国环境法学教育的大门。三十年来，环境法学教育规模不断扩大，范围不断扩展，为国家环境法治建设输送了大批人才。2007年，教育部高校法学学科教学指导委员会全体委员会议把环境法增设为法学核心课，体现了国家对这一课程的重视，也反映了环境资源形势日趋严峻的社会大背景下，国家对于环境法律人才的渴求。但总体而言，与国家严峻的环境资源形势和生态文明建设的迫切需要相比，当前高校环境法学教育还存在许多不足，需要加以完善。

二、完善环境决策与制度建设

生态文明建设是一项系统工程，需要从全局高度通盘考虑，搞好顶层设计和整体部署。要针对生态文明建设的重大问题和突出问题，加强顶层设计和整体部署，统筹各方力量形成合力，协调解决跨部门跨地区的重大事项，把生态文明建设要求全面贯穿和深刻融入经济建设、政治建设、文化建设、社会建设各方面和全过程。完善环境决策对生态文明建设具有重大影响，为尽量避免决策失误带来的生态破坏，必须建立源头严防的制度体系。

（一）决策失误与生态破坏

决策失误是指政府决策人员或组织由于疏忽或决策水平不高，作出的决策缺乏全面性、预见性，而使决策效果出现差错，造成损失。失误的决策不但难以实现目标，反而会浪费大量的资源，甚至产生环境污染的累积。

造成决策失误的主要原因有三：①决策者决策水平有限、盲目决策。有些政府官员在决策过程中，由于其自身文化素养、知识结构、思维形式、决策水平以及其他各种原因，导致决策缺乏全面性、预见性，忽视环境因素，顾头不顾尾，从而导致环境污染的不断累积。②政府决策透明度低。政务活动的透明度，是公众行使参与权、知情权的保证。在我国一些政府官员中至今官僚主义特权思想仍有不小的市场，追求法治的社会，人治仍很普遍，当决策当事人责任意识淡薄，轻率决策就会导致决策失误。③基层政府的自利性扩张。政府是社会公共事务的管理者和社会公共产品的提供者，体现为社会公共利益具有公利性。同时，政府本身是一种社会组织，拥有对行政权力的直接行使权，会追求自身的利益，具有自利性。可见，决策者决策水平的有限性、政府决策的透明度低、基层政府的自利性扩张导致了生态环境的破坏，从而使环境问题累积、蔓延、加深。

为了尽量减少政府决策对生态环境造成的负面影响，要做到从内在角度提高政府决策者科学决策的能力，加强决策的制度化建设；从外在角度明确政府决策成败的评估标准，加强对政府决策的监督，建立并完善政府问责制。内外结合，提高政府决策的科学性。① 提高政府决策者科学决策的能力。政府决策者的素质和能力直接影响政府决策的成败。必须尊重决策对象的客观规律，掌握科学知识，树立系统观念，认真而审慎地决策。② 加强决策的制度化建设。解决决策失误与失当的重要手段是加强决策的制度化建设，做到科学决策、民主决策。利用专家咨询制度，开展专家咨询活动，是决策民主化、科学化的重要标志和保证。③明确政府决策成败的评估标准。为了尽量减少决策失误对生态环境造成威胁的概率，必须进一步明确决策成败的标准，其中必须将生态指标纳入对政府绩效的评估。④加强对政府决策的监督。对政府决策的有力监督，可以迫使决策者加强责任心，提高为民众服务的意识，真正做到决策的科学化、民主化和法制化，尽量减少决策失误及失当。⑤ 建立并完善政府问责制。要想切实降低政府决策失误及失当的概率，必须建立并完善政府问责制，强化决策失误、失当的责任追究制度，真正做到谁失误谁负责，谁失当谁受惩。

（二）生态决策的价值取向

生态决策，就是指以生态价值理念为指导，在开发与社会发展等决策活动中把生态环境因素作为决策的最基本因素予以考虑的决策论证、评价以及实施的过程。诸如在决策中综合考虑资源开发对生态环境的干预程度、开发过程中生态环境的稳定性、生态系统与发展的可持续性统一等。生态决策相对于传统的决策而言，它是一场决策价值观的革命与转变，是人类文明发展的体现。

生态价值取向是生态行政决策的前提。任何一项决策首先需要考虑的是价值问题，它是决策主体作出的"需要不需要""值不值得"的判断，这种判断依赖于决策者的价值观念体系，其影响主要表现在决策价值目标的确定上。行政决策的价值目标包含了多种方面，应该说是一个复杂的价值体系，它不仅有对主体的影响价值，还有对客体即生态环境的影响价值。在影响主体上我们可以归纳为3种价值：①决策事项本身的价值，即决策事项本身的有用性，或者实用性；②决策事项的社会价值，即应用价值所产生社会影响，包括在交通、经济等方面对于社会带来的效能价值；③决策事项对决策者的价值，对决策者的价值在于能否表现决策者的政绩等，对于某些私心重的决策者还会考虑自己在决策过程中有什么经济利益等。价值的判断不仅是原始价值，更重要的是延伸价值。在影响客体上主要是对生态环境的价值，即是否有利于对生态环境的保护，或者至少不是生态环境遭到破坏。这种价值不仅体现了人类对自身价值的关怀，同时也把价值关怀推广到与人类以外的自然界。

决策者的价值取向是实现决策民主化与科学化的关键，决策者不但需要求真务实、开拓创新、无私奉献的品格，而且需要有丰富的生态知识和水平。为尽量避免决策失误，可以采取以下方法：①加强对政府决策者的教育与培训，树立终身学习的观念。在学习管理知识的同时，还要学习决策科学方面的相关知识，让决策者深刻意识到政府决策对生态环境的重要影响，不断提高他们科学决策的水平，减少由于决策失误而带来的生态环境方面的损失。②加强决策思维的培养。使决策者的决策取向从片面追求经济发展转向经济发展与环境保护相协调，从局部利益到局部利益与全局利益相统一，从而在整顿关停污染企业的同时选择有利于保护资源和环境的产业结构和消费方式，加强资源的综合利用，特别要加强对不可再生资源的节约与保护，做到决策以环境为根，以人为本。③案例教育。选择政府决策对生态环境产生影响的反面典型案例，对政府决策者进行警示教育，引起他们对生态环境的高度重视。通过对一些决策失误的相关数据和失误原因的判析，增强政府决策者的决策风险意识和责任感，增加自我约束，减少盲目决策、主观决策和经验决策，迫使政府决策者不断提高自身的科学决策能力。④加强决策监管体系的建设。对重大决策失误要追究责任。

(三)科学的生态文明决策

党的十八大报告指出："面对资源约束趋紧、环境污染严重、生态系统退化的严峻形势，必须要树立尊重自然、顺应自然、保护自然的生态文明理念，把生态文明建设放在突出地位，融入经济建设、政治建设、文化建设、社会建设各方面的全过程，努力建设美丽中国，实现中华民族永续发展。"

党的十九大报告指出：我们要建设的现代化是人与自然和谐共生的现代化……还自然以宁静、和谐、美丽。

这是中国共产党重大的政治决策，是作为占人类1/5人口的中国的"生态文明宣言",具有划时代意义、跨文化意义和世界意义。

  决策本质是一个信息、知识的问题。信息知识是投入，决策是产出，没有投入就没有产出。即使最聪明的决策者也始终面临一个投入不足的问题，包括投入数量不足，投入质量不高，还有一个信息和知识的沟通问题。因此，决策过程不止是一个政治决策过程，更是一个社会实践到科学知识再到政治决策的两次飞跃的过程。社会实践包括科学实验是科学信息、科学知识的认识基础、认识来源，而后者是对前者的第一次飞跃；科学知识又是政治决策的认识基础、认识来源，而后者又是对前者的第二次飞跃。没有社会实践就没有科学知识；同样，没有科学知识就没有正确决策。

  中国社会主义生态文明建设决策过程是一个从科学共识到政治决策共识逐步发展的过程。在整个过程中，我们既看到科学界以科学共识有效影响决策共识发挥了重要作用，也看到决策层主动问计科学界，汲取科学知识和决策知识，并实现从知识到决策的第二次飞跃。

第四章
"五位一体"实现生态文明中国梦

第一节 "五个文明"互动共谐

唯物辩证法告诉我们，世界是普遍联系并不断发展的，这是一条颠扑不破的真理。"五位一体"强调了中国特色社会主义建设事业是一个系统，经济建设、政治建设、文化建设、社会建设和生态文明建设是构成这一系统的子系统。因此，构成中国特色社会主义建设事业系统的子系统之间，经济建设、政治建设、文化建设、社会建设和生态文明建设子系统的构成要素之间都是普遍联系并不断发展的，"五个文明"互动共谐，推进中国特色社会主义事业向前发展，也推动生态文明建设走向纵深。

一、"五位一体"理论的提出

2012年11月8日，在中国共产党第十八次全国代表大会的报告中第一次提出："建设中国特色社会主义，总依据是社会主义初级阶段，总布局是五位一体，总任务是实现社会主义现代化和中华民族伟大复兴。"2017年10月18日，习近平总书记在中国共产党第十九次全国代表大会的报告中指出："新时代中国特色社会主义思想""明确中国特色社会主义事业总体布局是'五位一体'、战略布局是'四个全面'，强调坚定道路自信、理论自信、制度自信、文化自信。""五位一体"总体布局作为习近平新时代中国特色社会主义思想的重要组成部分，是对中国特色社会主义理论的继承和发展，这一总体布局的确立具有深远的历史由来和深厚的理论依据。

中国特色社会主义"五位一体"的总体布局，是中国社会主义事业总体布局的集大成，是中国社会主义事业发展历史经验的科学总结。我国的社会主义建设，自1956年"一化三改"完成以后，也就是社会主义革命结束以后，就进入了全面建设时期，六十多年来，中国社会主义的总体布局，经过了毛泽东、邓小平、江泽民、胡锦涛为代表的几代中央领导集体领导的四个阶段，现在正处于以习近平为总书记的党中央领导下的新阶段。

1."一个统帅"布局

建国初期，强调政治是统帅、是灵魂，政治工作是一切经济工作的生命线，因此要抓革命、促生产、促工作、促战备，用革命工作、政治工作带动和推动其他工作的工作布局。这个布局在社会主义革命时期是可行的。因为在社会主义革命时期，革命是历史的火车头，政治不能不占首位。也就是说，要发挥上层建筑和政治工作的作用，促进社会的变革。但是，革命完成以后，进入相对稳定的建设时期，应该强调社会存在中的经济基础，决定社会意识中的上层建筑，应该以发展生产力、发展经济为主要任务。

2."两个文明一起抓"布局

十一届三中全会以后，总设计师邓小平强调我党要把工作的重点转移到经济建设上来，抓物质文明建设。与此同时，也必须高度重视社会主义精神文明建设。他提出了一手抓物质文明建设，一手抓精神文明建设，两手抓两手都要硬，且强调物质文明和精神文明都要抓好，才是有中国特色的社会主义的"两个文明一起抓"总体布局。从实践意义上来说，这个布局顺应了我们党的工作重点的转移需要，符合社会主义建设的规律；从理论上来说，这个布局是历史唯物主义关于社会存在和社会意识的辩证关系原理的运用，强调社会存在是第一性的，应该抓物质文明建设为主，同时注意社会意识有反作用，也要抓精神文明建设。但是，这个布局在执行过程中存在一手硬、一手软的问题，物质文明建设明显投入更多。

3."三大纲领"布局

江泽民同志主持中央工作时，将政治文明从精神文明建设里面单独提取出来，加以强调并引起全党重视。他多次指出物质文明、精神文明、政治文明一起抓，并相应地提出中国特色社会主义经济、文化、政治"三大纲领"的布局，即经济上要建立中国特色社会主义市场经济；文化上要发展中国特色社会主义的先进文化；政治上要建设中国特色社会主义民主政治。这"三大纲领"的布局，体现了一个新的实践要求，就是要解决把思想政治建设放到笼统的意识建设或精神文明建设里面，使它的地位不十分突出的问题。同时顺应人民的政治参与意识越来越强，民主要求越来越高的要求，将"政治文明"提到日程上来。

4."四大建设"布局

党的十七大的一个亮点就是确立"四位一体"布局。胡锦涛同志指出，随着我国经济社会的不断发展，中国特色社会主义事业的总体布局，更加明确地由社会主义经济建设、政治建设、文化建设"三位一体"发展为社会主义经济建设、政治建设、文化建设、社会建设"四位一体"。我们在重视物质文明、精神文明、政治文明建设的同时，还要重视社会文明建设。要通过全面建设小康社会达到学有所教、老有所依、劳有所得、病有所医、住有所居的目标。这样既顺应了解决种种社会问题的实践要求，同时它也符合历史唯物主义的原理，我们不仅要看到社会基本矛盾，还要看到社会非基本矛盾。

5."五位一体"布局

（1）十八大首提"五位一体"布局。

习近平总书记指出：党的十八大把生态文明建设纳入中国特色社会主义事业总体布局，使生态文明建设的战略地位更加明确，有利于把生态文明建设融入经济建设、政治建设、文化建设、社会建设各方面和全过程。从党的十八大开始，中国特色社会主义总体布局就成了经济、政治、文化、社会和生态文明"五位一体"的建设布局。这个布局的实践依据是环境的压力、资源的压力越来越大，必须要重视。站在历史唯物主义的视角来看，自然生态环境问题是人类社会发展必须考虑的重要方面，人类社会要存在和发展必须有适宜的、可持续的自然生态环境。

（2）十九大明确中国特色社会主义事业总体布局是"五位一体"

在党的十九大报告中，习近平总书记指出，五年来我们统筹推进"五位一体"总体布局、协调推进"四个全面"战略布局，"十二五"规划胜利完成，"十三五"规划顺利实施，党和国家事业全面开创新局面。当前，由于国内外形势变化和我国各项事业发展，我国正面临着由"富起来"到"强起来"的发展新时代，而如何能够更好地应对其中的种种问题，是新时代给我们提出的一个重大时代课题，围绕这个重大时代课题，在以习近平同志为核心的党中央领导下，我们党形成了习近平新时代中国特色社会主义思想。而这一重大理论创新成果中也进一步明确了中国特色社会主义事业的总体布局是"五位一体"。习近平总书记强调全党要深刻领会新时代中国特色社会主义思想的精神实质和丰富内涵，在各项工作中全面准确贯彻落实，全党必须增强政治意识、大局意识、核心意识、看齐意识，自觉维护党中央权威和集中统一领导，自觉在思想上政治上行动上同党中央保持高度一致，完善坚持党的领导的体制机制，坚持稳中求进工作总基调，统筹推进"五位一体"总体布局，协调推进"四个全面"战略布局，提高党把方向、谋大局、定政策、促改革的能力和定力，确保党始终总揽全局、协调各方。

总之，中国特色社会主义事业的总体布局经历了从"一个统帅""两个文明""三大纲领""四大建设"，到"五位一体"的发展过程。这一过程是从局部到整体、从简单到复杂、从低级到高级的发展过程，体现了我们党的社会主义实践和认识的不断深化。党的十九大明确中国特色社会主义事业总体布局是"五位一体"，这不仅是过去五年的经验总结，更是对新时代下我国未来发展路线的统筹规划。

二、全面小康需要生态文明建设

小康全面不全面，生态环境是关键。生态环境作为人与自然共存状况的形式反映，具体表征着一个国家的发展程度和文明程度。一个污染严重、生态恶化的国家，无论经济体量多么庞大，也谈不上真正步入了高度文明的发展之路。反之，若要实现中华民族的永续发展、建设好美丽中国，生态文明建设无疑是极为关键的一环。全面建成小康社会，需要坚持以人为本，全面推进经济、政治、文化、社会和生态文明建设。在这一有机整体中，五大建设既紧密联系、相互作用、不可分割，又有各自的独特地位和发展规律。其中经济建设是根本，政治建设是保证，文化建设是灵魂，社会建设是条件，生态文明建设是基础。其中，生态文明建设既处于突出地位，又起着基础性作用。反过来，生态文明建设也必须立足于其他四项建设。只有坚持"五位一体"建设全面推进、协调发展，才能形成经济富裕、政治民主、文化繁荣、社会公平、生态良好的发展格局，早日全面建成小康社会。

（一）经济建设为生态文明建设提供基础

党的十九大报告明确指出："实现'两个一百年'奋斗目标、实现中华民族伟大复兴的中国梦，不断提高人民生活水平，必须坚定不移把发展作为党执政兴国的第一要务，坚持解放和发展社会生产力，坚持社会主义市场经济改革方向，推动经济持续健康发展。"而经济持续健康发展离不开生态文明建设的推进，因为"绿水青山就是金山银山"。只有转变发展方式、优化经济结构、转换增长动力，才能从根本上保障实现生态文明建设的良性循环。可见，经济建设是生态文明建设的物质前提和动力基础。生态文明的建设离不开经济建设，生态文明建设中遇到的一切问题都要靠发展解决。

1. 经济建设为生态文明建设提供坚实的物质基础

经济建设本身就是人类改造自然界物质成果的总和，表现为物质生产和物质生活水平的提高和进步，它是人类社会发展进步的基础，自然也是生态文明建设的物质基础。特别是在生态环境破坏已经比较严重，新的破坏源还在不断产生的情况下，雄厚的经济投入和物质保证是生态文明建设必不可少的首要前提。首先，生态文明建设需要修复，修复产生费用，需要经济投入。其次，生态文明建设需要保护，保护费不足是目前最为紧迫和重要的生态问题。多年来，我们的环保投入尽管不断增加，但投入不足仍然是制约生态环境快速改善的重要原因。再次，加强生态文明建设也需要经济保障。无论是生态环境的保护和创建，还是生态知识增进与推广，无不需要资金、人才、技术的大量投入。

2. 经济建设是生态文明建设可持续发展的动力基础

生态文明建设本身就是为了不断提高人的生活质量，建立资源节约和环境友好型社会，不断增强可持续发展能力。然而，在市场经济条件下，生态文明建设在有经济效益的前提下，往往才能得到可持续发展。否则就会缺少动力而流于形式。如我国先后建立的许多生态农业示范区，因其产值较低而逐渐被高产值的工业所代替，有的则已经被高楼大厦所替代。所以，生态文明建设必须遵循经济规律。可以说，经济建设为生态文明建设提供了可持续发展的规律，如果不顺应市场经济规律进行商业化运转，生态文明建设的积极性就会降低，导致生态文明建设活力不足，从而阻碍生态文明建设的发展速度和步伐。

生态文明建设与经济建设是"五位一体"总体布局中最重要的一对关系，也是冲突最多、化解起来最为棘手的一对关系。尽管生态文明建设是为了调整人类发展同环境生态之间的紧张关系，但说到底仍然是以人为中心的建设。生态文明建设如果失去了对人的心理需要、价值需要的把握，在市场经济条件下是很难推进的。因此，倘若能在市场经济条件下引入市场机制，配合政府主导及全社会参与，生态文明建设的效果将会更好。

（二）政治建设为生态文明保驾护航

我国的政治建设是指以马克思主义民主理论与中国实际相结合，借鉴人类政治文明包括西方民主的有益成果，吸收中国传统文化和制度文明中的民主性因素，建设具有鲜明中国特色的民主政治。政治建设是"五位一体"总布局的重要组成部分，主要包括民主建设、法制建设、政府建设等内容。政治文明与生态文明紧密相关，政治建设可以为生态文明建设提供重要保障，为生态文明建设保驾护航。

解决生态环境问题、加强生态文明建设，没有各级党政领导干部的高度重视，没有法律法规的有效约束，没有各级政府积极而有效的行政管理，也就是说，没有这些有效的政治保障是不行的。首先，政治建设为生态文明建设提供民主基础。民主建设是政治建设的重要内容，民主程度越高越有利于人民群众积极参与、投身生态文明建设事业。西方国家之所以今天生态环境良好，与其民众广泛参与生态环境保护紧密相关。因此，加强民主建设将有力促进生态文明建设。其次，政治建设为生态文明提供法律保障。法制建设是政治建设的重要内容，依法治国是现代社会的特征。法律作为一种有着明确的行为模式和责任后果的行为规则，具有明确性、普遍性、规范性等特点，发挥着指引、预测、评价、惩罚、弘扬等多种功能，具有其他手段所不具备的优势。因此，良好的环境法制建设是生态文明的基本保障，是建设生态文明的基本手段。最后，政治建设为生态文明提供组织保障。政府建设是政治建设的重要内容，生态环境问题对各国政府提出挑战。政府是生态文明建设的策划者、组织者、实施者，政府组织结构的不断分化，生态环境保护机构的设立，有力促进各国生态文明建设。中西方生态环境巨大差异的背后，反映了政府组织结构的不同，以及生态环境管理机制的完善程度。

此外，生态环境问题会引发政治危机，其背后也反映了政治问题。水污染、大气污染、土壤污染等问题均与政治有关，反映了人与自然之间生态关系的不和谐，更反映了人与人之间政治关系的不和谐。可以说，建立在工业文明基础上的政治，就是一种人与自然相对抗的政治，这是造成我国资源耗竭、环境破坏、生态恶化的政治根源。既然生态环境问题的产生与政治有关，那么生态环境问题的解决要靠政治建设。为协调人类和自然生态系统的关系，人类社会必须进行深刻的变革，变革的起因在于生态，但变革本身在于社会和经济，而完成变革的过程则在于政治。也就是说，解决生态环境问题、建设生态文明的根本出路在于政治革命，要从工业文明的政治转向生态文明的政治。

目前，生态政治化正在成为世界政治发展大趋势，联合国环境署提出"实行绿色新政，应对多重危机"倡议，美国、英国、日本、德国等西方国家实施绿色新政，以及我国提倡绿色发展、低碳发展、循环发展等，都是国际社会生态政治化发展的重要体现。生态政治化表明，解决生态问题必须依靠政治路径、政治智慧、政治制度和措施；要切实加强生态文明建设，必须要有必要的政治保障，没有相应的政治保障，生态文明建设将难以顺利进行，难以取得实效。这就要求我国大力推进生态政治化进程，以便为我国生态文明建设提供政治保障。

(三)文化建设为生态文明提供精神动力

生态文明是以人与自然、人与人、人与社会和谐共生、良性循环、全面发展、持续繁荣为基本宗旨的文化伦理形态，是生态意识的文明、生态行为的文明、生态制度的文明的组合。生态文明离不开生态文化，生态文化承载着环境保护、人与环境和谐发展的观念和价值意识。生态文化建设为生态文明建设提供了强大的精神动力。

人们的一切行动首先来源于人们的思想观念，观念决定人的价值理念，理念又决定人的行为方式。所以，人们的生态自觉来源于生态文化的自觉。生态文化的自觉在于生态文化的培养和全民族生态道德素质的提高，培养生态文化就是要树立尊重自然、顺应自然、爱护自然、保护自然、与自然和谐相处的生态价值观和价值理念，体现人对自然的价值判断、生态道德的约束力、社会生产方式的生态化价值导向、对健康生活方式和消费方式的价值追求。有了这种生态价值理念，才能使整个社会形成生态价值共识，才能自觉尊重自然、顺应自然，合理开发、利用和保护自然，才能"增强全民节约意识、环保意识、生态意识，形成合理消费的社会风尚，营造爱护生态环境的良好风气"。

生态文化的价值理念强调经济社会发展与自然环境的协调性。当前，加快发展仍然是我国经济社会发展的第一要务。发展是硬道理的关键在于科学发展，既要发展经济，又要保护环境，正确处理"金山银山"与"绿水青山"的关系，才是全面建成小康社会、实现中华民族伟大复兴中国梦的关键。而要实现这个总任务，就必须有"五位一体"的总体布局，生态文明建设是中国特色社会主义文明建设的重要组成部分。这就要求各级政府、各级企业、个人和其他社会组织必须具有生态文化的价值理念，只有这样，才能在发展的战略、策略、方针、决策的制定和实施方面，在制度、管理、创新方面切实体现发展与保护关系的协调性、合理性和科学性。

生态文化的价值理念强调经济社会发展的可持续性。转变经济发展方式就是转变人们的生产方式和消费方式，这种方式转变的动力，一方面，依靠先进的科学技术对传统的产业进行升级和更新，提高能源的利用率，降低污染排放，不断开发新型环保能源，支撑经济可持续发展；另一方面，来自于生态文化的价值理念，如果没有尊重自然、顺应自然、生态安全的环保理念，再先进的科学技术只能对环境造成更大的破坏，再好的盈利企业、管理模式、生产方式，如果缺乏生态文化的价值理念，给社会和环境带来的灾难将会远远大于它所创造的财富价值。生态文化的价值理念就在于着力推进绿色发展、循环发展、低碳发展、节约资源能源，这是生态文明的核心。

因此，要从根本上转变经济发展方式，实现科学发展，仅仅依靠国家政策和行政命令是行不通的。必须加强生态文化建设，在全社会牢固树立生态文明理念，倡导生态文明伦理道德，发展生态科学技术，推行健康文明的生活方式和生产方式，以生态文化建设推进生态文明建设。

（四）社会建设为生态文明建设提供支持

生态文明视角的社会建设维度，强调的是生态文明的制度建设。生态文明建设落到实处的关键，在于我们能否建立一种公正合理的生态资源和经济发展成果的利益分配制度、生态法律制度，实现生态资源占有、分配和使用以及经济发展成果分配的公正公平，从制度层面规范人们的实践行为，使人们的实践行为与生态发展之间保持一致，从而为推进生态文明建设提供有力支持。

首先，社会建设要改善资本全球化带来的生态问题。"资本控制者所追求的利润、私人财产保障、低风险等经济目标，通常与经济相对平等和安全、环境安全、平等获得食物等社会目标相冲突"。资本利用其在全球体系中的霸权，对其他民族国家进行剥削和压迫，后者不仅在政治和经济上处于被剥削和被支配地位，而且也承担着资本全球化所带来的生态问题。因此，生态文明建设需要民主化的国际政治经济秩序以维护自身发展的自主性、发展权和环境权。社会建设应以此为目标，从国内实际出发，逐步推进良好国际经济政治运行规则的建立。

其次，社会建设的核心是民生建设，生态文明建设是加强民生建设的必然结果。"发展"不仅是"经济增长"，还包括文化和人的现代化、社会结构的变革，特别是分配正义的实现。"以人为本"的民生建设是国家发展的中心命题，"有增长无发展"会付出政治动荡、贫富不均和环境问题的代价，也涉及到自然资源和社会发展成果的公平占有、使用和分配。民生建设的成败直接关系到生态文明建设的成败，它是生态文明建设能否顺利展开的核心与关键。因此，只有把民生问题解决好了，生态文明建设才具备现实基础和条件。

最后，社会建设的重点是调整人与人之间不公正的物质利益关系。人和人之间的物质利益关系不仅决定了社会物质财富的生产和分配，而且也决定了社会生产的目的以及人们将如何处理人和自然的关系。也就是说，正是由于人和人之间不公正的物质利益关系，导致了人们对自然资源的不公平占有和使用，决定了社会生产的目的不是建立在满足人的基本需要和"以人为本"的原则基础上，而是为了实现特殊利益集团的利益，最终必然导致资源的滥用，这要求国家建立良好的利益协调机制，搞好制度建设。

综上所述，生态危机虽然体现为人和自然关系的危机，但其本质却是人与人之间占有、分配和使用自然资源的矛盾利益关系的危机，也就是说，要从根本上解决生态危机就必须协调好人与人在生态资源上的矛盾利益关系，这就意味着以建立合理的社会关系为主要内容的社会建设必然是解决生态危机的核心和关键。反过来，公正、合理、文明的和谐社会一旦建立起来，将极大地推进生态文明建设的发展。

第二节 从中国梦的实现看生态文明建设新要求

一、四化两型建设：生态文明的建设之路

"四化"是指新型工业化、农业现代化、新型城镇化和信息化。"两型"是指资源节约型、环境友好型。全面推进"四化两型"建设，是以建设"两型社会"作为加快经济发展方式转变的目标和着力点，以新型工业化、农业现代化、新型城镇化、信息化为基本途径，以结构调整、自主创新、节能环保、民生改善和制度建设为着力点，加快经济转变由不合理不协调向协调发展转变，经济增长由外延扩张向内涵提升转变，资源利用由粗放向节约集约转变，城乡发展由二元结构转向一体化发展。在发展方式仍然比较粗放，资源环境约束趋紧，要素制约仍然突出，城乡区域发展不平衡，转变经济发展方式的任务十分艰巨的今天，随着经济全球化的深入发展，国际产业结构调整呈现出生态化、高技术化的特征，中国经济也开始走上了"四化两型"的生态环保、高端科技的生态文明建设之路。"四化两型"生态社会已经迈出了万里长征的第一步，必然会给各产业发展带来强烈的冲击和挑战，给人们的生活方式带来全新的变革。一方面，作为国民经济发展基础的农业，要走中国特色的可持续发展之路，需要建立振兴中国农业的生态化机制和发展方式。另一方面，必须科学编制生态城市规划，努力提升城市整体素质和形象，增强城市综合实力，确立低碳、环保、宜居的生态城市发展方向。

（一）生态农村

中国现代农业是在实现现代化中融入生态化新元素的过程，面临着三大主要矛盾，一是人口增长与粮食供给矛盾；二是家庭联产承包与现代大农业发展矛

盾；三是城市化过程与农民科技文化素质矛盾。社会的变迁是导致这些矛盾存在的根本原因，生态化要素的加入，改变了社会变迁的原基色，给予了我们如何解除农业困境的新启示、新思路、新出路。

在"四化两型"的生态文明主题建设中，振兴农业要着力建构和完善城乡一体化"三农"生态。"三农"生态有两个基本方面，一是"三农"的自我生存、自我壮大、自我协调、自我发展的生态自组能力；二是"三农"在工业化、现代化、城镇化变迁中，实现城乡一体化中的相融和整合的生态扩张能力。这两方面的健康、持续发展，取决于农民主体素质的持续提升。这个问题解决的逻辑顺序和现实前提是农业的效益问题。因此要从提升农业的整体效益入手，建构"三农"生态体系，形成完善这一体系顶层设计的制度安排。

首先，解决农业效益提升的问题，必须走大农业、大经营的路子。整合农业生产所需要人、才、物等方面资源，必须跳出"小农业"，即在种植业上兜圈子的狭隘农业的发展观，形成不仅有农林牧副渔、农产品加工业，还包括休闲农业、旅游农业、创意农业等相结合的大农业发展观，形成大农业的综合效益，达到效益平衡和生态循环。只有这样才能解决农业发展的招商引资、吸引人才、聚集资源的效应，通过借力、引智、引资，使农业能在短期内快速发展，使农民在利益分配中比以前能获得更快的增长，从而能降低恩格尔系数，提升农民教育需求的消费能力。

其次，以建构和完善"三农"持续发展的顶层设计和制度安排，解放和发展农业生产力。解放生产力要靠制度安排，发展生产力则在于教育孵化，包括基本职业教育和拓展性能力教育，促进农业生产力的城市化转换，让更多的农民家庭通过诚实劳动分享更多的由改革开放所带来的福利，促进自身主体科技文化素质增长，更好地融入到城乡一体化发展的社会生态中，将再次为中国特色的改革开放深入发展注入前所未有的活力，作出新的贡献。

生态农村是合作化、组织化的生态体系。生态经济是基于市场经济之上的一种新经济，它以井然有序，高度的合作化、组织化和教育化的特征组织社会建设。建设生态农村，改变当前"三农"的落后局面不仅要建设农业发展的领军队伍；还要通过合作化的生产经营方式，增强规模效应，发展大农业，实现农业的综合效应，展示大农业生态综合效益的吸引力。

（二）生态城市

"四化两型"建设中的生态城市是指自然、技术、人文充分融合，物质、能量、信息高效利用，人的创造力和生产力得到最大限度的发挥，居民的身心健康和环境质量得到维护，一种生态、高效、和谐的人类聚居新环境。"生态城市"是从全局和系统的角度应用生态学基本原理而建立的，是人与自然和谐共处、物质循环良好、能量流动畅通的生态系统。生态城市的建设应以环境容量或生态承载力为前提,着重从以下四个方面入手。

1. 以可持续发展思想为理念,重视区域间的协调发展

当人类面对日益严峻的环境和资源问题时,世界各国已经承诺共同走向可持续发展的道路,越来越渴望拥有高效合理的人居环境。生态城市的"城市"概念是指包括郊区在内的"城市区域",因此城市规划和开发必须与区域规划乃至国土规划相协调。例如,美国克里夫兰市的生态城市议程强调区域观思想。德国的埃尔兰根的生态城市规划非常重视与区域的协调,具体体现在该市的风景规划、环境规划、交通规划上。

2. 以科技支撑生态城市建设

生态城市建设要求城市发展必须与城市生态平衡相协调,要求自然、社会、经济复合生态系统的和谐,因此,必须以强大的科技作为后盾。如美国、德国、加拿大都重视生态适应技术的研究,重视发展生态农业、生态工业的优良队伍,落实其专业人才的培养,因此这些国家的生态城市建设都非常先进。

3. 以政策和资金为后盾

美国的克里夫兰市政府为了推动生态城市建设,在其可持续计划中制定了一系列的政策,包括强化循环经济项目和资源再生回收、规划自行车路线和实施等14条政策措施;德国的埃尔兰根制定了一体化的交通规划政策;1964年,巴西的库里蒂巴市政府就制定了公交导向的城市开发规划,1970年,致力于改善和保护城市生活质量的各种土地利用措施,总体规划城市线路开发方式。

4. 重视公众参与,拓宽其参与渠道

生态城市的建设是一项巨大的系统工程,离不开公众的参与。在这方面,巴西的库里蒂巴市十分注重儿童在学校受到与环境有关的教育,而一般市民则在免费的环境大学接受有关的教育。而澳大利亚的阿德莱德市早在1997年实施生态城市规划中就提出了"以社区为主导"的开发程序。这些城市采取的一系列措施,拓宽了广大公众参与生态城市建设的渠道,提高了公众的生态意识,促进了生态城市的建设和目标。

生态城市是"城市社会、经济、自然协调发展",居民满意、经济高效、生态良性循环的人类居住区域。生态城市的建设可以在借鉴国外先进经验的基础上,紧密结合我国国情和我国城市发展具体阶段的特点,循序渐进地开展城市建设,走出一条具有中国特色的城市生态化发展之路。

二、生态生产服务体系

生态生产服务体系着眼于生态系统,特别是社会—经济—自然复合生态系统的可持续发展能力，追求经济与生态资产的共同增长与积累，追求人的身心健康、生态系统服务功能与代谢过程的健康，追求物质文明、精神文明、政治文明、社会文明和生态文明等"五位一体"的复合生态繁荣。包括生态农业、生态工业和生态服务。

(一)生态农业

生态农业是按照生态学原理和经济学原理，运用现代科学技术成果和现代管理手段，以及传统农业的有效经验建立起来的，能获得较高的经济效益、生态效益和社会效益的现代化农业。具有以下四大特点：

1. 综合性

生态农业强调发挥农业生态系统的整体功能，以大农业为出发点，按"整体、协调、循环、再生"的原则，全面规划，调整和优化农业结构，使农、林、牧、副、渔各行业和农村一、二、三产业综合发展，并使各行业之间互相支持，相得益彰，提高综合生产能力。

2. 多样性

生态农业针对我国地域辽阔，各地自然条件、资源基础、经济与社会发展水平差异较大的情况，充分吸收我国传统农业精华，结合现代科学技术，以多种生态模式、生态工程和丰富多彩的技术类型装备农业生产，使各区域都能扬长避短，充分发挥地区优势，各产业都根据社会需要与当地实际协调发展。

3. 高效性

生态农业通过物质循环和能量多层次综合利用和系列化深加工，实现经济增值，实行废弃物资源化利用，降低农业成本，提高效益，为农村大量剩余劳动力创造农业内部就业机会，保护农民从事农业的积极性。

4. 持续性

生态农业通过物质循环和能量多层次综合利用和系列化深加工，实现经济增值，实行废弃物资源化利用，降低农业成本，提高效益，为农村大量剩余劳动力创造农业内部就业机会，保护农民从事农业的积极性。

(二)生态工业

生态工业是依据生态经济学原理，以节约资源、清洁生产和废弃物多层次循环利用等为特征，以现代科学技术为依托，运用生态规律、经济规律和系统工程的方法经营和管理的一种综合工业发展模式。与传统工业相比，生态工业具有以下特点：

1. 追求生态效益与经济效益并重

传统工业发展模式是以片面追求经济效益目标为己任，忽略了对生态效益的重视，导致"高投入、高消耗、高污染"的局面发生；而生态工业将工业的经济效益和生态效益并重，从战略上重视环境保护和资源的集约、循环利用，有助于工业的可持续发展。

2. 自然资源的开发利用兼顾生态效益

传统工业由于片面追求经济效益目标，只要有利于在较短时期内提高产量、增加收入的方式都可采用。因此，工矿企业林立，资源的过度开采、单一利用等状况比比皆是，引发资源短缺、能源危机、环境污染等一系列问题。生态工业从经济效益和生态效益兼顾的目标出发，在生态经济系统的共生原理、长链利用原理、价值增值原理和生态经济系统的耐受性原理指导下，对资源进行合理开采，使各种工矿企业相互依存，形成共生的网状生态工业链，达到资源的集约利用和循环使用。

3. 产业结构和产业布局合理，与生态系统相适应

传统工业由于只注重工业生产的经济效益，而且是区际封闭式发展，导致各地产业结构趋同、产业布局集中，与当地的生态系统和自然结构不相适应。资源过度开采和浪费、环境恶化严重，不利于资源的合理配置和有效利用。生态工业系统是一个开放性的系统，其中的人流、物流、价值流、信息流和能量流在整个工业生态经济系统中合理流动和转换增值，这要求合理的产业结构和产业布局，以与其所处的生态系统和自然结构相适应，以符合生态经济系统的耐受性原理。

4. 废弃物处理遵循生态系统要求

传统工业实行单一产品的生产加工模式，对废弃物一弃了之。而生态工业不仅从环保的角度遵循生态系统的耐受性原理，尽量减少废弃物的排放，而且还充分利用共生原理和长链利用原理，改过去的"原料—产品—废料"的生产模式为"原料—产品—废料—原料"的模式，通过生态工艺关系，尽量延伸资源的加工链，最大限度地开发和利用资源，既获得了价值增值，又保护了环境，实现了工业产品的"从摇篮到坟墓"的全过程控制和利用。

（三）生态服务

生态服务指人类生存与发展所需要的资源归根结底都来源于自然生态系统。自然生态系统不仅可以为我们的生存直接提供各种原料或产品，而且在大尺度上具有调节气候、净化污染、涵养水源、保持水土、防风固沙、减轻灾害、保护生物多样性等功能，进而为人类的生存与发展提供良好的生态环境。生态服务主要包括：涵养水源、保育土壤、碳汇服务、改善空气质量、维持生物多样性、提供景观游憩服务。生态服务作为一个新兴产业，发展潜力巨大，生态服务在促进经济发展和推进生态文明建设中起着重要作用。

1. 生态服务为推进经济转型拓宽了渠道

根据《伊春市森林与湿地资源价值评价》(以下简称《评价》)显示，伊春森林和湿地中的野生动植物资产总价值近 900 亿元，蕴含着巨大的开发潜力。经过几年的努力，伊春形成了初具规模和较强市场竞争力的新型产业群。仅旅游业就推出原始森林观光旅游、避暑度假游等旅游产品几十种。建成景区景点 119 处，其中国家 4A 级景区 3 处、3A 级景区 10 处、2A 级景区 6 处，省 S 级以上滑雪场 4 处，国家级、省级森林公园 25 个，年入境游客达到 380 万人次，成为黑龙江省旅游业发展最快的地区。

2. 生态服务为当地职工群众的就业增收提供了源泉

《评价》显示，伊春作为东北老工业基地的林业资源型城市，其茂密的森林和广袤的湿地中丰富的动植物资源，已经成为新兴加工业发展的重要原料基地。据统计，由于森林生态旅游业和森林食品及北药业等生态产业的兴起，为伊春从业人员提供了 70% 以上的就业岗位。近几年来，每年新增的近 4 万个就业岗位，直接或间接依托森林资源提供的占到一半以上。特别是通过实施国有林权制度改革试点，林业职工只要一人承包，就可带动全家就业，每年户均增收可达到 3500 元。

3. 生态服务为打造优良的人居环境创造了重要条件

森林和湿地能显著地改善区域小气候，以伊春为例，伊春夏季平均气温仅为 20~22℃，堪称盛夏中的"天然空调"城市。伊春的平均氧浓度为 21.58%，超出正常环境 0.63 个百分点，是名副其实的"森林氧吧"。伊春的森林与湿地空气负离子平均峰值达到每立方米 3.3 万个，浓密的森林中最多的达 22 万个。每年释放并发挥保健功能的萜烯类物质 6.55 万千克，吸收二氧化硫、二氧化氮、烟尘等空气中的污染物 180 万吨，全市全年 2 级以上空气质量天数达到 361 天。蓝天、碧水、青山、净土的生态环境，山、水、林、城交相辉映的生态园林城市格局，使伊春成为国内外公认的"人居环境范例"和"环保节能新型示范城市"。

三、人口发展体系

人口与生态发展息息相关，全方位适度的人口发展体系为生态文明建设目标的实现提供了良好条件。全方位适度人口目标的实现依赖于人口的合理生产，即人口生态生产。从人类社会发展与自然界的关系来看，人类发展史就是人口与资源、环境相互作用的历史。一方面，资源与环境是人类赖以生存的基础和场所，环境质量不仅对人口的数量、质量、结构、分布等产生影响，而且还直接影响作为经济发展基础的资源和能源；另一方面，人口数量、质量、结构、分布的变化直接作用于资源和环境，尤其是人口增长过快、人口素质低下已经引起了资源的大量浪费和环境的恶化，直接威胁着人类的生存和发展。

(一) 人口生态生产的意义

人口生态生产是指人口生产过程要符合生态化的要求，它是一个动态的过程，并依据人类科学技术、社会生产力和生态生产力的发展演化的实际状况，总体上要求人口的数量、规模不应超出生态环境的容纳限度，人口的质量、素质适应当今以及未来人类可持续发展的时代需求，人口的结构框架凸现人类进步趋势和发展方向，人口的分布格局更加优化合理和协调平衡。人口生态生产概念的提出具有重大意义。

1. 人口生态生产可以减缓因人口膨胀给资源、环境造成的压力

生态经济学派认为，生态经济系统的基本矛盾表现为生态系统内在稳定机制与经济系统的发展机制之间的矛盾。现实的经济社会所要求的发展已经打破了生态系统内部的稳定机制，使得生态系统内部的我修复功能严重下降。人口越多，对自然界的索取也就越多，其破坏程度就越严重。从资源总量来看，包括淡水、土地、森林、草地、水能、能源、矿产资源，其绝对总量，中国是世界上少数几个资源大国之一。但其人均资源占有量，却表现得极为有限，大大低于世界平均水平。人口生态生产降低了庞大的人口数量和超限度的人口活动，减缓了因此而引起的耕地、粮食、森林、草场、能源、交通、教育、卫生等方面压力，有利于生态环境的恢复。

2. 人口生态生产能够抑制因人类中心主义造成的资源、环境破坏

历史和现实都表明，人口越多，对资源的索取和掠夺就越严重，对环境的破坏就越大；不仅如此，人口的增长还易形成人类中心主义、功利主义和个人主义的道德观，对资源和环境产生了巨大的消极影响。它使得人与自然之间的关系变得紧张和恶化，从而阻碍了生态发展观的实现。面对人与自然产生严重冲突的现实，人类要进行一场资源和环境保护的革命，充分利用先进技术，在控制人口增长、提高人口素质的前提下，不断保护资源和环境，建立一个人与自然和谐相处、人口均衡发展、资源节约、环境保护型的新社会，实现人口生产生态化。

因此，要推进生态文明建设，实现"两个百年"伟大复兴中国梦，就必须保持合理的人口生态生产比例。人口生产应适应资源节约和环境保护的生态需求，使人口增长与社会生产力的发展相适应，使经济建设与资源、环境相协调。

(二) 传统生育观念的弊端

生育观是人们——包括个体和群体，在一定的经济、社会、文化环境中形成的对生育现象的看法与见解，是人们关于生育行为的价值取向、行为准则、风俗习惯等思维模式的总和。一般包含生育意愿、生育动机和生育需求三个层面的内容。生育观是一个重要的社会性问题。社会发展是否稳定、经济是否发达，跟人们的生育观有着千丝万缕的联系，因此一直受到党和国家的重视。虽然进行了一系列引导人们树立正确生育观的艰苦工作，但是，在人们的思想里，特别是在农民的生育观念仍然存在一些亟待解决的问题。

1. 早婚早育、多子多福

早婚早育、多子多福的旧观念依然在一些人们思想中存在，特别在农民思想中存在。这当然有经济、社会、文化等多方面原因。但其中有一点就是繁生密育，多子多福的观念根深蒂固，他们生了男孩想生女孩，生了女孩更想生男孩。不到法定婚龄就早婚早育，甚至未婚先孕、先育。在我国的农村及边远地区，还有不少家庭囿于传统心态，信奉"多子多福""不孝有三、无后为大"的生育观。有的农民法制观念淡薄，十几岁就怀孕生孩子，根本不管政策法律是否允许。人口骤增对经济、生态、环境、能源、交通、粮食、就业和物质供需产生严重影响，给社会发展带来沉重压力。

2. 性别偏好、重男轻女

在农村、特别一些偏远的农村，重男轻女的思想依然存在。甚至有的农民因为想生男孩而把女孩送人，一直要生到男孩才罢休。为了生男孩，他们东躲西藏逃避检查，不少学者认为，性别偏好的根源在于农民的生育观念。有学者在农村的社会人类学实地调查后认为，农民的生活世界及其生育观念对他们的生育行为即性别偏好有着决定性的作用。在生育观念上，他们总将自己看作是由祖宗传下来的生命之链中的一个环节，而将这链环延续下去，是他(她)此生不可推卸的责任。这种落后的生育观导致的后果就是男女比例严重失调，过高的性别比给人类社会和生态发展带来诸多不利影响。

3. 亲上加亲，近亲结婚

近亲结婚也是影响生育文明的一个不可忽视的重要因素，它同样给社会带来了很大的负面影响。遗传学研究表明，血缘越近，相同的基因(包括正常的和异常的基因)越多。因此，近亲结婚将会使致病基因呈现纯合型状态的机会大大增加，从而导致隐性遗传病的发生率增高。隐性遗传病的种类很多，如聋哑病、白化病、痴呆等，其特点是致病基因隐而不显，但却可以传给后代。如果某两个相同的有病基因携带者通婚，子女中就可能会有人发病。在一般婚配情况下，如果一方某个基因是有缺陷的，另一方的这个基因是正常的，有害基因即被正常基因掩盖，生下的子女是健康的。但如果父母一代血缘关系近，相同的病态基因就多，很容易把双方生理上和精神上的缺陷和弱点集中起来，遗传下去，贻害子女，也严重影响了国家整体的人口质量，即优生率水平下降。

(三)现代生育观的转变

党的十八届五中全会通过的《中共中央关于制定国民经济和社会发展第十三个五年规划的建议》明确提出：促进人口均衡发展，坚持计划生育的基本国策，完善人口发展战略，全面实施一对夫妇可生育两个孩子政策。经过多年的计划生育宣传和现代生育观教育，传统生育观的弊端得到了极大改善，但问题仍然存在。而随着时代的变迁，城市少子化危机也开始显现。无论多生或者少生，都会严重影响中国特色社会主义事业的发展。庆幸的是，传统生育观已经逐渐转向现代生育观，人们普遍的积极的人口观和生育观正在形成。

1. 生育目的的转变——由传宗接代到享受生活

在我国，人们传统的思想认为"不孝有三，无后为大"。为了传宗接代，生育子女是天经地义的，而老有所养也成为人们生儿育女的重要目的。伴随着经济的发展，现代生育观更注重精神层面的要求，人们的生育目的由传宗接代转变为现在的享受生活志趣。妇女不再是生育的工具，而成为社会经济生活中重要的一员，发挥着不可低估的作用。

2. 性别选择的改变——由重男轻女到男女都一样

改革开放以后，随着经济的发展和价值观念的多元化，人们的思想觉悟、法制观念、人权意识的增强，特别是妇女在政治、经济、文化和家庭方面地位的提高，我国传统观念中延续已久的重男轻女思想逐渐被改变。大多数现代人认为，生男生女都一样。女孩甚至有时比男孩更受欢迎。

3. 质量要求的转变——由重数量轻质量到优生优育

过去在我国，劳动力的多少决定了一个家庭的生活水平，因此人们在生育子女时首先考虑的是数量。随着科技的发展和社会的进步，越来越多的工作不再需要大量的体力劳动，而转向了对脑力劳动的需求。因此，现在我国无论城乡的夫妻生育子女，无论是怀孕前的各种资讯，怀孕后对孩子出生前的胎教、悉心保养及出生后的对孩子教育与培养等都付出了很大的心血，充分体现了优生优育的态度。

第三节 "五个文明"助推和谐发展

一、善待自然

人类生活在大自然中，大自然是我们人类的家园，大自然中的一切都与我们有着密切的联系。大自然会成为人类最忠心的朋友，最亲密的伙伴，也会成为人类最可怕的敌人，最强的对手。人类也许会永远幸福地生活在这颗美丽的星球上，也许会在一片狼藉的灰黄色中走向灭亡。而所有结局的选择权，恰恰在人类自己手中。因此，大自然就如同我们的生命般重要，好好善待自然是我们人类的责任。

（一）自然是一切生命的共同家园

人是自然之子，自然是一切生命共同的家园。自然之于人类的价值，可以归纳为以下几个方面。一是提供食物。二是提供空气、阳光、水、温度等生态环境。三是审美价值。春夏秋冬，河流山川，花草树木，各有其美，令人赏心悦目，流连忘返。四是心灵价值。置身自然，使人心旷神怡，有如鱼入海，鸟归林，内心感到欢乐与舒畅。五是认知真理。人生的许多智慧、包括对人生价值和意义的认识，很大一部分，来自对于自然的观察。可见，大自然不仅是我们人类赖以生存和发展的物质基础，是生命的摇篮，而且让我们的生命充满美好与意义。

曾经，山上有许多野生动物，狐狸、穿山甲、野猪、山鸡、黄鼠狼，天上有老鹰，及其他许多叫不出名字的小鸟。早上醒来，总是伴随着鸟儿叽叽喳喳的喧闹声。田间有许多泥鳅、黄鳝。河里的水，是清澈的，孩子们在那里游泳，农夫们用这些水灌溉农田，女人们用这些水洗衣服。河里有各种游鱼。一旦河水放往大海，就会有许多孩子，甚至大人，到河里捕捉这些鱼，作为餐桌的美味佳肴。

然而，今天，这些河流受到了工业和生活废品的污染，变得又脏又臭。鱼类不能生存，孩子们也不会在那里游泳，田间很少见到泥鳅、黄鳝，天上的飞鸟少了，山中的野生动物，也陆续销声匿迹。中国经济高速发展的 30 年，恰恰也是我国生态环境逐步被破坏的一个缩影。无视生态环境的价值，将人类的意志强加给大自然，给我们这块土地造成了无可估量的损失，破坏了我们赖以生存的家园。

正在变得日益恶化的自然生态环境，已严重威胁到我们生命的健康，已严重威胁到我们生命的存在，已严重威胁到我们子孙后代的生存和发展。保护我们的生态环境，就是保护我们自己生命的健康，就是保护我们自己的生命，就是保护我们生命的共同家园。只有善待大自然，大自然才会善待我们。善待自然就要保护自然，不破坏自然。做大自然的朋友，就要采取积极措施预防和减少对大自然的破坏，就要合理利用自然资源，保护生态环境。

（二）反对无限度开发自然资源

自然资源是指凡是自然物质经过人类的发现，被输入生产过程，或直接进入消耗过程，变成有用途的，或能给人以舒适感，从而产生经济价值以提高人类当前和未来福利的物质与能量的总称，可分为有形自然资源（如土地、水体、动植物、矿产等)和无形的自然资源(如光资源、热资源等)。地球资源是有限和不可再生的，对自然资源的过度掘取和不合理的开发利用，必将带来资源的枯竭和对地球生态环境的负面影响，如：过度抽取地下水会导致地面下沉；过度放牧开垦田地、破坏森林会导致土地沙漠化；过度捕鱼会导致鱼类数量锐减；疯狂捕杀野生动物会让动物灭绝；排放有害气体会让全球气候变暖，两极的冰山融化，海平面上升，使沿海城市和国家遭受被淹没的危险等。

  1934年5月，美国发生了一场人类历史上空前未有的风暴。风暴整整刮了3天并且形成一个东西长2400千米，南北宽1440千米，高3400米的迅速移动的巨大黑色风暴带。风暴所经之处，水井干涸，田地龟裂，庄稼枯萎，千万人流离失所。这是大自然对人类文明的一次历史性惩罚。由于开发者对土地资源的不断开垦，森林的不断砍伐，致使土壤风蚀严重，连续不断的干旱，更加大了土地沙化现象，在高空气流的作用下，尘粒沙土被卷起，股股尘埃升入高空，形成了巨大的灰黑色风暴带。《纽约时报》在当天头版头条位置刊登了专题报道。人类每一次对自然界的胜利，大自然都要做出相应的反应。继北美黑风暴之后，苏联未能吸取美国的教训，历史两次重演，1960年3月和4月，苏联新开垦地区先后再次遭到黑风暴的侵蚀，经营多年的农庄几天之间全部被毁，颗粒无收。大自然对人类的报复是无情的。3年之后，在这些新开垦地区又一次发生了风暴，这次风暴的影响范围更为广泛，哈萨克新开垦地区受灾面积达2千万公顷。

  人类要满足自己的需要，必须对自然界进行有目的地改变。这种改变在在原始社会和农业文明条件下，由于科学技术条件所限，人的本质力量没有得到充分发挥，人们对自然界的改造范围和广度深度也比较有限。随着现代科技革命的发展，机器化大生产逐渐代替了工场手工业，人们进入工业化时期。人类在工业主义和资本主义的相互交织下，在科技革命的推动下，对自然的开发利用越来越深入。而随着这种利用的深入，滋生了人类中心主义，开始了无视自然的无限度开发自然资源，导致了生态危机的出现。因此，人类不能无限度开发自然资源，要尊重自然界本身的客观规律，在向自然界索取的同时，要自觉地做好人类生存环境的保护，否则将会遭致大自然的报复，自食恶果。

(三)合理使用自然资源

  地球上的资源是几千万年累积形成的。在现代社会，人们消费资源比形成资源的速度快的多。过不了多久，地球上的资源就会供不应求，这要求我们必须合理开发利用地球上的资源。合理开发自然资源是指人们在使用自然资源时考虑其生态可持续性。自然资源的生态可持续性开发要求人类对生态环境的利用必须在生态环境的承载能力之内，也就是对开发规模、开发速度有一定程度的限制，改变长期以来人类在追求发展、经济利益的过程中以牺牲生态环境、历史文化遗产为代价的做法,以保证地球资源的开发利用能持续到永远,给子孙后代留下更广阔的发展空间。合理使用自然资源要强调发展性、公平性和共同性。

1. 发展性

自然资源是社会和经济发展必不可少的物质基础,是人类生存和生活的重要物质源泉。同时,自然资源为社会生产力发展提供了劳动资料,是人类自身再生产的营养库和能量来源。无论是作为活动场所、环境、劳动对象,还是从中制造劳动对象,都要开发利用自然资源,而被开发利用的自然资源数量、种类、组成等都会受到社会生产系统中经济政策、技术措施及人的数量、质量等方面的影响,也就是说,社会经济发展又对自然资源利用产生巨大的作用。自然资源与社会经济发展之间有着非常紧密的联系,人类要生存要发展就必须使用自然资源。但是过度的开发又会导致生态危机。因此,我们的发展应该是兼顾自然资源的合理利用与保护的发展。

2. 公平性

可持续发展满足全体人民的基本需求和给全体人民机会以满足他们要求较好生活的愿望。要给世界以公平的分配和公平的发展权,要把消除贫困作为可持续发展进程中特别的问题考虑。21世纪既是全世界共同发展的年代,同时又是发达地区与欠发达地区差距迅速拉大的时代,是富翁与穷人越来越远的时代,我们可以看到很多过着极尽奢华生活的富人,也看到街头衣衫褴褛的乞讨者,或者是饿死在非洲国家的儿童。社会总财富日益积累,人民的平均生活质量不断提高,可是在世界的各个角落,依然有连基本生活和温饱都解决不了的穷人,这不公平。此外,因为发达国家手中掌握着更多的自然资源,他们对自然资源的消耗更多更大,而由此带来的生态后果往往由发展中国家人民承担,这也缺乏公平性。最不公平的是自然资源的数量是有限的,如果我们这一代人过度开发,不仅会破坏未来的生态环境,而且还会让我们的子孙后代同时承担资源耗竭和环境污染的恶果。

3. 共同性

地球是一个复杂的巨系统,每个国家或地区都是这个巨系统不可分割的子系统。系统的最根本特征是其整体性,每个子系统都和其他子系统相互联系并发生作用,只要一个系统发生问题,都会直接或间接影响到其他系统的紊乱,甚至会诱发系统的整体突变,这在地球生态系统中表现最为突出。因此,地球的完整性和人类的相互依赖性决定了人类有着共同的根本利益。地球上的人,生活在同一大气圈、水圈、生物圈中,无论是穷人还是富人,本国还是别国,彼此之间是相互影响的。这要求地方的决策和行动,应该有助于实现全球整体的协调。例如,对于全球共有的大气、海洋、生物资源等,需要在尊重各国主权与利益的基础上，制定各国都能接受的全球性目标与政策。

二、尊重生命

世界上最宝贵的东西莫过于生命，因为生命充满了偶然，而且于每个人都只有一次，无法重来。不仅人的生命可贵，世上所有动植物的生命也一样宝贵，我们所居住的地球也不应该被破坏，因为地球跟我们的生命一样，一旦被破坏了，就无法重来。因此，我们要尊重生命，尊重任何有生命的生物。

（一）关爱生命平等性

根据马克思自然辩证法的生命平等理论，所有生命都是平等的。然而生命又是具有差异性的。在人类中心主义的视角下，人将自己放在了主宰者的位置，其他生命和自然界都是人类征服的对象。随着社会的发展，生态危机愈演愈烈，人们开始审视自身与自然界及其他生物的关系。生命平等中心主义指出，自然界中的任何生物都拥有和人类同等的权利和价值。人类对自然的获取要具有其合理性和目的性，人类可以而且应该满足自我的需求。但是在满足这种需求的同时，不能任意掠夺生态系统中其他生命体的合理需求。人类和生态系统中的其他生物是一体的，然而在其中发挥的作用又是不同的，他们既区别又联系，构成了有差异性的生命综合体。

1. 地球是生命有机体，具有自我调节性

地球作为一个有机生命体，具有自我调节的能力。本质上说，它就是一个生命系统。这种生命指的是在一定的稳定体系内进行物质交流和能量转换特殊生命。生物在地球这个巨生命系统中起着重要的作用，如果地球失去了自然界中的生物体，那么地球这个巨生命系统也就失去了意义，不复存在了。从生命平等观来看，把地球看成是一个完整的生理系统，用整体性的思想审视自然界中的生物群，其中每一个生命体都有其存在的价值。因此，它们都应该同样的享受到平等的道德关怀。人是自然的一部分，并不比其他生命体高贵，人和其他生命体都应该是生态系统中平等的一员。

2. 生命平等的首要尺度是生存条件

人类作为地球生态体系中的一员，需要用爱来爱护自然和自然界中的生命体。自然界也给人提供了所需要的生存空间和环境，任何生命体，就算是自然界中的高级动物、拥有高级智慧的人也无权随意剥夺其他任何生命体的生存权。人类已经进入到了一个物质文明和精神文共同发展的时代，当人类不需要为了生存和延续而改造自然时，人应该尊重自然，适度的去适应自然，而无需对自然进行征服和破坏。

3. 生命平等的第二个尺度是物种发展的自由度

从达尔文的进化论来看，生命都源自于一个最原始的细胞，人是由低级动物逐渐进化而来的，在自然界中的生命体进化过程中，通过自然的选择和变异，从低级到简单的生命体，渐渐进化到了高级复杂的生命体。任何生物的进化都不是突然的变异，而是在经历了长时间或者生存环境的演变后而进化成新的生命体，进化是一个对立统一的过程。人类只有在明晰了物种起源和生物进化的真正意义时，才能真正地体会物种发展的自由权利，任何生物的发展都是建构在一定的生存环境之上。生存空间存在着进与退，人类不能为了自身的发展而去肆意践踏自然界，这样不仅使自然界受到严重的损害，同时还会给人类的未来带来不可预知的惩罚。

（二）保护生物多样性

"生物多样性"是生物（动物、植物、微生物）与环境形成的生态复合体以及与此相关的各种生态过程的总和，包括生态系统、物种和基因三个层次。生物多样性是人类赖以生存的条件，是经济社会可持续发展的基础，是生态安全和粮食安全的保障。

《生物多样性公约》是一项1993年12月29日正式生效的保护地球生物资源的国际性公约，中国是较早签约国。联合国《生物多样性公约》缔约国大会是全球履行该公约的最高决策机构，一切有关履行《生物多样性公约》的重大决定都要经过缔约国大会的通过。《中国生物多样性保护战略与行动计划》（2011—2030年）已于2010年9月经国务院常务会议第126次会议审议通过。无论《公约》还是《计划》，主要目的都是为了保护生物多样性。生物多样性的保护方法有4种：

1. 就地保护

为了保护生物多样性，把包含保护对象在内的一定面积的陆地或水体划分出来，进行保护和管理。例如，建立自然保护区实行就地保护。自然保护区是有代表性的自然系统、珍稀濒危野生动植物种的天然分布区，包括自然遗迹、陆地、陆地水体、海域等不同类型的生态系统。自然保护区还具备科学研究、科普宣传、生态旅游的重要功能。

2. 迁地保护

迁地保护是在生物多样性分布的异地，通过建立动物园、植物园、树木园、野生动物园、种子库、基因库、水族馆等不同形式的保护设施，对那些比较珍贵的物种、具有观赏价值的物种或其基因实施由人工辅助的保护。迁地保护目的只是使即将灭绝的物种找到一个暂时生存的空间，待其元气得到恢复、具备自然生存能力的时候，还是要让被保护者重新回到生态系统中。

3. 建立基因库

人们已经开始建立基因库，来实现保存物种的愿望。例如，为了保护作物的栽培种及其会灭绝的野生亲缘种，建立全球性的基因库网。大多数基因库贮藏着谷类、薯类和豆类等主要农作物的种子。

4. 构建法律体系

人们还必须运用法律手段，完善相关法律制度，来保护生物多样性。例如，加强对外来物种引入的评估和审批，实现统一监督管理。建立基金制度，保证国家专门拨款，争取个人、社会和国际组织的捐款和援助，为实践工作的开展提供强有力的经济支持等。

（三）拯救濒危野生动植物

据 2012 年的一份研究估计，如果要保护所有受到威胁的陆地动物，每年将需要耗费 760 亿美元；而要拯救所有濒危的海洋物种，所需的资金将更为惊人。那么我们为什么还要拯救濒危野生动植物？首先，由于人类的过度膨胀和科技的发达，现在物种灭绝的速度在加速。要维持生物多样性就必须拯救濒危野生动植物；其次，所有的动植物都是为生态系统服务的，作为生物链上的重要一环，这些濒危野生动植物的消失将带来可怕的灾难。我国在濒危野生动植物的保护上做了大量工作。

以野生动物的保护为例，野生动物是构成自然生态系统的组成部分，是维护生态系统稳定的基本因素之一。在人类历史的进程中，野生动物蕴藏的巨大生物遗传资源潜能，对促进经济社会发展一直起着积极的作用。我国早在新中国成立初期，1950 年，中央人民政府就颁布了标志着新中国野生动物保护工作起步的《稀有生物保护办法》。十一届三中全会之后，又陆续出台和多次修订了《中华人民共和国野生动物保护法》，以法律约束和生态理念引领野生动物保护工作的开展。经过多年的努力，我国在濒危野生动物保护方面取得显著成效。野生动物的分布区加强了自然保护区建设，约 260 种国家重点保护野生动物在自然保护区得到有效保护；开展了第一次全国野生动物资源调查，掌握了 252 种野生动物资源现状；实施了濒危野生动物专项拯救工程，全国建设野生动物救护中心和繁育基地约 270 处。促使朱鹮、扬子鳄、亚洲象、虎、鹿类、雉类、猎隼、候鸟等保护、繁育基础设施得以改善，加强了野生动物救护繁育总体能力，还将朱鹮、野马、扬子鳄等放归自然基础设施建设，极大提高了野生动物保护管理能力，促进了部分濒危野生动物种群的增长和扩大。

（四）保障食品安全

民以食为天，人们每天的日常生活与食品息息相关，食以安全为本，食品安全问题亟待解决。对于屡屡曝光的食品安全问题，真是令人触目惊心。三鹿奶粉事件至今还令人心有余悸，老堂客火锅店火锅底料用油让顾客寒心，昆明市民喝酸奶喝出碎玻璃等等这一系列事件，让人们不敢食用食品架上琳琅满目的食品，因为食品的质量令人担忧。

要解决问题，首先应该找出病因。首先，食品生产经营者过度竞争，巨大的竞争压力使生产者、销售者不惜铤而走险，以造假、售假的方式追求利润。其次，政府监管问题严重，一些部门追逐小集体利益，使得管理变质，导致食品安全监管目标难以实现。最后，大部分消费者法律意识不强，对食品安全的关注度不高，使得部分销售者抱有侥幸心理。对症下药，才能药到病除。面对如此严峻的形势，我们应着力完善我国食品安全保障机制，积极寻求解决办法。

①生产者与销售者必须保证食品质量与安全，讲究诚信，凭良心办事，让食品企业形成主动确保自己所生产或销售食品安全的自觉意识，从源头上解决问题。

②良好的食品安全监管体制是保证食品安全的重要保证，各部门应该互相协作，层层落实，并应该随时接受人民群众的监督，行政执法的结果应该向人民群众公开。

③尽快完善我国食品安全标准，完善有关食品安全的法律法规，从严要求，规范企业生产以保障食品质量。

④加大对食品检测检验研究和应用的投入，控制食品安全问题的发生，并建立较为完善的食品安全应急处理体制，减轻食品安全事故的危害，保障人民群众的利益。

⑤建立食品安全教育宣传体系，以此引导消费者关注食品安全，并提高消费者食品安全的认知水平，学会用法律维护自己的合法权益。

三、生态公正

生态公正指的是对不同主体在利用自然资源过程中的损益程度的评测。也就是说，在自然面前，有的人利用自然资源获益多、付出保护自然的投入较少，相反有的人并没有在自然资源中较多获益，却要承受超出其能力的负担。生态公正既是生态文明建设的主要任务，也是生态文明建设的重要目标。

(一)正确认识人与自然的关系

人与自然和谐相处是社会主义和谐社会的基本特征之一。要实现人与自然和谐相处，实现人类与自然界关系的全面、协调发展，就必须正确认识人与自然的关系。

1. 人与自然具有一体性

自古以来就存在着把人与自然对立起来的观点，特别是到了近代社会，人们改造自然的能力迅速增强，往往把自己摆在自然的对立面，宣称要战胜和征服自然。针对这种观点，恩格斯明确指出："我们连同我们的肉、血和头脑都是属于自然界和存在于自然之中的。"在他看来，人不是处于自然的外部，而是自然的产物和组成部分。他讲的人与自然的一体性，就是指人本身具有作为自然的产物并始终归属于、依存于自然的属性。事实上，人类作为一个生物物种的确是自然界的一部分，人体的生命活动始终遵循自然规律。没有人类，自然照样存在，即自然不依存于人类；但是人类只有在一定的自然环境中才能生存，即人类始终依存于自然。

2. 认识和正确运用自然规律

恩格斯认为，人所以比其他一切生物强，是因为人"能够认识和正确运用自然规律。""我们一天天地学会更正确地理解自然规律，学会认识我们对自然界的习常过程所作的干预所引起的较近或较远的后果。"认识和正确运用自然规律是人类力量的源泉，也是人与其他生物最本质的差别。人之所以能够从其他动物中分离出来，就是因为在长期劳动中逐步形成了认识和运用自然规律的能力。在近现代社会，人们认识自然规律取得了丰硕的成果，逐步形成了门类繁多的科学技术。只有不断认识和正确运用自然规律，才能科学地而不是盲目地改造自然，从而合理有效地利用自然，减少乃至消除浪费和污染。

3. 不要过分陶醉于对自然界的胜利

恩格斯有一段关于人与自然关系的著名论断，他说："我们不要过分陶醉于我们人类对自然界的胜利。对于每一次这样的胜利，自然界都对我们进行了报复。每一次胜利，起初确实取得了我们预期的结果，但是往后和再往后却发生完全不同的、出乎预料的影响，常常把最初的结果又消除了。"事实上，人们改造自然的一切成就都是在自觉或不自觉地遵循自然规律的前提下取得的，没有理由说是战胜了自然。何况这些成就往往存在对自然和社会的负面影响，最终或多或少招致自然的报复。例如，一些国家和地区实行"先污染后治理"的发展模式，各种污染物大大超过环境承载限度，不得不投入并消耗巨大的人力物力财力治理污染，实际上在很大程度上抵消了经济发展的成果。

（二）树立可持续发展的生态文明观

中国是个发展中国家，"发展是硬道理"，谋求科学发展是我们坚定不移的方向。我们追求的发展，是全面、协调、可持续地发展，这种发展理念也全面渗透和体现在中国特色生态文明思想之中，其价值目标表现为鲜明的"发展型生态"思想，要求我们树立可持续发展的生态文明观。

1. 中国特色生态文明思想的直接价值目标是建设美丽中国

美丽中国就是具有天蓝、地绿、水净自然美景的中国，是生态可持续发展模式的结晶。生态的可持续发展是指既要满足当代人的需要，又不对后代人所需要资源构成危害的发展。2018年5月18日至19日，全国生态环境保护大会在北京召开，习近平总书记出席会议并发表重要讲话。习近平在讲话中强调："生态文明建设是关系中华民族永续发展的根本大计。生态环境是关系党的使命宗旨的重大政治问题，也是关系民生的重大社会问题。广大人民群众热切期盼加快提高生态环境质量。我们要积极回应人民群众所想、所盼、所急，大力推进生态文明建设，提供更多优质生态产品，不断满足人民群众日益增长的优美生态环境需要。"可见，我们党和国家在部署生态文明建设的时候，一贯坚持为人民谋福祉的宗旨，积极主张和大力倡导生态的可持续发展，为实现中华民族永续发展规划了蓝图，为建设美丽中国提供了根本遵循。

2. 增强人民可持续发展生态意识是推进生态可持续发展的基础

可持续发展生态意识的提出，不仅是当代人面临经济社会发展带来的日趋严重的生态环境危机而做出的一种理性选择，更是标志着人类伦理道德观念和生产生活方式的一场深刻变革。时光荏苒，斗转星移，生态环境问题已愈演愈烈，已从孤立、个别和局部的生态环保事件衍变成了人类生态环境问题。对于世界各国而言，其生态环境状况关系着国家的生存和发展，尤其对正处于发展中大国的我国而言，生态环境问题不仅是一个事关最广大人民群众的根本利益问题，更是中国特色社会主义建设事业中事关稳固党的执政地位、决定人心向背的重大政治问题。

3. 可持续发展的经济文明生态意识是可持续发展生态意识的主体因子

可持续地发展经济是当今世界各国的首要任务，而可持续地发展经济离不开可持续发展的经济文明生态意识的导引。长期以来，受"唯GDP"论的影响，传统的经济增长方式"一股脑"地追求经济增长而全然不顾生态环保的畸形增长方式，认识不到社会经济系统与自然生态系统之间存在着相互依存、相互影响的共生共存关系。因此，就必须加强经济文明生态意识教育，强化生态可持续发展的思想理念。促进生态产业转型，实现经济增长方式从高能耗、高污染的粗放型经济向低能耗、低污染的生态经济的转变。

4. 可持续发展的文化文明生态意识养成是可持续发展生态意识的终极凝聚

生态文化是人类社会的又一次新的文化思潮，是人类思想观念领域的一次重大变革，显示了人类对大自然敬畏和热爱的本能。由于生态文明行为修养来源于根本的思想意识选择，所以树立可持续发展生态观必须着力于夯实生态文明意识的基础。要使人们牢固建立一种基本共识，即人类之所以成为世界最广布的一个物种，就是因为人类具有生态文化意识，作为生物的人，人对生态环境的社会适应造就了自身的生态文化；而随着人口、生态环境、资源问题的尖锐化，为了使生态环境朝着有利于人类文明进化的方向发展，人类就必须调整自己的文化行为，积极修复由于旧文化的不适应而造成的生态环境蜕化，创造新的文化与生态环境协同共进、实现可持续发展。

（三）加大生态自然的保护力度

生态文明建设是中国特色社会主义事业的重要内容，关系人民福祉，关乎民族未来，事关"两个一百年"奋斗目标和中华民族伟大复兴中国梦的实现。党中央、国务院高度重视生态文明建设，先后出台了一系列重大决策部署，推动生态文明建设取得了重大进展和积极成效。2015年4月25日，中共中央、国务院出台了《关于加快推进生态文明建设的意见》，全文共9个部分35条。其中第五大部分共三大条（十四、十五、十六）单列出来，内容就是加大自然生态系统和环境保护力度，切实改善生态环境质量。

《意见》第五大部分开篇指出：良好生态环境是最公平的公共产品，是最普惠的民生福祉。要严格源头预防、不欠新账，加快治理突出生态环境问题、多还旧账，让人民群众呼吸新鲜的空气，喝上干净的水，在良好的环境中生产生活。随后列出了三大条建设方案。

1. 保护和修复自然生态系统

加快生态安全屏障建设，形成以青藏高原、黄土高原—川滇、东北森林带、北方防沙带、南方丘陵山地带、近岸近海生态区以及大江大河重要水系为骨架，以其他重点生态功能区为重要支撑，以禁止开发区域为重要组成的生态安全战略格局。实施重大生态修复工程，扩大森林、湖泊、湿地面积，提高沙区、草原植被覆盖率，有序实现休养生息。加强森林保护，将天然林资源保护范围扩大到全国；大力开展植树造林和森林经营，稳定和扩大退耕还林范围，加快重点防护林体系建设；完善国有林场和国有林区经营管理体制，深化集体林权制度改革。严格落实禁牧休牧和草畜平衡制度，加快推进基本草原划定和保护工作；加大退牧还草力度，继续实行草原生态保护补助奖励政策；稳定和完善草原承包经营制度。启动湿地生态效益补偿和退耕还湿。加强水生生物保护，开展重要水域增殖放流活动。继续推进京津风沙源治理、黄土高原地区综合治理、石漠化综合治理，开展沙化土地封禁保护试点。加强水土保持，因地制宜推进小流域综合治理。实施地下水保护和超采漏斗区综合治理，逐步实现地下水采补平衡。强化农田生态保护，实施耕地质量保护与提升行动，加大退化、污染、损毁农田改良和修复力度，加强耕地质量调查监测与评价。实施生物多样性保护重大工程，建立监测评估与预警体系，健全国门生物安全查验机制，有效防范物种资源丧失和外来物种入侵，积极参加生物多样性国际公约谈判和履约工作。加强自然保护区建设与管理，对重要生态系统和物种资源实施强制性保护，切实保护珍稀濒危野生动植物、古树名木及自然生境。建立国家公园体制，实行分级、统一管理，保护自然生态和自然文化遗产原真性、完整性。研究建立江河湖泊生态水量保障机制。加快灾害调查评价、监测预警、防治和应急等防灾减灾体系建设。

2. 全面推进污染防治

按照以人为本、防治结合、标本兼治、综合施策的原则，建立以保障人体健康为核心、以改善环境质量为目标、以防控环境风险为基线的环境管理体系，健全跨区域污染防治协调机制，加快解决人民群众反映强烈的大气、水、土壤污染等突出环境问题。继续落实大气污染防治行动计划，逐渐消除重污染天气，切实改善大气环境质量。实施水污染防治行动计划，严格饮用水源保护，全面推进涵养区、源头区等水源地环境整治，加强供水全过程管理，确保饮用水安全；加强重点流域、区域、近岸海域水污染防治和良好湖泊生态环境保护，控制和规范淡水养殖，严格入河（湖、海）排污管理；推进地下水污染防治。制定实施土壤污染防治行动计划，优先保护耕地土壤环境，强化工业污染场地治理，开展土壤污染治理与修复试点。加强农业面源污染防治，加大种养业特别是规模化畜禽养殖污染防治力度，科学施用化肥、农药，推广节能环保型炉灶，净化农产品产地和农村居民生活环境。加大城乡环境综合整治力度。推进重金属污染治理。开展矿山地质环境恢复和综合治理，推进尾矿安全、环保存放，妥善处理处置矿渣等大宗固体废物。建立健全化学品、持久性有机污染物、危险废物等环境风险防范与应急管理工作机制。切实加强核设施运行监管，确保核安全万无一失。

3. 积极应对气候变化

坚持当前长远相互兼顾、减缓适应全面推进，通过节约能源和提高能效，优化能源结构，增加森林、草原、湿地、海洋碳汇等手段，有效控制二氧化碳、甲烷、氢氟碳化物、全氟化碳、六氟化硫等温室气体排放。提高适应气候变化特别是应对极端天气和气候事件能力，加强监测、预警和预防，提高农业、林业、水资源等重点领域和生态脆弱地区适应气候变化的水平。扎实推进低碳省区、城市、城镇、产业园区、社区试点。坚持共同但有区别的责任原则、公平原则、各自能力原则，积极建设性地参与应对气候变化国际谈判，推动建立公平合理的全球应对气候变化格局。

第五章
教育普及 建设生态文明的关键

第一节 教育的意义与功用

教育是现代文明的表现，它的水平等级直接反映了一个国家的文明程度，人类的传承与发展离不开教育，生态文明理念的树立以及生态文明意识的形成，都离不开教育。

生态教育（Ecological Education）是人类为了实现可持续发展和创建生态文明社会的需要，而将生态学思想、理念、原理、原则与方法融入现代全民性教育的生态学过程。它旨在充分发挥教育在应对生态危机中的作用，为人类的生存与合理发展寻找道路。正如日本学者池田大作所说："要消除对人类生存的威胁，只有通过每一个人的内心的革命性变革"。科学地对待自然界一旦成为人的内在需要，人类对自然的保护才能真正实施。所以，生态教育是人们对生态危机反思的产物，它既是教育发展的必然选择，也是低碳经济、和谐社会发展的必然要求，是一种符合时代潮流的新的教育理念。

一、生态教育的意义

生态教育有着重要的现实意义。中国共产党的十九大报告指出："生态文明建设成效显著。大力度推进生态文明建设，全党全国贯彻绿色发展理念的自觉性和主动性显著增强，忽视生态环境保护的状况明显改变，生态文明制度体系加快形成，主体功能区制度逐步健全，国家公园体制试点积极推进，能源资源消耗强度大幅下降。重大生态保护和修复工程进展顺利，森林覆盖率持续提高。生态环境治理明显加强，环境状况得到改善，引导应对气候变化国际合作，成为全球生态文明建设的重要参与者、贡献者、引领者。"在社会主义事业总布局中，生态文明建设具有突出的地位，这不仅仅是因为生态文明建设是有效化解资源与环境危机的手段，更为重要的是因为生态文明建设是其他几个方面建设的基础和保障，同时还担负着引领其他建设的使命。《国家中长期教育改革和发展规划纲要（2010—2020年）》（以下简称《纲要》）也明确指出："百年大计，教育为本。教育是民族振兴、社会进步的基石，是提高国民素质、促进人的全面发展的根本途径，寄托着亿万家庭对美好生活的期盼……，高等教育承担着培养高级专门人才、发展科学技术文化、促进社会主义现代化建设的重大任务"。虽然《纲要》提出的教育为高校教育，但也不难看出，除了高校教育，其他的教育形式同样成为生态文明建设的重要手段之一。同时，《纲要》也着重强调："开展科学普及工作，提高公众科学素质和人文素质"。这就为各类教育机构以及其他社会机构提供了方向性指导，大力通过生态教育提高公众科学素质和人文素质。

教育在生态文明建设中的基础性功能可以概括为初级功能、中级功能和高级功能。初级功能主要是增强创新驱动力，加快经济增长方式的转变；中级功能则注重意识、理念、观念的培育，它在增进人们关于生态文明建设复杂性的理解、引导人们树立正确的生态价值观、培育生态人格方面发力；而教育的高级功能则从整个社会的角度出发，促进社会公正，为生态文明建设创建良性的竞争机制、营造文化氛围，提升人们参与生态文明建设的自觉性。

国家的许多重要文件中都提到了生态教育的问题，生态教育有着重要的意义和功能。

二、生态教育的功用

（一）生态意识唤醒的主推手

生态意识（Ecological Consciousness）一般是指对生态环境及人与生态环境关系的感觉、思维、了解和关心，是一种包含人与自然环境共存、和谐发展的价值理念，是现代社会人类文明的重要标志。日益恶化的生态环境急切地呼唤人们生态意识的提高。

生态意识包括生态危机意识、生态保护意识、生态文明意识。生态危机意识是当人们面对土地、生物、森林、矿产、能源等资源日趋枯竭，面对大气、水体、土壤等人类生产与生活环境遭受严重污染而日益恶化，从而产生的危机的感觉和思维；生态保护意识是当人们面对各种自然资源枯竭、大气、水体、土壤等遭受严重污染的环境时而产生厌恶感，并力图制止污染行为、保护环境的感觉和思维；生态文明意识则不仅仅针对具体的生态资源以及环境污染问题，它指的是人们在通过对人与自然正确的关系的认识基础上形成的更为理性的人与自然共存、共生的思想态度和价值观。在生态文明意识支配下，人们对生态危机的认识和生态环境的保护更为自觉。可以说，生态危机意识、生态保护意识是生态意识的初级阶段，而生态文明意识则是高级阶段的价值理念。

生态意识需要唤醒，不仅仅指生态危机意识，还包括后两者。唤醒生态意识的方式很多，包括宣传、氛围影响、感染、参与、教育等，这些都是广义上的生态教育活动。另外，生态教育解决的具体问题也为生态意识的唤醒提供了支持，如解决生态危机、解决生态问题、促成可持续发展问题等。

解决生态危机需要生态教育。十七、十八世纪，全球的工业革命开启了人类历史崭新的篇章，工业革命的成果为经济的发展带来了巨大的推动力，同时也带来了生态危机，特别是到了二十世纪中叶，震惊全世界的八大公害事件让人们记忆犹新。同时也开启了人们重新审视人与自然关系的序幕，每年的环境污染也造成了巨大的经济损失，对环境的破坏更是无法弥补、不可逆转。人们认识到，要解决生态危机，就要有针对性的从思想深处让人们从根本上知道生态危机的严重性，使人们能够正确地处理人与自然的关系，认清人类自身的位置。而生态教育能在这些问题上发挥积极而有效的作用，这是生态教育的责任和使命，生态教育的出现，就是要从根本上解决这些问题，从而解决目前的生态危机，为建设生态文明创造良好的整体氛围。此时，生态教育要唤醒的是生态危机意识和生态保护意识。

  国内生态问题的解决需要生态教育。我国的生态问题可大体分为先天自然原因和后天人为原因两个方面。就先天自然方面来讲，我国的国土面积广大，地理条件复杂，土地疆域辽阔，山川河流地理环境较为复杂，地域的广阔造成了地区之间生态的差异明显和一些先天性的生态问题。就后天人为层面而言，后天人为造成的生态问题也十分严重，如水资源缺乏、水土流失、土地荒漠化、森林资源缺乏、大气环境恶化、生物物种锐减、资源开采利用、洪涝灾害、沙尘暴、酸雨、赤潮绿潮等。这些问题大多由于后天生态观念缺失等原因造成的，由于生态意识不强，我国生态问题更加雪上加霜，所以要顺利推进我国的生态文明建设，就必须要解决国内的生态问题。特别是公民意识的缺失，这就需要通过生态教育来让广大的公民，认识到我国目前的生态环境形势，充分了解我国的生态环境状况，使公民们都能深刻地体会到生态问题的严重性和重要性。需要通过生态教育引导，促使公民正确端正自己的生态价值观念，促使政府，企业能正确端正发展和生产的理念。通过生态教育使所有公民都深刻地了解生态相关的法律法规，对于自身的行为予以警示，对他人不当的行为作为公民要懂得怎样利用法律武器来使破坏生态环境的行为付出应有的代价。生态教育的理念符合我国当前所出现的生态问题的需要，因此，加强我国的生态教育是解决我国的生态问题的重要举措和必不可少的重要手段，从而为我国生态文明建设扫清障碍。

  实现可持续发展需要生态教育。可持续发展一词最早出现是1972年在瑞典斯德哥尔摩举行的联合国人类环境研讨会上，在1987年由世界环境及发展委员会所发表的布特兰报告书中给可持续发展赋予了明确的定义，亦即：可持续发展是既满足当代人的需求，又不对后代人满足其需求的能力构成危害的发展。作为生态文明的三个特征之一，可持续性发展的模式是一种和谐、稳定、合乎发展规律的发展模式。可持续发展追求发展在生态环境与经济发展中的平衡，在经济增长的过程中要体现与生态环境的公平和统一，追求单位自然资源的高效率和利用率，在发展过程中严格计算和控制生态环境成本的消耗。不以牺牲子孙后代的生态换取今天的经济增长，而这些都是生态文明所倡导和体现的主要内容。所以要实现可持续发展，不仅仅是发展的需要，还是生态文明的重要内涵。在2002年南非约翰内斯堡峰会上，首次明确了可持续发展的三大支柱：社会发展、经济发展和环境保护。并就人在可持续发展的三大之柱中的中心地位达成共识，在推行和推进可持续发展中，除了体制上的转变和发展模式的转变之外，更大程度上是人类自身的转变。真正的可持续发展是必须要有相应的社会制度的保证，在这个社会保证的前提下开始经济发展，而生态的保护是重要前提。所以要通过开展生态教育来明确人作为可持续发展的中心，摆脱了以往狭隘的不以生态保护为先的不科学思维模式。在转变人的观念和行为这个过程中发挥生态教育的优势，通过生态教育来使人明确自己的角色和地位，从而更好地实现可持续发展。

拓展阅读

持续发展中的生态城市——斯德哥尔摩

斯德哥尔摩曾是一个空气污浊、水污染严重，甚至不能在湖中游泳的工业城市，但经过一系列努力已成为世界著名的生态城市（图5-1）。2007年被欧洲经济学人智库评为全球宜居城市，2010年被欧洲委员会授予"欧洲绿色之都"称号。斯德哥尔摩在能源、交通、资源回收利用等领域均有突出表现。在能源方面，该市自20世纪50年代以来利用电

图 5-1 瑞典之都——斯德哥尔摩

加热系统逐步取代燃煤和燃油锅炉为商业和住宅楼宇供热，部分地区的居民采用海水制冷系统调节室温。

建筑规范规定所有新建建筑一次能源最大使用量100千瓦时/平方米，并大力推动现有公共建筑的节能改造。城市能源利用要求60%的用电量和20%的一次能源消费要来自可再生能源。该市有12%的家庭购买独立认证的由可再生能源产生的电力，污水处理过程产生的沼气可用于居民做饭。

在交通方面，斯德哥尔摩通过一系列创新措施来实现绿色交通。第一，在市中心建设功能混合的生态住区来减少出行需求，降低私家车使用；第二，通过改造街道来增加步行和自行车道，建设轨道交通，增加通勤公交运量，使每平方千米城市用地的步行和自行车道长度达到4千米，人均专用自行车道达到1米；第三，在市中心易引起交通拥堵的地区征收每天最高6欧元的通行税，提高了拼车和非机动出行比例；第四，大力鼓励交通工具使用可再生能源，目前75%的公共交通利用可再生能源产生的电力、生物燃料和沼气，100%的公共汽车使用可再生能源，9%的私家车采用乙醇、沼气、混合动力电动或超低排放汽车。在这些政策的综合作用下，全市93%的居民采用步行、骑自行车或乘坐公交上下班。

在土地利用方面，斯德哥尔摩出台政策鼓励利用存量土地进行开发。如2001

年至 2007 年间约 1/3 的新建住宅利用棕地进行开发。斯德哥尔摩有可达性良好的公园体系，全市公园绿地占城市面积的 36%，距公园绿地 200 米范围内居住着约 85% 居民，300 米范围内则达 90%。

（二）生态知识普及的主渠道

生态能力的提高需要人们对生态知识有一个基本的掌握，并在此基础上消化、整合、升华，促成生态理念和生态意识的形成。而这其中生态知识的普及和传播就显得尤为重要，这离不开生态教育，而且它应当以主渠道的方式而存在。

生态知识普及是生态文明建设的重要渠道，如果没有生态知识的普及，生态文明建设将成为空谈。习近平同志在十九大报告中提出，我们要建设的现代化是人与自然和谐共生的现代化。人与自然是生命共同体，人类必须尊重自然、顺应自然、保护自然。习近平同志提出的生态文明建设的依托就是全民生态教育，即推进生态知识的普及。而生态知识普及的主渠道又是生态教育，这与生态教育本身丰富的内涵是分不开的，这具体表现在：从教育的领域来看，它包括学校教育、社会教育、职业教育；从教育的内容来看，它包括生态理论、生态知识、生态技术、生态文化、生态健康、生态工艺、生态标识、生态美学、生态文明等；从教育的对象来看，它包括全社会的决策者、管理者、企业家、科技工作者、工人、农民、军人、普通公民、大专院校和中小学校学生；从生态教育的行动主体来看，它包括政府、企事业、学校、家庭、宣传出版部门、群众团体等。所以，抓住生态教育与社会各个层面环节紧密融合的特点，重视生态教育的作用，是生态知识普及的重要途径。由此，通过生态教育使全社会形成一种新的生态自然观、生态世界观、生态伦理观、生态价值观、可持续发展观和生态文明观，实现人类、社会、自然的和谐发展，构建一个和谐的社会。

目前各教育单位肩负了主要的生态教育任务，这也是由于国民素质参差不齐，要开展统一的生态教育活动有一定的难度。但全民生态教育不应被忽视，可以以现有的学校教育为基点，开展全民生态教育活动，如课堂教育、实验证明、媒体宣传、野外体验、典型示范、公众参与等。在全社会范围内的一些生态宣传活动也应进行发展，使其产生有效的生态教育效果。

知识拓展

全国低碳日的由来

2013 年 6 月 17 日，我国迎来第一个"低碳日"，那我国设立"低碳日"的意义和由来是什么呢？

工业革命以来，由于人类活动越来越依赖煤炭等化石能源，给人类带来便利的同时，也让大气中的二氧化碳气体含量急剧增加，大气污染、臭氧层空洞、全球气候变暖等环境问题由此而生。

我国对二氧化碳等大气污染非常重视,据国家发展和改革委员会介绍,2011年,国家信访局接到有关学者关于设立"全国低碳日"或"全国低碳周"的建议函。根据国务院领导同志批示精神,国务院法制办和发展和改革委员会经过认真研究,并协调多个部门的意见,以国家发展和改革委员会的名义向国务院提出设立"全国低碳日"的建议。2012年9月19日,国务院常务会议决定设立"全国低碳日",从2013起,每年6月"全国节能宣传周"的第3天作为"全国低碳日"。

居民衣食住行节能减碳潜力很大。以节能灯为例,11瓦的节能灯替换40瓦的白炽灯,照明效果相当,如果将全国现有的14亿只白炽灯都换成节能灯,年节电达480亿千瓦时,可省下238亿元的开支。除了照明,居民其他衣食住行都可以低碳为原则,养成低碳生活习惯,使用节能低碳家电等商品。

(三)生态能力提高的主途径

生态能力表现为在正确的生态价值观的支配下人民大众对环境保护、生态和谐的自觉行为。要建设生态文明就要不断提高生态能力,生态教育则是生态能力提高的一剂良药,是提高生态能力的主途径。

生态教育提升生态能力表现为以下三个阶段:第一是生态人格的形成,即通过生态人格的塑造打破人性迷失和人格扭曲的状态,让人性回归正常,这主要是意识唤醒阶段,形成基本的辨别生态是非的观念;第二是生态价值观的形成,即当个体生态人格形成过程中,认识人与自然的关系,树立正确的生态价值观,将个体行为统一于社会的生态行为当中;第三是生态自觉阶段,生态人格形成以及正确的生态价值观的形成能有效的促成人们自觉的生态行为。

1. 生态人格形成

生态能力的提高首先要做的就是生态人格的塑造。因为现实生活中,生态能力首先要解决的就是生态危机,而生态危机是人与自然关系的危机,但是,"人和自然关系的性质取决于人和人关系的性质,只有调适好人和人之间的关系,才能真正调适好人和自然之间的关系"。而人与人的关系又与人的自我人格密不可分。因此,与其说生态危机是人与自然关系的危机,不如说是人与人关系的危机,更不如说是人自身的危机。人自身的危机就是人性和人格的危机。人性的迷失和人格的扭曲异化了人们的生活方式,进而也加剧了生态危机。因此,回归人的本性,塑造生态人格,我们才能从源头上扭转生态环境恶化趋势。

无疑,生态人格对于提升生态能力乃至生态文明建设的意义是重大的。但是生态人格不是与生俱来的,也不是自发形成的,它需要通过教育来教化和养成。即生态人格塑造的主途径就是生态教育。教育是一种有目的、有计划、有组织的培养人的活动。培养什么样的人——这既要考虑经济社会发展的现实需要,又要考虑时代发展的未来需求。"人是文明的建设者也是文明的产物，每一种文明形态都会通过教化塑造出相应的人格模式以获得文明发展的主体条件"。从建设生态文明社会、实现美丽中国的战略目标出发，教育应该把培育生态人格作为理想追求。生态人格是一种与生态文明社会相适应的人格范式，它是生态伦理和生态智慧在个体身上的凝聚和内化。具备生态人格倾向的人拥有科学认识自然的生态知识、感激和善待自然的生态情怀、顺应和保护自然的生态行为；具备生态人格倾向的人身心和谐，能够做到物质追求和精神追求的平衡统一；具备生态人格倾向的人拥有合理消费的生活方式，他们了解自己的真实需要，不会做出超越生态环境承载力的破坏性消费，也不会做出超越社会经济承载力的过度性消费，他们追求的是一种健康、适度、科学和绿色的消费方式。生活方式的转变是建设生态文明的要求和手段，而生态人格的涵养与培育则是生活方式转变的关键。

2. 生态价值观的形成

在生态人格的基础上，生态价值观的形成是生态能力提升的另一个重要内容。生态文明建设需要解决的核心问题就是思想观念，而教育在促进观念转变，帮助人们选择和树立正确的生态价值观方面具有得天独厚的优势。生态文明建设不是一次运动，也不是一项简单的任务，而是一场涉及思想观念和行为方式的深刻革命。教育具有循序渐进、润物细无声的特点，通过长时间的感染和言传身教，受教者的思想观念也在慢慢的发生改变。

从伦理主体的角度划分，生态价值观可以分为人类中心主义和非人类中心主义两大阵营。人类中心主义强调人是自然的主人，是一切价值的源泉和尺度，自然是为人提供物质的资源库，其自身没有内在价值。非人类中心主义认为人并不是自然的主宰者，地球上所有生物物种和个体都有其存在的内在价值，人应该将道德关怀的范围扩展整个生态系统。由于在某些具体认识上的差异，非人类中心主义又分为动物解放权利论、生物中心论和生态中心主义等不同流派。不同类型的生态价值观的纷争为人们重新认识人与自然的关系提供了新的理论视角，也对人们的思想产生了巨大的启迪和冲击。但生态价值观的多元化必然给生态文明建设实践带来困扰，人们会在纷繁复杂的思想面前无所适从。因此，需要教育来统一认识，需要教育来建构适合国情的生态价值观。

面对多元化的生态价值观，教育有责任向人们进行展现和说明，更有义务对其进行反思和澄清。如果说前者是一种知识的交流和传递，后者则是一种思想的启蒙和重建。为了提升生态文明建设的水平和质量，教育要引导人们树立一种符合时代要求的生态价值观。无论是人类中心主义生态价值观还是非人类中心主义生态价值观，一个共同的缺陷是没有把人和自然看作一种密切关联的统一整体，传统的二元对立思想仍然非常明显。基于此，共生生态价值观便成为一种顺应时代潮流的价值观。共生生态价值观认为，人与自然的关系不是简单的控制和改造，也不是一味地依附和屈从，而是一种平等互利的共生关系。人是生态系统中的有机组成部分，是自然的存在物。自然是客观的存在，有其存在的内在价值。人与自然是一个相互依存、彼此互利的生态整体。在共生生态价值观的指导下，生态文明建设便不是让人类向自然的原始生存状态复归，人类可以利用自然，但前提是要尊重自然，要看到自然对人生存的"环境价值"。生态文明建设不是将生态保护与人类的生存权利对立起来。生态文明建设不反对经济发展，也不排斥技术的进步和使用，而是坚持经济增长和技术进步要以促进人与自然的和谐共生为宗旨。只有坚持共生生态价值观，我们才能真正实现生产发展、生活富裕、生态良好的文明社会。教育要传播共生生态价值观的理念，要教会人们在生态文明建设中自觉地遵从共生生态价值观的要求。

3. 生态行为的自觉

生态文明是人类文明的发展方向，但生态文明并不会自发的显现，而是需要人们为之共同努力。生态文明建设需要政府的规划和引导，需要制度的约束和规范，但仅仅依靠自上而下的行政命令和强制性的外部干预是远远不够的，还应当建立在生态自觉基础之上。

研究表明，"只有广大人民群众都认识到保护生态环境的重要意义，把保护环境变成人民大众的自觉行为，生态文明建设才会进入更高的层次"。除了强化政府责任和加强生态文明的制度建设之外，还需要加强生态文明的文化建设，营造一种有利于生态文明建设的文化氛围。受这种文化氛围的感染和熏陶，人们才会发自内心地尊重自然、保护自然，生态文明建设才会变为一种自觉的行动，进而促成全民生态能力的提升。而提出提升生态自觉的途径即宣传生态文明知识、总结和推广生态文明建设的先进事迹和典型经验，以此来激发人民群众的热情和动、开展知识竞赛和演讲比赛，让人民群众养成生态文明建设的情趣和信念等（图5-2）。

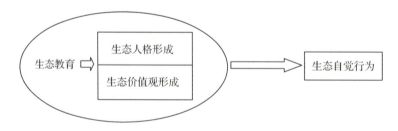

图 5-2　生态能力提升的主途径——生态教育

正确区分生态行为和生态保护行为，生态行为是真正的生态自觉，它是建立在生态人格以及正确的生态价值观的形成的基础之上的，这样的行为不仅注重生态保护，还关注生态和谐以及可持续发展等问题，它对生态环境带来的是最真挚、最持久的和谐；而生态保护行为只简单地停留在行为上的保护，可能由于相关机构的强迫、社会舆论压力、同情心的因素做出和自己真实意思不相符的保护行为，如《环境保护法》中的部分排污标准的规定，不达标的企业必须强制停产停业。企业停业看起来是一种保护环境的生态行为，但却不是自觉行为（图5-2）。

要真正建设生态文明社会，我们需要的不仅是生态保护行为，更应该是基于每个社会人的生态自觉基础上的生态行为。

第二节 生态文明教育情况分析

一、生态教育发展不协调、不平衡

发展不平衡是我国的基本国情，是指在发展过程中的不协调、不匹配、不和谐的关系。在我国主要表现为城乡不协调，东西部差距大。但是，它又是一种极为常见的现象，不管是在发达国家还是发展中国家，不论是大城市还是小乡村，这种发展的不平衡问题都是普遍存在的。

我国发展不平衡的原因应客观辩证地看待，历史地、全面地、具体地的进行分析。一是自然原因。我国幅员辽阔，地大物博，但是自然条件迥异，这就决定了发展的"先天性"差异。例如，我国东部地区多为平原，气候宜人，土壤肥沃，交通便利，占据先天发展优势；而西部地区多为山地丘陵以及沙漠戈壁，气候干燥，生态恶化，交通闭塞，是经济发展的不利因素。二是历史原因。数千年来，我国的经济中心一直处在不断的变迁之中，中原地区很长时间占据着全国的经济中心。唐代以后，我国的经济中心开始向长江中下游和东南沿海地区转移。改革开放以来，我国的经济发展不平衡的现象依然没得到彻底解决，纵向看来，各地区发展程度显著；横向看来，地区的差距还在拉大。三是政策原因。我国在改革开放之后，根据国情和经济发展的需要，实施了非均衡发展战略，采取积极促进东部沿海地区率先发展，率先开放的政策，在投资、财税和金融方面对其进行倾斜。这些极大促进东部地区发展，带动整个国家的发展，但在客观上拉大了东西部差距。四是体制原因。我国在计划经济时代的不尽合理的价格体制对城乡、区域差距扩大有明显影响，国家为积累工业化所需的资金，长期维持了能源原材料产品和农产品的低价格，使中西部和农村发展受到抑制。由此可见，我国当前的发展不平衡，涉及面广，原因复杂，是多种因素交互作用、彼此影响的结果。

随着20世纪60年代出现的全球性生态危机，"教育危机"的风暴席卷全球。菲利普·库姆斯（Philip H. Coombs）在其代表作《世界教育危机——系统分析》（*The World Crisis in Education：Systematic Analysis*）中指出："教育体制与周围环境之间的各种形式的不平衡正是这场世界性教育危机的实质所在"。教育的不平衡主要表现为:"一是日益过时的陈旧课程内容与知识增长及学生现实学习需求之间的不平衡;二是教育与社会发展需要之间的不相适应"。因此,对于生态危机和教育危机的关注迫使人类重新审视自身与自然之间的关系,重新审视人类自身原有的思维方式、发展模式、道德观及发展观。当生态问题逐渐成为一个敏感而重要的、并与教育密切相关的生态伦理道德问题时,生态教育及其平衡发展的问题随之产生。

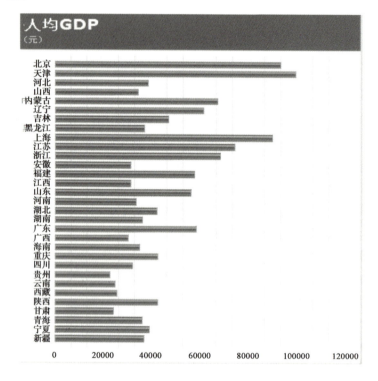

图 5-3　中国 2013 年各省人均 GDP 统计结果

在中国,从政治、经济来看,城乡不协调,东西部差距大(图 5-3),国家统计网公布的 2013 年各省人均 GDP 统计结果显示:以北京、天津、上海、广州为代表的东部地区的人均 GDP 要远远高于以贵州、云南、西藏等西部地区的人均 GDP。这仅仅是东西部经济状况不均衡的缩影,除此之外,政治、文化等方面也具有同样的状况。

生态教育的情况也逃不开城乡不协调、东西部发展不平衡的现状。从东西部比较来看,2010 年全国高校数量最多的五个省份分别是江苏、山东、广东、湖北、湖南,都是在中东部地区,可以说西部地区现阶段学校的数量和国家财政的支持以及社会力量的支持还无法与东部地区相比。从城乡比较来看,全国各高等院校基本坐落在城市，基本上没有高校位于农村，农村也无法利用高校地缘优势提高其自身竞争力。

城市和农村是社会经济发展形成的两种地域经济综合体。由于所处环境不同，人类利用自然方式不同，人类行为对城市环境和农村环境造成的破坏也是不同的。城市应该以面临的环境问题作为生态教育的生动教科书，充分利用城市"信息中枢"的优势，开展生态教育活动。农村，特别是中西部农村经济条件差，科学技术、信息落后，生存环境较为恶劣。在农村地区进行生态教育，应该结合当地情况，把生态学知识与农民的生产生活结合起来，利用自然界的有关规律和新兴科学技术为农民增收、农村致富和农业发展贡献力量，通过"三农"问题的改善和解决带动农村地区生态教育活动的全面开展。

二、生态教育内容模糊

我国目前生态教育不能再流于形式，停留在搞搞活动、喊喊喇叭、打打横幅等阶段，而应向更深处、更全面的学校教育发展，应从实际出发，大胆创新生态教育内容，不偏离主题。

从国际生态教育发展的经验来看，生态教育作为一种跨学科的整体教育，它是教育全面生态化的过程，它的内容渗透在生态学、地理学、社会学、政治学等多种学科中。一般来讲，生态教育的内容也不应当只停留在"意识唤醒"阶段，而应当有更系统化的内容。它通常以基础性、本土性、综合性、实用性等知识为主要内容。

（一）基础性内容：生态学、地理学、环境科学等基本知识

（1）生态学知识。生态学知识为人们认识和理解自然系统提供了条件，是生态教育的最基本环节。首先是对"存在物"的基本认知。存在物有三种不同的层次：物理的、生物的和社会的，每个层次遵循着较低层次的规律和自身的规律；其次是对"循环"的认知。物质不能被创造或毁灭，行星上的物质经历了不断地转变但仍然存在，生命所需要的物质必须经历生物地理化学的循环过程，这些循环过程结合在一起形成了复杂的控制机制；再次是对"系统"的认知。世界是一个系统，每个事物都和其他的事物相联系，系统大于其部分的总和，系统的多样性增加了系统的可复原性等。

（2）地理学知识。地理学的知识可以使人们更好地理解人类社会与自然环境的关系，是生态教育的关键环节。第一是地球自身运动的基本知识，包括地球的起源、地质年代、基本构造、发展过程、地质学变化等；第二是地球表层的土壤环境、水环境、生物环境、大气环境等基本状况和存在问题等；第三是地球上各种自然资源的分布情况以及人类对它们的使用情况、能源的种类、能源与环境、

能源的确保等。

（3）环境科学知识。环境科学知识可以使人们更为充分地认识自身所处的环境及其面临的问题，是生态教育的核心内容。首先是人类生存所必需的两类环境：社会环境和自然环境，社会环境是各种社会因素的总和，自然环境是自然因素的总和，主要包括大气圈、水圈、岩石圈、生物圈等；其次是所有的环境现象都遵循着相同的、根本的物理学规律；再次是环境问题的主要原因是由于人类不合理地开发利用自然资源造成环境破坏及生态失衡；最后是环境污染具有广泛性、多种性和复杂性，治理起来难度很大等。

总之，通过对生态学、地理学和环境科学基础知识的介绍，使受教育者意识到生态环境的各组成要素之间、生态系统与人类社会之间存在着紧密的相互影响、相互依存的关系，形成对环境问题的基本认知，培养基本的生态环境素养。

（二）本土性内容：国情知识、历史知识、人文与自然知识等基本知识

生态环境问题具有全球同质性，但又具有极大的地区差异性，因此，生态教育的内容在传授生态环境基本知识和根本规律的基础上，还必须结合各国各地的具体情况，突出其本土性特色。具体到我国生态教育的本土性，主要包括国情教育、历史与现实的教育以及人文与自然的教育等。

（1）国情教育基本知识点。我国是世界上人口最多的国家，人口众多与资源的相对短缺是我国社会发展、生态环境保护的突出难题。温家宝同志曾经指出，人口众多、资源相对不足、环境承载能力较弱，是中国的基本国情。今后一个时期，人口还要增长，人均资源占有量少的矛盾将更加突出。生态教育要突出这一基本国情，使受教育者深刻理解我国当前的计划生育政策和建设资源节约型社会的必要性。

（2）历史学现实的教育。中国是世界上唯一一个拥有五千年不间断文明的国家。我们的祖先世世代代在这片土地上生存，积累了丰富的生态经验，需要我们认真筛选，继承生态历史遗产。生态教育中应该包含以下基本内容：哲学层面的有机论思维方式、生态方面对农时的科学认识、制度层面的设置专职资源管理的机构和成员、经济层面的有机农业模式等。在继承历史生态遗产的同时，我们还必须加强当今中国生态现状的教育。生态教育应突出我国当前的生态困境，使受教育者了解我国生态问题的复杂性和严峻性，增强生态环境的责任感和危机感。

（3）人文与自然的教育。不同地域自然条件的差异造就了各地独特的文化形态。在绵延的历史之河中，不同地区的人们在理解自然的基础上发展起与之相适应的地域文化，形成了人文与自然交相辉映、自然与人文的和谐共生的传统。然而现代社会出现了人文与自然的疏离，导致了人类对自然的漠视与破坏。因此，重塑人文与自然的融合是生态教育的时代使命。一是重视对本地区独有的原生文

化的发掘，整理出本土文化中蕴含的对自然尊重和保护的智慧，理解文化中包含的与自然和谐共生的理念；二是珍惜当地的自然景观，发掘本土自然的独立价值和精神价值，发挥它独有的文化符号和历史传承意义。坚持文化传承与生态保护的统一。

总之，立足本地生态现状，是培养生态审美、萌发生态情感、促成生态参与的基本途径，所以，本土性内容是我国生态教育中需要给予重视和不断加强的。

（三）综合性内容：可持续发展观、科学发展观、社会主义生态文明观等基本知识

生态问题不但涉及人与自然的关系，而且必然涉及社会的发展理念、组织形态、制度安排等，是一个综合性的系统问题。生态教育的内容除了具有基础性、本土性的特点之外，还具有很强的综合性。生态教育必须包含生态与社会、生态与发展等新思想、新观点和新知识等。

（1）可持续发展观。可持续发展教育是生态教育的核心内容。可持续发展教育强调生态环境的承载力取决于自然生态系统的自我恢复潜能和地球资源的再生潜能，人类在发展的过程中应该减少乃至避免对环境造成破坏。强调人类在精神和物质方面的协调发展，要求不同国家和地区在资源利用和环境管理上加强交流、理解与合作，在满足当代人需求的同时保护好后代人生存所需的资源与环境。

（2）科学发展观。科学发展观强调在全社会大力普及以人为本，全面、协调、可持续发展的观念和知识，使广大干部群众牢固树立正确的生产观和生活观，树立节约资源的意识、保护环境的意识、保护生物多样性的意识。这些科学发展观的相关教育在很大程度上增强了公民的生态意识和环境意识，在全社会巩固了可持续发展的理念，促进了社会发展模式的转型和经济发展方式的转变。

（3）社会主义生态文明观。生态文明观是对我国当前正在进行的生态文明的总体认识，应该成为我国生态教育的重要组成部分。生态文明是我国在总结社会主义现代化建设经验、概括社会主义现代化建设规律的基础上提出的新思想。它的科学内涵是人化自然和人工自然的积极进步成果的总和，它的系统构成包括生态化的自然物质因素、经济物质因素、社会生活因素、科学技术因素和人的发展方向等众多方面，它的实质要求是以资源环境承载力为基础、以自然规律为准则、以可持续发展为目标的资源节约型、环境友好型社会。

（四）实用性内容：手段、方法、素质和能力等基本知识

生态问题千变万化，而且每个生态问题的解决办法都不是一成不变的，所以，应当主动培养人们解决实际生态问题的能力，在生态教育中就表现为生态问题解决方法、素质和能力的教育。具体包括以下几个方面的内容。

（1）识别和分析生态问题的能力。生态教育应分门别类地向公民介绍当前主要的区域性和全球性生态环境问题，并引导公民在实践中识别这些生态环境问题，并运用观察、记录、调查等方法获得第一手资料以及运用讨论、交流等方法获得第二手资料，进而对特定生态环境问题展开具体分析。

（2）提出和确定最有效解决方法的能力。生态教育应该让公民理解不同的生态问题解决方法会带来不同的后果，培养公民以生态学原则和系统性方法解决生态问题的基本能力。在面临具体的生态问题时，综合考虑与社会、经济、政治、法律和生态后果相关的解决方法，并最终确定最有效的解决方法，制定并采取有效行动的能力。生态教育以培养"生态积极公民"为目的，通过广泛的群众参与和社会监督，最终实现经济社会的生态化发展。为此，生态教育必须注重培养公民所需的各种政治技能、参与制定生态环境决策并将环境策略应用于具体问题的能力等。

上述内容从基础性、本土性、综合性与实用性等多种维度构成了生态教育的立体网状内容，为公民生态素养的提高提供了知识和方法的保障，这也应当是我国生态教育内容明晰化、体系化的目标。

三、生态教育模式陈旧

当前，中国的生态教育模式虽然已经粗略地指出教育的本质、目的、任务、主导思想以及战略和发展计划，而且还有大量政论和参考书存在，但是仍然停留在机械地运用理论材料来理解问题的阶段。此外，教育的方法论观点还没有独立出来，因此，现在迫切需要对教育和教育以外的涉及生态环境方面的问题进行方法论的系统分析。很长一段时间内，在世界教育领域还是生态领域中，许多人企图准确地确定生态教育的本质，但都未能找寻到完整的定义，因为很难选择一个既能最佳地贴近人的兴趣和实际，又能反映全球客观规律的定义。但是，生态教育的目的是处理人、自然、社会和文化之间关系的观点却得到广泛认同，而且生态教育也为道德观点的引入创造了有利的条件。综合来看，由于理论研究以及现实情况等问题，生态教育缺乏稳定、有效的模式，采用的都是其他领域的教育方法或者模式，没有结合生态领域的特有模式，较为陈旧。

知识连接

生态教育模式

第一种是人类中心模式。即人处于自然的中心，在很长一段时间内成为生态教育内容的主宰，但人类中心模式限制了创造性，使生态学概念的运用变得狭隘。整体上以个人和社会发展为目的，这样可能阻碍全世界的持续稳定，无论在生态教育内容还是在学术上都表现了霸权主义，它把教学和教学以外活动的方式和方法强加在固定的内容上。

第二种是生态中心模式。生态中心模式揭示了自然价值的完整性、伦理性和确定性，强调人和社会对所表现出的生活现象予以同情、珍爱和责任态度的必要性，不仅为建立新的生态伦理学提供依据，也为把道德观点带入所研究问题的目的、任务、内容和方法创造了有利的条件，其表现如下：一是生态的合理性，反对人与自然的脱离；二是把享有充分权利的主体与相互作用的自然客体理解为伙伴；三是强调自然相互作用的实用性与非实用性平衡，教育的目标和任务是优化"人—自然—社会"的关系。

对两种模式的比较如下：第一，人类中心模式将人及其各种物质和精神需要置于中心地位，认为地球是人类存在的自然环境；生态中心模式承认所有生物的存在具有相等的生态价值，认为地球是所有生物赖以生存的共同家园。第二，人类中心模式论证了利用和保护周围环境的管理特点，认为技术和管理决策的采用能够充分地解决生态问题，认为当今市场和政治体制的调整，对于解决现存的和禁止新的生态危机产生的问题已足够，经济发展也缓和了生态危机；生态中心模式将周围环境作为自然和历史文化的体系来理解生态观点，宣传生态学上可接受的技术，承认自然的权利自我控制力和地方控制力，认为周围环境稳固发展的唯一问题就是优质的发展先于数量的增长。第三，人类中心模式在论证教育内容、形式和方法上具有一致性、不完整性和鼓励性，在分析教学形式和教学方法有一定的片面性和离散性，在整体上具有刺激竞赛和比赛的作用；生态中心模式在论证教育内容、形式和方法上具有多样性和灵活性，在分析教学形式和方法上具有系统性和连续性，在整体上具有促进互相援助和合作的作用。第四，人类中心模式在分析所确立原则和命令上具有超依附性，阻碍自我引导、自我发展、自我控制和其他保持独立个性的因素的形成，将自然环境的弱点和不足引入其中，在环境的保护和发展上易造成狭隘的实用主义哲学视角；生态中心模式在分析所确立原则和命令以外具有独立性，能促进自我引导自我发展自我控制和其他独立个性因素的形成，可以保证自然环境的稳定和稳健的发展，在环境的保护和发展问题上形成了宽泛的伦理性和方向性观点。

生态教育已被公认为是为了优化使用和保护自然的重要途径，也是所在地区所属国家乃至整个世界取得可持续发展的关键。因此，有固定的、合理的教育模式至关重要。在我国，生态教育的模式基本是填鸭式为主，这种模式有利于应试教育，但生态教育有其特殊性，受教者应当通过更多的视觉、听觉、感觉方面的冲击的形式来获得意识的唤醒，并且通过唤醒，主动的获取知识，这些都是我国陈旧的教育模式无法解决的。因此，应当重新解读模式的概念，寻求生态教育模式的新突破。

模式——最初的概念是模型、范式等，并且这个概念，在一定历史时期的科研协会上占主导地位。前苏联学者瓦托夫斯基把模型狭窄地理解为仅仅是对现有事物模仿或某个未来事物的雏形，他把模型的含义加以扩展，认为它不仅仅是一个实体，更为重要的是一种行动方式，它不仅提出未来的某个科学目的，而且说明达到此目的的手段。在这种意义上理解，模式是根据实践需要和一定的科学原理设计和创造出来的新事物、新行为，是主体的某种创造性构思，也就是模式可不以某种固定的形式存在，它更为重要的是一种行动方式。结合生态自身的特点来看，生态文明的最终形态应当表现为人们的生态自觉，而生态自觉的基本要求是人们获得生态知识不应当是被动或被强迫的，生态行为也应当是自觉做出的。

综上所述，生态教育模式不同于教学模式即不套用某种固定的教育模式，而是灵活处理，只要让人们的行为方式符合生态要求的教育活动都可以纳入到生态教育模式中来。所以，我们可以这样界定生态教育模式，即以生态领域的生态文化、生态保护为目的的，人们主动的、积极的获得生态知识的教育方法、模式。

从上述人类中心模式和生态中心模式在教学方面的关系对比中，我们可以看出生态中心的生态教育模式是以人的全面发展为目的，以教育理论的发展为依据，它不仅要求对全社会进行环境保护的教育，更要从根本上革新人们的思想观念，树立生态整体观和谐观，而人类中心的生态教育则适用于传统的教学模式，在现在看来有一定的狭隘性和局限性，生态中心模式在广泛的社会意识和大量的实践中证明：没有完善的哲学方法论和社会教育体系支撑是不可能实现的。基于对世界人与自然，生态伦理学系统化理解上的生态中心模式，完全证明了生态知识的学术价值，而且这一模式强调一个事实，那就是生态知识越广泛地向社会推广，就保护环境而言，越能起到实质性的作用。

知识连接

动态、立体发展的生态教育模式

第一，关于周围环境的教育。重点在于培养学生的认知体系，是将环境作为完整的系统，作为诸多因素相互作用的理论与技能的实践总和，影响着环保意识，价值体系等方面，还涉及生态学、非生物学、人类学和社会学，这几个组成部分被称作认知信息。

第二，通过周围环境的教育。是把自然当成实施环境教育的材料来源及作为探究和发现的媒介，这是一种自然教育法，注重培养自然感悟能力，这种教育把受教育者作为环境教育的主要参与者，注重培养受教育者美学情感，提高学生的环境意识，并唤醒他们的生态伦理良知，培养健全发展的自然性，让受教育者接触自然环境亲近动植物，从而产生对大自然的归属感和认同感。

第三，为了周围环境的教育。是生态教育的任务和目的，指挥着教育实践，培养学生增强对自然界的关注并树立责任意识，其目标是培养正确的环境态度和价值观。

第六章
青山绿水 生态文明重要载体

第一节 关爱森林 人类共同责任

随着社会的发展，科技的进步，生态学与生物学的深入研究，森林生态系统的理论逐渐被人们所关注，更多的人认识到森林对经济社会的发展以及历史、文化、休闲等众多生态服务领域的重要价值，有助于人类自觉形成保护森林资源的生态意识和提升生态行为能力与生态保护能力。

一、关爱森林的重要意义

（一）森林资源的概念和特征

1. 森林资源的概念

森林资源包括森林、林木、林地以及依托森林、林木、林地生存的野生动物、植物和微生物。狭义的森林资源主要指的是树木资源，尤其是乔木资源。广义的森林资源指林木、林地及其所在空间内的一切森林植物、动物、微生物以及这些生命体赖以生存并对其有重要影响的自然环境条件的总称。

2. 森林资源的特征

具有空间分布广，生物生产力高的特点。森林占地球陆地面积约22%，森林的第一净生产力较陆地任何其他生态系统都高。如热带雨林年产生物量就达500吨/公顷。

具有结构复杂，多样性高的特点。森林内包括有生命的物质，如动物、植物及微生物等，也包括无生命的物质，如光、水、土壤等，它们相互依存，共同作用，形成了不同层次的生物结构。

具有再生能力强的特点。森林资源不但具有种子更新能力，而且还可进行无性系繁殖，实施人工更新和天然更新。同时森林具有很强的生物竞争力，在一定条件下能自行恢复在植被中的优势地位。

（二）森林资源概况

1. 全球森林资源概况

根据联合国的相关统计资料显示，目前全球森林覆盖率约为39.99亿公顷，占世界陆地面积的30.6%，世界森林资源蓄积推算约为4300亿立方米。虽然近年来森林退化和消失的速度有所减缓，但每天仍有将近200平方千米的森林消失。另外，世界森林面积的分布极不均衡，俄罗斯的森林面积最大，约占全球的1/5，其次为巴西、加拿大、美国和中国，这5个国家的森林总面积占全球森林面积的一半还多。

全世界平均的森林覆盖率为22%，北美洲为34%，南美洲和欧洲均为30%左右，亚洲为15%，太平洋地区为10%，非洲仅6%。世界各国森林覆盖率：日本为67%，韩国为64%，挪威约为60%，瑞典约为54%，巴西为50%~60%，加拿大为44%，德国为30%，美国为33%，法国为27%，印度为23%，中国为21.63%，中国位列第11位。全球超过50%的森林资源集中分布在5个国家，中国位列俄罗斯、巴西、加拿大和美国之后，位居第五。

根据联合国粮农组织2005年的全球森林资源评估报告，世界森林面积从1990年的41.28亿公顷下降到2015年的39.99亿公顷。全球每年消失的森林近千万公顷。

2. 我国森林资源

森林规模。据2014年发布的第八次全国森林资源清查结果显示，全国森林面积2.08亿公顷，森林覆盖率21.63%，森林蓄积151.37亿立方米。人工林面积0.69亿公顷，蓄积24.83亿立方米。该次清查从2009年开始，到2013年结束，历时5年，投入了近2万名调查和科研人员，运用了卫星遥感和样地调查测量等现代科技手段，调查内容涉及森林资源数量、质量、结构、分布的现状和动态，以及森林生态状况和功能效益等方面。

森林类型。由于中国国土辽阔、地形复杂、气候多样，森林资源的类型多种多样，有针叶林、落叶阔叶林、常绿阔叶林、针阔混交林、竹林、热带雨林。树种共达8000余种，其中乔木树种2000多种，经济价值高、材质优良的就有1000多种。珍贵的树种如银杏、银杉、水杉、水松、金钱松、福建柏、台湾杉、珙桐等均为中国所特有。经济林树种繁多，橡胶、油桐、油茶、乌桕、漆树、杜仲、肉桂、核桃、板栗等都有很高的经济价值。

（1）空间分布不均。中国国土辽阔，森林资源少，森林覆盖率低，地区差异很大。全国绝大部分森林资源集中分布于东北、西南等边远山区和台湾山地及东南丘陵，而广大的西北地区森林资源贫乏。全国森林覆盖率为20.63%，其中以台湾省和香港为最高，达70%。森林覆盖率超过30%的有：福建(62.9%)、江西(60.5%)、浙江(60.5%)、广东(57.9%)、海南(51.9%)、黑龙江、湖南、吉林8个省份，超过20%的有辽宁、云南、广西、陕西、湖北6个省(自治区)，超过10%的有贵州、安徽、四川、内蒙古等4个省(自治区)，其余各省、自治区、市多在10%以下，而新疆、青海不足1%(图6-1)。

（2）中国森林资源的地理分布极不均衡。东北、西南地区和东南、华南丘陵山地，森林资源比较丰富，森林覆盖率达28%~38%；华北、中原及长江、黄河下游地区为7%；西北干旱、半干旱地区森林资源极少，仅为1.4%。

（3）森林资源结构不够合理。用材林面积的比重占73.2%，经济林占10.2%，防护林占9.1%，薪炭林占3.4%，竹林占2.9%，特殊用途林占1.2%。

经济林、防护林、薪炭林的比重低，不能满足国计民生的需要。

（4）中国林地生产力水平低。发达国家林地利用率多在80%以上，中国仅为42.2%；世界平均蓄积量为110立方米/公顷，中国为90立方米；每公顷年生长量，发达国家均在3立方米以上，中国仅为2.4立方米。中国宜林地多，东南半部气候湿润温暖，造林潜力大。

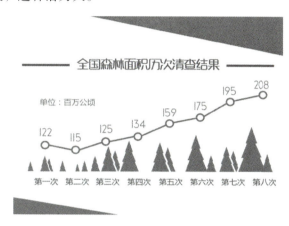

图6-1　我国历次森林资源清查结果

（三）森林的功能和价值

森林是陆地生态系统的主体，是世界上最丰富的生物基因资料库，森林具有多种防护效益，在诸多方面起着重要作用。

1. 解决淡水资源短缺

当前，随着全球生态环境的恶化和水污染的日益严重，淡水短缺成了困扰人类的一个重大问题。联合国"世界水资源评估计划"（WWAP）在2015年报告中指出，以目前的用水比率推算，全球在15年后将缺少40%用水，随着全球经济逐年增长，人类若不减少用水，到2030年可能将面临缺水危机。我国是淡水资源稀缺国家，人均淡水资源仅为世界人均量的1/4，居世界第121位，被联合国列为全世界人均水资源最赤贫的国家之一，全国六百多个城市中，有三百多个城市不同程度存在缺水现象，其中严重缺水的有108个。以河北省为例，全省累计超采地下水600亿立方米，其中深层地下水300亿立方米已无法补充，再有15年，石家庄的地下水就能采完，西部的许多地区，因地下水超采严重，大片已成活多年的树木枯死，必须从源头上抑制地下水的过度开采。

一片森林就是一个巨大的固体水库，对水循环系统具有重大的调节功能。雨水落到森林地面会被植物根系所吸收，渗透到土壤中变成地下水，进而汇聚，满足人类对淡水所需。茂密的森林也影响到降水量的多少，形成了一个相对完整的降水循环系统。森林中多种植物、河流以及潮湿的地面，被太阳蒸发后形成云层,在风的吹拂下,云层总是围绕着森林的周围徘徊,条件成熟时就会形成大量降水,重新滋润森林系统,形成良性的生态循环,茂密的原始森林气候变化无常,降水量极其丰富,淡水资源也较为丰富,因此森林成为解决人类未来淡水资源短缺的重要基地。

2. 解决食品短缺,创造经济价值

森林是一个复杂的生态系统,林产品为人类创造的巨大经济价值已为人们所熟知。森林中的各种植物、菌类、昆虫类、两栖动物、哺乳动物类等众多生物在同一空间经过长期的生物进化和遗传变化,还会生长出许多新生物,森林成为生产各类营养物质的生态车间,为人类提供食品、缓解粮食危机提供了可能。食用真菌、野菜、野果、油茶等可以进行深加工,储藏起来以备人类之需。森林的昆虫有100多万种,人类对昆虫资源的利用有很大的空间,人类可以充分发挥森林制造食品的强大功能,利用先进的科学技术,大力发展森林养殖业、动植物产品和林产品加工业等,源源不断为人类提供丰富营养的物质。

3. 满足人类对健康的需求

现代工业造成的空气污染,大量农药导致的食品污染,手机电脑等电磁辐射,光、噪音以及核污染等诸多的问题对人类的健康构成新的挑战。

(1)森林能吸有毒气体和烟尘。工业生产、汽车尾气中的有害气体,如二氧化硫、氟化氢等对人非常有害,空气中的烟尘和粉尘吸入体内,能引起多种疾病。植物尤其是林木能吸收有毒气体,吸收二氧化碳,产生大量氧气,使空气变得清洁。一亩有林地一年可吸收有毒气体30~40千克,世界上的森林和植物一年能产生4千亿吨氧气,1公顷森林一年能吸收50~70吨尘土,使阳光的有害影响缩小10~51倍。树叶表面粗糙不平,多绒毛,分泌黏性油脂或汁液,能吸附空气中大量灰尘,保护人类的健康。

(2)森林能杀灭细菌。火车站等人口密集的公共场所,空气中的细菌最多,据测试每立方米空气中细菌含量为30000~50000万个,而森林公园只有1500~3000个。树木有分泌杀菌素的功能,据测算1公顷松柏林每天能分泌杀菌素30千克。所以,绿化对杀菌、灭菌,提供新鲜空气,保护人类健康具有重要作用。

(3)森林能减少噪音。当置身于绿树成荫的道路或公园之时,人们会感到舒适、宁静,这是因为森林具有清除噪音的功能。当噪音超过60分贝,对人就有危害,超过100分贝,就会影响听力。林木能隔挡噪音。据测定,30m宽的林带可以减低噪音10~15分贝。公园中成片树林,可以减低噪音30~40分贝。绿化的街道比不绿化的街道可降低噪音8~10分贝。

(4)森林环境能产生大量空气负离子和植物精气。空气负离子对人体的生命活动有着很重要的影响,有人称其为"空气维生素""空气长寿素"。空气负离子有调节神经和促进血液循环，改善心肌功能，促进人体新陈代谢，减缓人体器官衰竭，增进健康达到延年益寿的效果。树木器官所释放出来的挥发性有机物，这种有芳香气味的有机物被称为"植物精气"。据科学测试，植物精气能使人精神饱满，神清气爽，具有防病、治病、强身健体之功效。

4. 水土保持和水源涵养

森林在保持水土方面的作用已经很少有争议。我国长江、黄河、珠江三大流域森林覆被率分别为22%、5.8%、26.7%，年平均土壤侵蚀模数分别为每年每平方千米512吨、3700吨、190吨，可以看出森林具有保持水土流失的宏观作用。对于小地域来讲，森林的作用更明显。森林所起作用的大小与许多因素有关，在其他条件相同时，森林的"自然化"程度越高保土能力越强。大兴安岭林区是东北松嫩平原和内蒙古呼伦贝尔草原的天然屏障，为松嫩平原营造了适宜的农业生产环境，减少了呼伦贝尔草原的沙化过程，大兴安岭林区对黑龙江、嫩江流域内的500多条河流（年流量150亿立方米）有着重要的水源涵养和调节作用，为齐齐哈尔、大庆和松嫩平原提供宝贵的工农业生产及生活用水。

5. 调节气温、增加湿度、降低风速

林木的树冠有吸收和反射阳光作用。树冠能吸收35%~40%的热量，反射阳光的热量可达20%~25%。林木的蒸腾作用也消耗很大的热量，一亩林地一个夏季可向空中蒸腾300~500吨水。因此，有树的绿地可比非绿地降温3~5℃，比水泥地等建筑地区降温10~15℃；使空气湿度增加15%~20%；秋冬季有林绿地还能降低风速30%~50%。

6. 防风固沙、截留蓄水、减轻洪水侵害

我国目前风沙荒漠化面积1.6亿公顷，85%在干旱和半干旱地区。在防护林的防护下，大部分流沙粒被固定在防护林前和防护林内，显著地减少了流沙量。防护林降低风速，减少被保护农地的蒸散量，缓和夏季昼夜温差，增加空气温度，有利于土壤有机物的分解，从而提高农作物产量。在干旱和半干旱地区农田防护林可增产10%~30%，在湿润地区可增产5%~10%。

森林的蓄水功能是通过三个方面进行的。一是森林庞大茂密的林冠，可截留降水，一般截留量约20%。二是林地上厚厚的枯枝落叶层如同海绵，能吸水和暂时蓄积水，可使雨水缓缓进入土壤，减少地表径流，减少对土壤的侵蚀。三是森林中的土壤有机质丰富、疏松、吸水力强，林地土壤比非林地土壤有较好的蓄水性。据研究，林地土壤渗透率一般每小时250毫米，超过了一般降水强度，只要有1厘米的枯枝落叶层，就可以把地表径流减低到裸地的1/4以下，泥沙量可减少94%（图6-2）。

图 6-2 森林资源的功用对人类而言不胜枚举

在黄土高原，当降雨量为 100 毫米时，历时为 1 小时的情况下，生长良好的森林，可以不产生径流，有林流域较无林流域可削弱洪水流量 70%~95%。此外，森林还能延续洪水过程时间，起着一种独特的滞洪、削洪作用。

知识链接

一次性筷子的危害

一次性筷子是日本人发明的。日本的森林覆盖率高达 65%，但他们却不砍伐自己国土上的树木来做一次性筷子，全靠进口，我国的森林覆盖率不到 14%，却是出口一次性筷子的大国，我国北方的一次性筷子产业每年要向日本和韩国出口 150 亿双木筷。全国每年生产一次性筷子耗材 130 万立方米，减少森林蓄积量 200 万立方米。

很多人喜欢用一次性筷子，认为它既方便又卫生，使用后也不用清洗，一扔了之。然而，正是这种吃一餐就扔掉的东西加速着对森林的毁坏。森林是二氧化碳的转换器，是降水的发生器，是洪涝的控制器，是生物多样性的保护区。这些功能绝不是生产一次性筷子所得的效益能替代的。让我们少用一次性筷子，出外就餐时尽量自备筷子，或者重复使用自己用过的一次性筷子。

二、国外森林资源的保护与利用

（一）国外森林资源保护与利用概况

近些年来，一些发达国家森林资源遭受酸雨危害日趋严重，发展中国家的天然林资源，特别是热带森林资源日渐消失，世界森林资源持续减少。

为保护现有原始林和天然次生林，许多国家纷纷划定区域，实施保护工程，加大天然林保护力度。有地球之肾、绿色心脏之称的亚马逊森林是世界上最大的热带雨林区，占地球上热带雨林总面积的 50%，达 650 万平方千米，其中 480 万平方千米在巴西境内。2001 年，刚果（布）、赤道几内亚、中非共和国、加蓬和喀麦隆 5 国的森林部长召开会议，讨论加强刚果河流域的热带雨林保护问题，促进森林资源的可持续利用。2002年，巴西政府、世界银行、全球环球基金会和世界自然基金会启动了有史以来规模最大的热带雨林保护项目亚马逊区域保护区项目，保护森林面积达5000万公顷，占全球森林面积的12%。

新西兰、澳大利亚等国家实行分类经营，大力发展和采伐利用人工林，减轻对天然林资源消耗的压力。新西兰森林面积达770万公顷，其中天然林占83.1%，人工林占16.9%。新西兰实行的森林分类经营政策是将绝大部分天然林划为各类保护区，在符合可持续经营和有效保护的条件下只允许采伐30万公顷天然林。从国土林地中划出部分集约经营人工林，实行商业化管理。国家每年商品材采伐量达1800万立方米，基本全部依赖于速生、丰产、集约经营的人工辐射松林的采伐。澳大利亚从生态环境和森林资源永续利用的长期发展战略出发，通过联邦政府与州（地区）政府之间签订协定、制定保护目标、建立永久性的国家公园和自然保护区等措施，保护天然林面积达5800万公顷，约占总面积的75.5%。通过森林分类经营，既实现了人工林持续经营，获得了可观的经济效益，又保护了天然林资源，使生态环境和森林资源实现可持续发展。

源于德国的近自然林业理论至今仍指导着德国等欧洲一些国家的森林培育。近自然林业理论把森林生态系统的生长发育看作是一个自然过程，认为稳定的原始森林结构的存在是合理的，人类对森林的干预不能违背其自然的发展规律，只能采取诱导方式，提高森林生态系统的稳定性，逐渐将其向天然原始林的方向过渡。德国很早就没有了原始森林，但全国各种立地生长区还残留下一些天然林。目前，德国绝对比重的森林都是通过天然或人工促进天然更新、调整树种结构、大力发展阔叶林和混交林等方式恢复起来的。通过近自然恢复的方式，使森林资源分布均匀，将森林特有的生态作用与经济效益统一起来，确保生态系统协调，生态环境持续稳定。

美国、加拿大等国家通过建立国家公园、森林公园或自然保护区等方式，保护天然林及具有特殊重要意义的自然资源和景观。加拿大国家公园已有100多年历史，1930年议会通过了国家公园法，政府制定了国家公园法案实施细则，联邦政府已建立国家公园2450万公顷，各省划定省级公园3320万公顷。国家公园分别代表了不同类型的自然保护区域，公园内的森林禁止采伐。日本为了保护和有效利用优美的天然林，在不受人类影响的原始森林中划定85万公顷的自然保护区和103万公顷的野生鸟兽保护区，在国有林中划出1100处、56万公顷的保健娱乐林，可以让人们到大自然中保健娱乐。

早在1883年，南非就已经颁布了森林法，终止了天然林采伐，但森林已所剩无几，只相当于国土面积的0.25%。2001年1月5日，美国总统克林顿宣布通过国有原始林保护法案，禁止在美国林务局所辖土地上的2367万公顷的原始林中修建道路和商业性采伐，出于环境原因或须降低火险时例外。

知识链接

世界森林日

"世界森林日",又被译为"世界林业节",英文是"World Forest Day"。这个纪念日是于1971年,在欧洲农业联盟的特内里弗岛大会上,由西班牙提出倡议并得到一致通过的。同年11月,联合国粮农组织(FAO)正式予以确认。联合国大会于2012年12月21日在其第A/RES/67/200决议中宣布每年3月21日为国际森林日,从2013年起举办纪念活动。目的是为提高今世后代加强所有类型森林的可持续管理、养护和可持续发展的意识。大会在决议中邀请所有会员国根据本国国情在这一天酌情推出和推动与森林有关的具体活动。根据联合国大会会议决议,由经济和社会事务部创建的联合国森林论坛将与粮农组织、各国政府、森林问题合作伙伴关系的其他成员、各国际和区域组织、以及相关利益攸关方,包括民间社会一起,推动落实国际森林日。

(二)俄罗斯森林资源的保护与利用

1. 俄罗斯森林资源现状

俄罗斯拥有7.28亿公顷的森林,占俄罗斯联邦总面积的43%,是世界上森林蓄积量最多的国家,集中了世界上四分之一的木材储量。俄罗斯林业资源的分布与本国居民和工业的布局不相协调,近24%的森林分布在集中了76%人口的乌拉尔地区,而76%的森林分布在人口稀少的西伯利亚、远东和中亚的一部分。森林永远是俄罗斯国家经济实力和军事实力的基础。它不仅具有极大的经济价值,而且在军事防御方面具有很大的遮蔽作用(图6-3)。

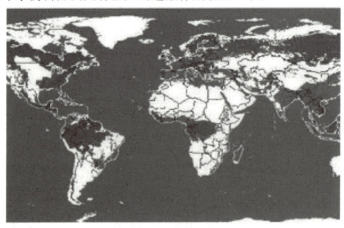

图6-3 俄罗斯森林资源分布图

2. 有关森林方面的法律及规定

有关加强国家职能，限制私人占用森林。1888年的森林法和1913年林业管理条例（被收入俄罗斯帝国时期法律汇编之中）都规定国家对森林私人所有者权利的干预。禁止擅自使用森林，对违反法律的林业主所拥有的森林国家有权没收。1997年颁布的《森林法典》强化了森林显著的社会价值，用专门的一节规范了国家对森林使用、保护、防护和再生方面的管理。

(1) 实行联邦所有制形式。依据俄罗斯联邦的法律，允许将部分森林资源归俄罗斯联邦的主体所有。公民有权自由无偿地在森林中停留，为自身的需要采集野生果实、浆果、胡桃、蘑菇以及其他的食用森林资源、药用植物和专门的原料。公民行使上述权利时，必须遵守森林防火安全规则，不得毁坏、砍伐树木和灌木林，不得毁坏森林作物，毁灭、拆毁蚁穴及鸟巢，并应遵守俄罗斯联邦立法规定的其他要求。公民和法人对森林资源（包括林地）有租赁、无偿使用、租让和短期使用等使用权。

(2) 森林资源利用规范与使用规范相结合。保证持续、合理利用森林，不滥伐森林，满足经济增长与人们生活对木材和其他森林资源的需求。为了保护公民的健康，改善环境和发展经济，保持和加强森林水源涵养、公共卫生、保健、农田防护的功能；依据森林功能、地理位置和自然经济条件，确定森林—土地利用方式。采用先进经验和统一技术指标，改良林木品种，提高质量，提高林产品的产量，保护森林和林木再生。保护生物多样性，保护历史文化和自然遗迹。由此可以看出，生态要求是俄罗斯森林资源利用方面的最基本要求。

(3) 森林经营和管理。俄罗斯按照森林资源的经济、生态、社会价值，根据它的地理位置，可以实现的功能，将森林分为三个等级，各等级分属不同保护类别。依此分类，建立和实施森林资源及林地使用的法律制度。

一级保护林。农田防护功能是其基本用途的森林，自然保护区内的森林（图6-3）；江河、湖、水库沿岸禁伐带的森林。

二级保护林。居民密集区域内森林，交通枢纽地区具有保健和防护功能森林，这类森林有一定经营利用价值；少林地区的森林，对该类森林使用、保护有特殊法律规范。

三级保护林。多林区域内的森林，分为开发林和储备林。此类森林主要用于经营利用。

(4) 林地向非林地的转化。俄罗斯规定实现林地转化，按以下程序进行：一级保护林由俄罗斯政府批准；二级、三级保护林由俄罗斯联邦的主体的国家权力机关批准；从事森林经营活动的公民和法人为自身利益要实现转化需交费。在森林中从事建设、开矿、修路和其他工作需要有林业局颁发的许可证。其他工作是指非森林经营和不要求林地转化的工作。许可证上需标明从事项目的名称、期限、完成条件和环保要求。如果实施项目要砍伐树木,则需有林业局签发的森林砍伐许可证。国家对森林资源统计、制定森林志册、森林监测、森林资源证明书、森林调查设计、为公民和法人提供有关森林资源信息,这些都是开展森林经营活动的基础。

(5)森林资源管理机构。根据《俄罗斯联邦森林法典》和俄罗斯联邦政府1998年颁布的《俄罗斯联邦林业局条例》的有关规定,俄罗斯联邦林业局是俄罗斯联邦的联邦林业管理机关和在森林资源的利用、保护、防护、森林再生、自然环境的保护、动物界客体及其生存环境的保护、利用监督和利用调整等方面实施国家管理的被专门授权的国家机关。

(三)美国森林资源的保护与利用

美国森林面积2.98亿公顷,居世界第3位,覆盖率为33%;森林蓄积量211亿立方米,年净生长量6亿多立方米。美国森林面积中,针叶林约占41%。其中70%左右分布在西部地区,是美国商品木材的主要产地;阔叶林约占55%,其中80%以上分布在东部地区。由于美国地域辽阔、土地肥沃、气候多样,因此树种也比较丰富。

1. 森林防火

美国的森林分国有林、州有林、公司所有林和私有林。森林防火工作分级管理、各负其责,协调运作,国有林由国家林务局组织扑救,州有林和私有林以州、县为主组织扑救,公司所有林由公司负责,遇到大林火互相支援,互相帮助。

在森林火灾预测和监控方面,美国的做法主要有以下两点:一是划分火险等级,及时预报。根据各地火灾历史资料,林内可燃物数量、空气湿度、温度、风力等,利用计算机技术、地理信息系统技术将火险分为四个等级,落实到县,并发出预报。二是利用地理信息系统(CIS、GPS)进行林火监测,确定林火发生地点、燃烧面积、波及范围。在防火季节,通过电视、电台、报纸等进行宣传,并在林区和主要路口立牌告示,专人检查,严格控制火源,一旦发生违法者,则对其进行教育,重者法律制裁。

在控制火灾方面,近年来美国采用计划火烧除方法,在成熟林内,由于地被物及枯枝落叶层厚,可燃物增多,易引起火灾,因此,每隔3~5年采用飞机喷撒化学除草剂的方法,杀死杂草、小灌木,形成防火林带。

森林防火经费的主要来源是政府财政拨款,其次是林地所有者上缴的森林保护费(每英亩林地每年上缴0.5美元)以及社会捐款。

2. 森林病虫害防治

美国主要从以下几个方面防治森林病虫害:一是抗病虫品种的选育。利用基因工程技术将病虫害基因导入目的树种，从而增强目的树种的抗性。这项技术已在火炬松、湿地松良种选育上取得成功，并应用于生产。培育出来的抗病虫品种，通过无性繁殖技术繁苗，应用于造林；二是及时抚育间伐。林木生长到10~15年，由于初植密度较大，一般都要进行抚育间伐，使密度降至每公顷900株以下；三是虫情监测。虫情监测主要用航空录像方法。首先是定期开展航空录像，发现虫情苗头再用小飞机低空飞行观察核实，然后派人用技术实地调查落实。在同一林区内，每年定地点、危害面积、危害程度以及扩散方向等，利用互联网技术将虫情传遍各地；四是保护天敌。美国法律规定：只要发现林内有一只猫头鹰巢，周围1英里的林木便绝对禁止砍伐、狩猎。林内植被丰富，没受到人、畜活动的破坏，天敌种类很多，随处可见，为防治天牛和小蠹虫，部分国有林区人工挂巢招引啄木鸟，效果显著；五是重视生物防治。苏云金杆菌工业化大量生产并作为商品出售，成为防治森林病虫害的重要方法之一。

3. 林地管理

美国的国有和州有林地约占全国林地总面积的33.8%，非国有林地占66.2%，林地管理实行谁有谁管理，小私有林主、林业公司可以自由转让、租赁、买卖林地。国家建设征占用林地要给予赔偿，办理征占用手续。

4. 生态防护和森林旅游

目前，美国共划出175个联邦自然保护区，面积为664万公顷；小私有林主划出1900万公顷林地作为生态林，主要用于生态防护，禁止采伐。全国生态防护林面积约占森林总面积的13.1%。

据统计，在美国，每年到国有林观光和游憩的人数多达2.25亿人次，许多私有林也以各种方式接待游客。森林旅游年收入约100亿美元。

5. 木材生产和利用

美国是木材生产大国，同时也是木材利用大国，每年生产木材4亿~5亿立方米，大多数用于工业。主要产品有原木、锯材、木质板、纸浆等。林产品产值约1360亿美元，占全国总产值的4%，其中80%来自木材。林业已成为国民经济的一个重要产业部门。

美国对木材的主要利用是造纸、盖房。因此，消耗木材数量很多，主要是消耗胶合板、刨花板及其他板材。据统计，美国消费了全世界15%的原木、44%的胶合板、32%的纤维板、18%的刨花板、32%的木浆和纸。

6. 注重应用高新技术

美国十分注重高新技术在林业上的推广应用。在林木良种改良方面，重视引入新技术、教学科研部门联合攻关，走产学研相结合的路子，大胆引入基因工程技术，获得大批优良林木品种。

7. 环保意识强

美国注重环保工作，人们的环保意识强。一是严格管理，在防火季节进入林区的人不准带火种；二是划定娱乐活动场所，进入娱乐场所的人自觉遵守规定，烧烤者离开前自觉熄灭火种，收集打扫干净烧烤迹地；三是划定自行车、摩托车、越野车训练场地和路线，训练季节结束后，迅速补撒播草种，防止水土流失；四是采伐迹地及时更新造林，采伐剩余物不搬不烧，而是用机器碾碎回归土壤，并于采伐当年或次年造林；五是注重保护野生动物，松鼠、鸟类在许多城区随处可见，但无人伤害它们，人与动物和谐一体。

三、我国森林保护的现状与对策

（一）我国森林资源保护现状

1. 我国森林资源保护成效

根据我国第八次森林资源清查结果显示：我国森林总量持续增长。森林面积由1.95亿公顷增加到2.08亿公顷，净增1223万公顷；森林覆盖率由20.36%提高到21.63%，提高1.27个百分点；森林蓄积由137.21亿立方米增加到151.37亿立方米，净增14.16亿立方米。

森林质量不断提高。森林每公顷蓄积量增加3.91立方米，达到89.79立方米；每公顷年均生长量提高到4.23立方米。随着森林总量增加和质量提高，森林生态功能进一步增强。全国森林植被总碳储量84.27亿吨，年涵养水源量5807.09亿立方米，年固土量81.91亿吨，年保肥量4.30亿吨，年吸收污染物量0.38亿吨，年滞尘量58.45亿吨。

天然林稳步增加。天然林面积从原来的11969万公顷增加到12184万公顷，增加了215万公顷；天然林蓄积从原来的114.02亿立方米增加到122.96亿立方米，增加了8.94亿立方米。

人工林快速发展。人工林面积从原来的6169万公顷增加到6933万公顷，增加了764万公顷；人工林蓄积从原来的19.61亿立方米增加到24.83亿立方米，增加了5.22亿立方米。人工林面积继续居世界首位。

2. 我国森林资源保护存在的问题

清查结果表明：我国森林资源进入了数量增长、质量提升的稳步发展时期，但我国仍然是一个缺林少绿、生态脆弱的国家，森林覆盖率远低于全球31%的平均水平，人均森林面积仅为世界人均水平的1/4，人均森林蓄积只有世界人均水平的1/7，森林资源总量相对不足、质量不高、分布不均的状况仍未得到根本改变。人民群众期盼山更绿、水更清、环境更宜居，造林绿化、改善生态任重而道远。

图 6-4 森林资源破坏严重

一是实现 2020 年森林增长目标任务艰巨。从清查结果看，森林"双增"目标前一阶段完成良好，森林蓄积增长目标已完成，森林面积增加目标已完成近六成。但清查结果反映，森林面积增速开始放缓，同时现有宜林地 2/3 分布在西北、西南地区，立地条件差，造林难度越来越大、成本越来越高，见效也越来越慢，如期实现森林面积增长目标还要付出艰巨的努力。

二是严守林业生态红线面临的压力巨大。5 年间，各类建设违法违规占用林地面积年平均超过 200 万亩，其中约一半是有林地。局部地区毁林开垦问题依然突出。随着城市化、工业化进程的加速，生态建设的空间将被进一步挤压，严守林业生态红线，维护国家生态安全底线的压力日益加大。

三是加强森林经营的要求非常迫切。我国林地生产力低，每公顷蓄积量只有世界平均水平的 69%。进一步加大投入，加强森林经营，提高林地生产力、增加森林蓄积量、增强生态服务功能的潜力还很大。

四是森林有效供给与日益增长的社会需求的矛盾依然突出。我国木材对外依存度接近 50%，大径材林木和珍贵用材树种少，木材供需的结构性矛盾更加突出。森林生态系统功能脆弱，生态产品短缺的问题也很突出。

知识链接

森林火灾的种类

根据森林火灾燃烧部位，蔓延速度，受害部位和程度，大致可把森林火灾分为三大类：①地表火；②树冠火；③地下火

以受害森林面积大小为标准，森林火灾分为以下四类：

1. 森林火警：受害森林面积不足 1 公顷或其他林地起火（包括荒火）；

2. 一般森林火灾：受害森林面积1公顷以上，不足100公顷的；
3. 重大森林火灾：受害森林面积100公顷以上不足1000公顷的；
4. 特大森林火灾：受害森林面积1000公顷以上的。

（二）森林资源保护对策

1. 全面深化林业改革，完善林业治理体系，提高林业治理能力，为加快林业发展注入强大的动力

对不符合林业发展要求，以及林分质量差的林分进行结构调整。大量培育经济乔木树种与灌木树种混交多效益林分，对不符合林业发展要求或林分质量差的林分进行结构调整；大量培育乔灌型林分，增加林分的层次结构，要以立体林业思维来培育林分，走"乔、灌、草"相结合的营林模式。在商品林经营过程中提倡将大面积纯林逐步改造为混交林，商品林的经营，要在满足其林产品生产主导功能的基础上，兼顾其生态环境服务功能。低产林改造过程中要逐步引入速生丰产目的树种，调整树种组成和林分结构，提高林木生长量和林分质量；培育用材与防护相结合的生态林，在树种选择上要选择萌生能力强的树种如青冈等栎类树种；提升林业治理水平，完善培训考核机制，全面提高各级专业队伍的业务素质，完善林业治理体系，提高林业治理能力。

2. 进一步调动社会力量，实施好生态修复工程，搞好义务植树和社会造林，稳步地扩大森林面积

调动社会各界力量，依靠科学技术合理处理森林保护与利用，加强森林防火、防灾和病虫害防治病工作，加强自然保护区建设，因地制宜科学养护，实施生态修护工程，保护自然生态环境和防止生态环境恶化；加强森林资源保护宣传，让公众参与意识和资源保护意识深入民心，把植树和社会造林变成每一个公民的神圣职责和义务，把扩大森林和绿化面积当成我们必须完成的重要任务，为当代也为子孙后代创造更美好的明天。

案例分析

昆明嵩明凤凰山公墓森林火灾

2016年3月17日12时许，昆明嵩明凤凰山公墓发生森林火灾。经嵩县森林公安局调查得知，2016年3月17日12时许，张某某同丈夫及亲属等一行11人，一起到嵩阳镇凤凰山公墓为母亲上坟。在上坟前，张某某为了烧纸钱等，就近找了一只铁桶，铁桶内装有半桶烧过的纸灰，张某某将纸灰倒在墓地对面的一条土路边，纸灰中余火复燃，引起旁边的杂草起火。张某某等人用水、树枝、木棍等物品，将火扑灭后返回墓地继续烧纸，约20分钟后，在第一次着火地点再次起火，张某某及其亲属虽奋力扑救，但由于天干物燥风大，失火地点杂草丛生，导致火势迅速向路边箐沟林地蔓延，继而火势向寺脚村鸡嘴山延伸，烧至石灰冲国有林场，火势于3月18日凌晨4时许被扑灭。

经云南云林司法鉴定中心鉴定，该案过火面积为7582.5亩，有林地面积6479.5亩，未利用地852亩，农地251亩。3月18日，张某某涉嫌失火罪，被依法刑事拘留。3月25日，依法对犯罪嫌疑人张某某提请寻甸回族彝族自治县人民检察院批准逮捕。

3. 扎实推进森林科学经营，扩大森林抚育，提升森林质量和效益

不断增强森林生态功能。进一步加强和改进森林资源采伐限额管理，实行分区分类管护。积极推行"森林生态采伐"模式，把森林资源的利用和环境保护结合起来，达到森林资源的持续利用和发展；依靠科技合理进行森林保护与利用，因地制宜科学养护。充分利用林地生产力，提高森林的再生产能力，促进整个生态系统顺畅运作；为建成同时具有经济、生态、社会效益的林业发展模式，可以采取多种经营模式相结合，如科学生产、林农结合；利用森林资源可再生性、提高资源利用率。森林资源的开发利用一定要充分发挥树木的可再生性，一边砍伐一边种植，保证每个砍伐周期都有相应的林木进行补充，从而能够保证森林资源得到充分的利用；提高设计质量，在伐区设计中应降低设计作业坡度，尽量缩小天然林的采伐面积，减少人工林的工艺成熟的采伐限额数量，对所有的林地进行全面的普查和统筹分类划分，调查可采伐的资源的数量，对病、小、老树的出材率进行抽样测算。

4. 严格森林资源保护管理，守住林业生态红线，落实好林地保护规划，推进依法治理进程

加强森林资源队伍管理和森林管护队伍建设，提高作业人员素质；建立森林资源管护档案，完善管护制度，加强森林资源监测体系与评估体系建设，完善管理和保护工作制度，严格执行林地保护规划，健全立法和执法体制，建立行政执法监督体系。推进依法治理进程。

思维拓展

森林扑火时脱险自救方法

一是退入安全区。扑火队（组）在扑火时，要观察火场变化，万一出现飞火和气旋时，组织扑火人员进入火烧迹地、植被少、火焰低的地区。二是按规范点火自救。要统一指挥，选择在比较平坦的地方，一边按规范俯卧避险。发生危险时，应就近选择植被少的地方卧倒，脚朝火冲来的方向，扒开浮土直到见着湿土，把脸放进小坑里面，用衣服包住头，双手放在身体正面。四是按规范迎风突围。当风向突变，火掉头时，指挥员要果断下达突围命令，队员自己要当机立断,选择草较小,较少的地方,用衣服包住头,憋住一口气,迎风猛冲突围。人在7.5秒内应当可以突围。千万不能与火赛跑,只能对着火冲。

第二节 保护湿地 人类共同努力

一、湿地是人类可持续的生命线

党的十八大报告提出,要加强水源地保护,扩大湿地面积,保护生物多样性。随着生态文明建设上升为"五位一体"总体布局,湿地保护越来越受到重视。2014年,习近平同志指出要针对我国湖泊湿地大量减少的状况,采取硬措施,制止继续围垦占用湖泊湿地的行为,对有条件恢复的湖泊湿地要退耕还湿。2015年3月,李克强总理在《政府工作报告》中强调,森林草原、江河湿地是大自然赐予人类的绿色财富,必须倍加珍惜。2015年中共中央、国务院印发的《关于加快推进生态文明建设的意见》中,明确提出湿地的内容有9处之多,特别是将"至2020年湿地面积不低于8亿亩",列为全国生态文明建设的主要目标之一,这在历史上是第一次。国家还启动了湿地生态补偿试点,中央财政对湿地保护的投入不断加大,湿地保护水平不断提高,成效不断凸显,为建设生态文明和美丽中国奠定了坚实的生态基础。

知识链接

世界湿地日

湿地与森林、海洋并称全球三大生态系统,被誉为"地球之肾""天然水库"和"天然物种库"。为加强对湿地的保护和利用,1971年2月2日,来自18个国家的代表在伊朗南部海滨小城拉姆萨尔签署了《关于特别是作为水禽栖息地的国际重要湿地公约》。为了纪念这一创举,并提高公众的湿地保护意识,1996年《湿地公约》常务委员会第19次会议决定,从1997年起,将每年的2月2日定为世界湿地日。

2016年2月2日是第20个世界湿地日,国际湿地公约组织将今年的主题定为:"湿地与未来:可持续的生计",旨在突出湿地对人类未来的重要作用,强调湿地对可持续发展的重要意义。

(一)湿地的概念、特殊性和分类

1. 湿地的概念

"湿地"一词最早由美国联邦政府1956年开展湿地清查时使用,现已在学术界与管理界得到广泛使用。

国际湿地公约(拉姆萨尔公约)将湿地定义为:"湿地是指不问其为天然或人工、长久或暂时性的沼泽地、泥炭地、水域地带,静止或流动的淡水、半咸水、咸水水体,包括低潮时水深不超过6米的水域"。此外,湿地可以包括邻近水体的河流、湖泊沿岸、沿海区域,以及位于湿地内岛屿或低潮时水深超过6米的海洋水体。因此,所有季节性或常年积水地带,包括沼泽、泥炭地、湿草甸、湖泊、河流、洪泛平原、河口三角洲、滩涂、珊瑚礁、红树林、盐沼、低潮时水深少于6米的海岸带以及水稻田、鱼塘、盐田、水库和运河等,均属于湿地范畴。

知识链接

国际湿地公约

1971年2月,在伊朗的拉姆萨尔召开了"湿地及水禽保护国际会议",会上通过了"国际重要湿地特别是水禽栖息地公约"(Convention on Wetlands of Importance Especially as Waterfowl Habitat),简称《拉姆萨尔公约》。

《拉姆萨尔公约》于1975年12月21日生效,规定每3年召开一次缔约国会议,审议各国湿地现状和保护活动的有关报告和预算。《拉姆萨尔公约》主张以湿地保护和"明智利用"(wise use)为原则,在不损害湿地生态系统的范围内以期持续利用湿地。目前世界有100多个国家成为该公约的缔约国,中国于1992年加入该公约。

2. 湿地的特殊性

(1)特殊的界面系统。湿地是水、陆两种界面交互延伸的一定区域,处于大气系统、陆地系统与水体系统的界面交合处,存在联结各界面的水体-陆地-植被-大气界面系统,通过物质循环、能量流动以及信息传递将陆地生态系统与水生生态系统联系起来,湿地的陆生环境和水生环境的双重特性使其具有单纯陆地类型和单纯水域类型所不具有的复杂性质。

(2)特殊的景观特征。湿地的景观具有周期性变化的特征。湿地具有明显的植被、土壤、水位和盐度的梯度变化、斑块变化、时间变化的特征,其中水位、水流,如泛滥、潮汐、洪枯等都是有规律、有频率地变动,这些周期性的变化造成了湿地生态系统在景观上的周期性变化。

(3)特殊的生物类群。湿地生态系统所处的独特的水文、土壤、气候等环境条件所形成的独特的生态环境为丰富多彩动植物群落提供了复杂而完备的特殊生境。根据不同湿地生态系统类型分别有以下特别的类群:沼泽植物、盐沼植物、红树植物(胎生)、浮游植物、挺生植物、底栖植物、厌氧微生物;水禽、涉禽、海岸鸟、鱼、虾、贝、蟹、两栖、爬行动物等。

(4)特殊的生物地球化学过程。湿地土壤不同于一般的陆地土壤,它是在水分过饱和的厌氧环境条件下形成的,这种环境条件使得湿地有其独特的生物地球化学循环。湿地土壤在淹水时形成强还原区,但在水体—土壤界面上常有氧化薄层,这不仅影响着碳、氢(水)、氧、氮、磷和硫以及各种生命必需元素在湿地生态系统内部的土壤和植物之间进行的各种迁移转化和能量交换过程,也影响着湿地与毗邻生态系统之间进行的化学物质交换过程。

3. 湿地的分类

由于世界各地湿地类型复杂多样,湿地的分类方法和分类系统多种多样。目前,以《湿地公约》对湿地所作的分类最全面、最具代表性,即拉姆萨尔(Ramsar)分类系统,是从湿地保护和管理的角度出发,于20世纪90年代初提出的。它将湿地分为咸水湿地、淡水湿地和人工湿地3大类、35个湿地类型(表6-1)。

表6-1 湿地的分类(Ramsar分类系统)

类别	湿地的分类(Ramsar分类系统)		
	内陆湿地	海洋和海岸湿地	人工湿地
1	河流/溪流/小河:永久性	海洋区域:-6米内浅水域	水库/拦河坝/坝区
2	河流/溪流/小河:季节性	潮下水生层:包括海草层	农场里的池塘/小储水池
3	内陆三角洲:永久性	珊瑚礁	鱼/虾池塘
4	河流泛滥平原	岩石性海岸	盐田/盐碱滩
5	淡水湖:长期性	沙或鹅卵石海岸	砾石场/烧砖场/取土场
6	淡水湖:季节性、间断性	河口水域	污水处理场
7	咸水湖或沼泽:长期性、季节性、阶段性	潮间带海涂(包括咸水滩涂)	灌溉地(包括稻田)
8	淡水沼泽/池塘:长期性	潮间沼泽	季节性泛洪的农业用地
9	淡水沼泽/池塘:季节性、阶段性	红树林/潮间带森林	
10	灌木为主的湿地	海岸性咸淡水至盐水湖	
11	淡水沼泽林	三角洲湖和淡水沼泽	
12	泥炭藓沼泽		
13	林木泥炭地		
14	苔原/高山湿地		
15	淡水泉(包括绿洲)		
16	地热湿地		

(二)湿地资源概况

湿地是地球上重要的生态系统,是维持生物多样性的"基因库",有"大自然的肾脏"之称,是具有多种生态功能以及高生产力的独特生态系统,具有重要的应用价值与科学价值。全世界共有湿地 8.5×10^8 公顷,占陆地总面积的 6.4%。我国共有湿地面积 6.3×10^7 公顷,约占世界湿地面积的 11.9%,居亚洲第一位,世界第四位。

近年,人类对湿地盲目过度开发利用,导致湿地的数量和质量急剧下降。自 1990 年以来,全世界 50% 以上的湿地消失了;美国本土经过 200 年的开发,湿地面积减少了 53%;我国国家林业局公布了第二次全国湿地资源调查结果:全国湿地总面积 5360.26 万公顷,与 2003 年完成的第一次调查比较,减少了 339.63 万公顷,减少率为 8.82%。

1. 我国湿地植物资源

湿地植物泛指生长在沼泽地、湿原、泥炭地或者水深不超过 6 米的水域中的植物。湿地植物的多样性能综合反映湿地生态环境质量的基本特点和功能特性,是衡量湿地生态环境质量高低的重要指标。

我国湿地植物种类多、多样性丰富,有湿地高等植物 225 科 815 属 2276 种,包括苔藓植物 267 种、蕨类植物 70 种、裸子植物 20 种、被子植物 1919 种,以禾本科种数最多,其次是莎草科、唇形科、菊科、蓼科等。其中,国家Ⅰ级保护野生植物 6 种:中华水韭、宽叶水韭、水松、水杉、莼菜、长喙毛茛泽泻;国家Ⅱ级保护野生植物有水蕨等 11 种。除此之外,湿地植物中存在着大量的资源植物,如莲、菱、荸荠、茭白等水生蔬菜,水蕨、芡实、三白草等中药植物,睡莲、菖蒲、芦苇等景观植物。

2. 我国湿地野生动物资源

湿地野生动物是指整个生命周期或重要阶段(觅食、繁殖、越冬)依赖于湿地生态系统,其存在又对湿地生态系统结构产生影响的动物。

我国有湿地陆生野生动物 724 种,其中湿地兽类 31 种、鸟类 271 种、爬行类 122 种、两栖类 300 种。此外,还包括鱼类 1000 余种和种类繁多的无脊椎动物(甲壳类、虾类、贝类等)。湿地对于野生动物而言是极其重要的栖息地,可为它们提供丰富的食物和良好的生存繁殖空间,特别是对于濒危珍稀鸟类、鱼类等的保护极为重要。

(三)湿地的功能和价值

湿地是地球上的土壤、水和生命经过几亿年发展进化的结果,是人类赖以生存和发展的重要物质基础。如果说森林是"自然之肺"的话,那么湿地就是"大地之肾"。湿地不但是众多动物的乐园，同时还向人类提供大量食物、能源和原材料，也是很好的旅游场所，享有"生物超市""天然水库""物种基因库"等美誉。

1. 生态系统的纽带

湿地生态系统是陆地生态系统与水域生态系统相互作用的界面，是陆地生态系统与水域生态系统相互连接的纽带。湿地生态系统的健康状态与相连接的陆地生态系统、水域生态系统的健康状态密切相关，同时又影响陆地生态系统、水域生态系统的健康。

2. 保护生物多样性

湿地生态系统的边缘效应使湿地生态系统的结构愈加复杂，稳定性相对较高，生物物种十分丰富，虽然湿地仅占地球表面面积的6%，却为世界上20%的生物提供了生境。湿地是许多珍稀濒危物，特别是濒危珍稀水禽所依赖的栖息、迁徙、越冬和繁殖的场所，在生物多样性保护方面具有极其重要的价值。

3. 减缓径流和蓄洪防旱

由于湿地土壤具有特殊的水文物理性质，因此具有超强的蓄水性和透水性，是蓄水防洪的天然"海绵"。许多湿地地区是地势低洼地带，与河流相连，在暴雨和河流涨水期将过量的水分存储起来，均匀地缓慢释放，减弱危害下游的洪水。在干旱季节，湿地可将洪水期间容纳的水量向周边地区和下游排放，防旱功能十分显著。因此，湿地在控制洪水、调节河川径流、维持区域水平衡中发挥着重要作用。

4. 降解污染、净化水质、供给水源

湿地是自然生态系统中自净能力最强的生态系统之一。湿地水流速度缓慢，有利于污染物沉降。当水体进入湿地时因水生植物的阻挡作用，缓慢的水体有利于沉积物的沉积，许多污染物质吸附在沉积物的表面，随同沉积物而积累起来，从而有助于与沉积物结合在一起的污染物的储存、转化。一些湿地的许多植物如挺水、浮水和沉水植物，能够在组织中富集重金属的浓度比周围水体高出10万倍以上。水浮莲、香蒲和芦苇都已被成功地用来处理污水。其中湿地中的芦苇对水体中污染物质的吸收、代谢、分解、积累和减轻水体富营养化等具有重要作用，尤其对大肠杆菌、酚、氯化物、有机氯、磷酸盐、高分子物质、重金属盐类悬浮物等的净化作用尤为明显。

知识链接

芦　苇

芦苇是湿地主要的植物资源，芦苇素有"第二森林"之美称。芦苇根系从土壤吸收大量水分后，大部分通过茎叶的气孔以水汽的形态逸入大气中。其蒸腾系数为 637~862，即生产 1 吨芦苇要蒸腾 70 吨左右水分，这一水分生物调节作用，能有效地净化空气，润泽一方水土。芦苇不但能够湿润空气，而且能够通过光合作用吸收空气中大量的 CO_2。

由于湿地所处的地势不同，一块湿地有可能成为另一块湿地的供给水源地，当水由湿地渗入或流到地下蓄水系统时，蓄水层的水就得到了补充，湿地则成为补给地下水蓄水层的水源。从湿地流入蓄水层的水随后可成为浅层地下水系统的一部分，因而得以保持。浅层地下水可为周围供水，维持水位，或最终流入深层地下水系统成为长期的水源。湿地水源补充地下水对于依赖中深度水井作为水源的社区和工农业生产来说是很有价值的。

5. 调节气候

湿地调节气候功能包括通过湿地及湿地植物的水分循环和大气组分的改变调节局部地区的温度、湿度和降水状况，调节区域内的风、温度、湿度等气候要素，从而减轻干旱、风沙、冻灾、土壤沙化过程，防止土壤养分流失，改善土壤状况。如果湿地上游水土流失严重，导致集水区沉积物量的增加，致使湿地的蓄水量和湿地面积减少，而且还导致湿地吸纳沉积物的能力大幅度降低，湿地调节气候的能力下降。湿地水分蒸发和湿地植被叶面的蒸腾作用，可使附近区域的温度降低、湿度增大、降雨量增加，对周边区域的气候具有明显的调节作用，对当地农业生产和人民生活具有良好的作用。

6. 丰富的产品资源和经济价值

湿地水源充沛、养分充足，有利于水生动植物生长，因此湿地具有极高的生产力，每平方米湿地可年均生产 2 千克左右的有机物质。是人工养殖和种植湿地经济植物的优良场所，可为人类提供丰富的水产品、粮食、水果以及可用作加工原料的皮革、木材、药材等，还可为人类提供泥炭这种独特的产品，并为人类提供包括矿砂、食盐、天然碱、石膏等多种工业原料，以及多种稀有金属矿藏。例如，我国青藏、蒙新地区的碱水湖和盐湖，盐的种类齐全，储量极大，盐湖中还富集着硼、锂等多种稀有元素。人工湿地中的稻田生产可供全球 50% 以上人口食用的主要食粮，水力发电完成了湿地水能、潮汐能向电能的转换。

7. 优化人类生存质量

复杂的湿地生态系统、丰富的动植物群落、珍贵的濒危物种、独特的自然景观等，使湿地成为人类休憩旅游以及教育和研究的理想场所。湿地以其形态、声韵或习性的优美给人以精神享受，增强生活情趣。有些湿地是人类社会文明的发祥地，保留了极具历史价值的文化遗址，有些湿地中的泥炭层保留了过去的生物、地理等方面演化进程的信息。

二、国外如何利用和保护湿地

当前,由于人类正面临着全球气候变暖、淡水资源短缺、自然灾害频发等威胁,湿地具有的供给淡水资源、减缓全球气候变化、缓解和预防自然灾害、减贫致富方面的作用与功能日益受到人们的关注。这种对湿地认识和需求的变化影响着各国对湿地保护采取的战略与政策。

(一)国外保护利用湿地概况

目前,世界各国特别是发达国家从本国国情出发,颁布各项法律,建立相应的配套制度,形成较为完善的法律体系,将各种开发、利用湿地资源的行为纳入法制轨道,且注重各部门间的协调,不同时期实行不同的湿地政策。

1. 制定并完善湿地保护政策、法律体系,注重各部门间的协调合作

世界各国,通过严格的法律制度,依法强化对湿地的保护,如欧盟制定了《栖息地法令》《鸟类保护法令》和《水框架法令》,明确规定了自然保护地以及流域层次水资源管理的相关义务,要求纳入各国相关法律和政策中。美国在《清洁水法》中专款规定了湿地保护和利用行为,明确了湿地用途转化开发许可制度、湿地补偿制度等,确定了湿地"无净损失"等湿地征占用平衡制度等。美国继《清洁水法》404节规定许可证制度后,湿地转为农地的门槛提高了;而《食品安全法》中的"湿地破坏者条款"解决了联邦农场政策和湿地保护间的冲突问题,对那些破坏湿地的农场项目不给予政策扶持;随后,《税收改革法》取消转换湿地成本的税收优惠待遇,进一步提高湿地转换成本。这一系列政策环环相扣,互为补充,极大地增强了政策实施效果。又如"零净损失"目标的出台,是由环境、农业、商业、研究机构、政府部门等各领域领导者共同参与讨论的结果,体现了各部门间的高度协调。

2. 加强湿地保护

通过建立自然保护区(避难所、栖息保护地)、湿地公园(国家公园)等湿地自然保护体系加强对湿地的保护。

3. 通过自然修复或人工措施恢复湿地生态系统及其服务功能

在湿地保护的技术方面,发展并应用了一些新的理论、技术和方法。①流域综合管理法:从流域层面对湿地进行综合管理,包括对流域内的水资源进行综合协调管理,建立流域内的湿地保护网络;②利益方主导的参与式方法:相关利益方共同参与对湿地保护与开发利用的决策过程,直接参与管理决策;③社区共管法:湿地主管部门通过建立共管委员会等方式组织湿地内以及周边社区共同参与对湿地的保护与管理;④"3S"技术应用:通过应用遥感技术、地理信息系统和全球定位技术对湿地资源进行调查和监测，掌握资源状况，监测动态变化，并加强对信息的管理，提高管理效率。

4. 充分利用市场手段实现政府政策目标

主要是对有利于湿地保护的利用方式予以税收优惠或补助，同时加重不受鼓励行为的税赋负担。在美国，《粮食安全法》中"湿地破坏者"条款规定，在湿地改造成的农田里种植作物的人无权从联邦农业补助项目中获益，无权获得价格保障、谷物保险、灾难援助和低息贷款等利益。

5. 重视公众参与及监督湿地资源的开发、利用、保护等企业生产经营活动或政府公益行为

当湿地区域范围内或周边居民，特别是对依靠湿地资源为生的当地居民的生产、生活带来不同程度的影响，政府管理部门在对上述行为进行决策时，应听取社会公众的意见，接受社会公众监督。公众参与是推进环境保护的巨大动力，其参与的广度与深度在某种意义上决定着环境保护的发展水平。通过广泛听取利害关系人的意见和要求，使政府在对开发活动进行审核等决策过程中尽可能兼顾各方利益，并采取有效措施来减轻和防止环境侵害。

（二）美国湿地保护立法及政策措施

美国一直将生态系统保护的重点放在湿地保护上。湿地是美国野生生物最重要的栖息地，而美国50%以上的地区、90%的州都有湿地因开发而消失。美国联邦对湿地的立法与政策大致可分为3个时期，即湿地开发期、政策转型期和"零净损失"期。1972年以前处于湿地开发期，美国联邦还没有以保护湿地为目的的法律，政府采取农业补贴和税收激励等措施，鼓励湿地转为他用。上世纪70年代以后，随着剩余湿地供给的减少，公众开始认识到湿地独特和重要的功能价值，公众态度和公众政策开始从支援和补贴湿地转变到鼓励湿地保护和恢复上来，此时期被称为"政策转型期"。这一时期，美国联邦通过了《清洁水法》，该法第404条款是关于湿地保护与开发利用的最重要条款。主要内容有：①管辖权的确定。此条款规定，任何替代物质进入任何类型的湿地都需经工程兵部队许可，在湿地中的所有开发活动也均由工程兵部队审查并决定是否授予许可权。②许可授予标准。该项目对湿地并无重大不利影响，已采用所有使环境影响减轻的合理技术，不违反任何其他法律。③许可授予程序。该程序比较复杂，它是美国传统的"正当法律程序"和公众参与政府决策两者结合的产物。许可授予一般程序是工程兵部队在接到一项改变湿地状况的申请后，应先向公众公开申请书并接受公众的书面意见。对于有重大环境影响的项目则首先进行环境影响评价，然后由部队在开发地附近举行听证会，接受公众意见，最后再依照审查标准对申请的项目进行审查并在一定期限内决定是否授予许可。④司法复审。依照《清洁水法》的规定，在湿地案件中，任何参与了许可程序且对许可决定不满的公民，都有权向联邦法院就许可决定提请司法复审。根据这一规定，公民及一些环境组织成功地阻止了一些大型项目对湿地的破坏。

除上述法律法规外，美国联邦还提出了"湿地的总量和质量不能再降低"的"零净损失"政策目标，即任何地方的湿地都应该尽可能受到保护，转换成其他用途的湿地数量必须通过开发或恢复的方式加以补偿，从而保持甚至增加湿地资源基数。美国由此在湿地保护上进入了"零净损失"期。

美国环保局最近向公众推荐保护湿地的10项有效措施：人们应与工程师地区办公室的有关人员联系，参与影响当地湿地的许可证发放的决定；装修房屋时不要忘记湿地的利用和保护，并种植本地草和树，因为湿地可保证水的质量；不超过限地在草坪上施用化学品，以减少流入湿地径流中的污染物质；在建造或装修房屋时尽量减少对湿地的影响；通过购买鸭子邮票为湿地投资，人们可通过国际互联网订购邮票；与邻居一道清扫附近的湿地的垃圾，使之保持清洁；询问当地政府正在为保护当地的湿地做的工作；在恢复和改善当地湿地方面展开调查；参与自愿者组织的活动保护湿地的动物，恢复其栖息地；到附近的湿地考察并与当地公园野生动物保护部门的人取得联系，告诉他们考察湿地的有关情况。

(三)日本的湿地保护立法及政策措施

日本也把湿地放在生态环境保护的首位。尽管迄今为止，日本尚未制定一部专门法律用于湿地保护，但却已建立了一个行之有效的湿地保护法律体系。该法律体系构成主要包括：①宪法条款，分别从公民权利、财产权限制、立法授权等角度就环境保护方面的问题作出总的规定；②中央立法，是日本湿地保护的最重要组成部分，综合立法有《环境基本法》(1993年)和《环境影响评价法》(1998年)；自然保护方面有《自然公园法》(1957年)《自然环境保护法》(1972年)《野生动物保护及狩猎法》(1963年)《濒危野生动植物物种保护法》(1993年)和《保护文化遗产法》(1975年)；污染控制方面有《水污染防治法》(1978年)《湖泊水质污染特别措施法》(1974年)和《近海污染和灾害防治法》(1973年)，以及一些诉讼程序法；③地方公共团体条例，如《釜石市近海污染防止条例》等；④湿地保护区单独的保护法规，如琵琶湖、雾岛湿地《国立公园管理计划》；⑤日本参加的国际公约和签订的关于湿地保护协定。其中，在日本《自然环境保护法》里，有以下两项可用于湿地保护：一是意见征询制度。《自然环境保护法》第14条规定，环境厅长官在确定原生态自然环境保全区时，事先应征求有关都道府县知事及自然环境保全审议会的意见；若待确定为原生态自然保护区的土地系国家或地方公共团体所有，则应先征询管辖该土地管理机关负责人的意见；在确定自然环境保全区时，应在官方报纸上刊出关于确定此类保全区及其影响的公告。二是听证会制度。《自然环境保护法》第 22 条规定，环境厅长官在确定自然环境保全区时，事先在官方报纸上刊出关于确定此类保全区及其影响的公告并给出两周对该建议提意见的时间，以便接受公众监督；该地区内的居民及有关人员可在规定的监督期限最后一天向环境厅长官呈交对此建议的书面意见；环境厅长官在收到对建议表示不满的书面意见后或他认为有必要更广泛地听取各阶层人员对该自然环境保全区的意见时，应召开公众意见听证。

三、我国湿地保护现状及对策

(一)我国湿地保护的现状

1. 我国湿地保护成效

我国现有 577 个自然保护区、468 个湿地公园。为保护具有国际重要意义的湿地并履行《湿地公约》，全国已指定国际重要湿地 37 处，新增国际重要湿地 25 块，新建湿地自然保护区 279 个。我国已初步建立了以湿地自然保护区为主体，湿地公园和自然保护小区并存，其他保护形式为补充的湿地保护体系。全国共有 1820 万公顷，约 50% 的自然湿地得到了有效保护。

知识链接

湿 地 公 园

湿地公园(Wetland Park)是指以水为主题的公园。以湿地良好生态环境和多样化湿地景观资源为基础，以湿地的科普宣教、湿地功能利用、弘扬湿地文化等为主题，并建有一定规模的旅游休闲设施，可供人们旅游观光、休闲娱乐的生态型主题公园。湿地公园是具有湿地保护与利用、科普教育、湿地研究、生态观光、休闲娱乐等多种功能的社会公益性生态公园(图 6-5)。

图 6-5　美丽的湿地公园

全国湿地保护条例的制定工作已经过多次调研，并完成了草案的起草。省级湿地立法有序展开，目前已有黑龙江、甘肃、湖南、陕西、广东、内蒙古、辽宁、宁夏、四川、吉林、西藏等18个省（自治区）出台了省级湿地保护条例。国家林业局已制定并颁布实施了湿地保护恢复、调查监测、湿地公园建设的一系列技术规定或技术标准，推进了湿地保护管理的规范化进程。

国家林业局公布了第二次全国湿地资源调查结果：近10年间，我国湿地保护面积增加了525.94万公顷，湿地保护率由30.49%提高到43.51%，建立湿地自然保护区577个，湿地公园468个。

从分布情况看，青海、西藏、内蒙古、黑龙江等4省（自治区）湿地面积均超过500万公顷，约占全国湿地总面积的50%。受保护湿地面积2324.32万公顷。两次调查期间，受保护湿地面积增加了525.94万公顷，湿地保护率由30.49%提高到现在的43.51%。许多重要的自然湿地得到抢救性的保护，湿地的主要生态功能得到较好的维持。在湿地开发方面，湿地提供的清洁淡水支持了我国的经济社会发展，比如三江源湿地每年为江河提供水600多亿立方米，三江平原湿地确保了400万公顷良田的亩产高产，湿地的种植业、养殖业、制药业、矿产业等也是我国人民生产生活的重要来源。

2. 我国湿地保护方面存在的问题

（1）生物多样性受损。对湿地的不合理开发利用导致湿地日益减少，功能和效益下降。捕获、狩猎、砍伐、采挖等过量获取湿地生物资源，造成了湿地生物多样性逐渐丧失，其生态功能也严重受损。表现在鱼类种类日趋单一，种群结构低龄化、小型化。

（2）湿地保护区域结构与布局不合理。我国湿地类自然保护区的数量，远远低于发达国家的数量，也低于世界的平均水平，而且保护的重点仅限于狭义的湖泊沼泽湿地，没有将与湖泊密切联系的河流水系湿地作为保护的重点。

（3）湿地面积减少、功能衰退。由于人口的快速增长和经济的发展，湿地被开垦为农田或作其他用途，围埂造田、兴建码头，湿地植被遭到破坏，生态功能衰退，鱼类等水生生物丧失了栖息生存的空间与繁衍的场所，湿地自身的生态功能也在不断衰退。

（4）污染加剧、环境恶化。湿地被肆意侵占，并常成为沿江建筑垃圾、工业废水、生活污水的排泄区和承泄地，湿地水体污染不断加剧、环境不断恶化，生态系统富营养化现象严重，危及湿地生物的生存环境。我国已经有三分之二的湖泊受到不同程度的高营养化污染危害，仅长江水系每年承载的工业废水和生活污水就达120多亿吨。

（5）掠夺性开发利用。使湿地资源不断丧失对湿地的过度开发利用，自然资源破坏，湿地生物多样性衰退加速，野生生物资源和渔业资源迅速衰退，甚至枯竭。例如，我国第一大淡水湖鄱阳湖，本是被誉为"珍禽王国""候鸟天堂"，是世界上最大的越冬白鹤群体所在地，种群数量占全球95%以上。由于无度的围湖造田，无限制的开发，导致生态恶化，渔业资源日益衰退。再例如，近年来由于对青海湖过度开垦放牧，使大面积草场退化，水土大量流失，荒漠化日趋严重。我国东北部第一大湖——呼伦湖，由于多年来疏于治理，周边及补给河流两岸生态长期遭到人为破坏，致使湖水水位下降近2米，湿地萎缩，湖边芦苇地大面积消失，湖周围严重沙化，严重危及我国北方绿色屏障——呼伦贝尔草原和大兴安岭林区的生态环境。

（6）立法上的不足。缺乏统一的湿地立法，现有立法注重湿地的经济价值，而忽视其生态价值，立法缺乏系统性、整体性，整体功能保护不足，对湿地的管理保护没有统一明确的管理机构、执法机构，一定程度上造成了不利于执法或有法难依的局面。如《自然保护区条例》规定，在保护区范围内的治安管理由保护区所在地公安机关或保护区内的派出机构予以行使。但在各地具体操作中，由于保护区的归属部门不同，其执法力度存在差异。甚至公安机关与派出机构处于相互独立、难于合作的尴尬局面。

（二）我国湿地保护的对策

与全国第一次湿地资源调查相比，我国近十年间湿地的主要威胁因素和影响的频次和面积都在呈现增加的态势。根据全国第二次湿地资源调查掌握的情况，我们将从以下六个方面采取更有针对性、力度更大的措施，加强湿地保护管理。

1. 从宏观引导方面完善湿地保护规划

按照我国主体功能区规划的要求，进一步修订完善2002—2030年全国湿地保护工程规划，制定更有针对性的、分阶段实施的工程实施规划，并认真抓好落实。

2. 突出用制度管人、管事，推进湿地保护的制度建设

按照生态文明制度建设的总体要求，有计划地、逐步地建立包括自然湿地保护制度、退化湿地恢复制度、湿地生态效应补偿制度、湿地保护红线制度、湿地生态系统评价制度、湿地生态系统功能动态监测和预警制度等一系列重要制度，使湿地保护形成较为完整的制度框架。

3. 强化依法"治湿"，制订出台全国湿地保护条例

虽然我国现行的法律法规中有一些关于湿地保护的内容，但多数都是针对湿地保护的单一元素设置的，其完整性、系统性、针对性和操作性都远远跟不上工作发展的需要。特别是湿地资源调查监测、湿地占用征用的监督管理、各种破坏行为的处罚等，包括怎样更好地履行国际公约，都缺乏一些更明确的、更有操作性的、更管用的条款和规定，所以很有必要从国家层面出台一部专门针对湿地保护的行政法规。这样一方面可以使我们把湿地作为一个独立的、完整的、重要的生态系统，从加强整体保护的角度做出规定和规范行为；另一方面，也有利于我们各个部门形成合力，更好地履行国际公约。

4. 着眼湿地生态系统功能的提升，实施湿地生态修复工程

对功能退化的沼泽、河流、湖泊、滨海湿地等，通过采取植被恢复、鸟类栖息地恢复、生态补水、污染防治等系列手段，进行综合治理，恢复和提升湿地生态系统的整体功能。

5. 强调科学"管湿"，提升湿地保护管理的科技支撑水平

重点针对湿地保护模式、湿地退化机理及修复关键技术，以及科学合理利用湿地的模式等重要问题，开展科学研究和技术推广，提高整个湿地保护管理工作的科学化水平。

6. 加强宣传教育

加强湿地保护教育，普及湿地知识，提高全民族的湿地保护意识，让更多群众参加到湿地保护中来，促使大家树立尊重自然、顺应自然、保护自然的生态文明理念，在全社会形成珍视湿地、爱护湿地、保护湿地，支持做好湿地保护工作的良好社会氛围。

第七章
生态环保 艰巨使命依靠你我

第一节　生态环保从自我做好

中国的生态破坏和环境污染愈来愈严重，除了人口过多、资源匮乏、环境容量太小、生产与消费方式太落后等诸多原因以外，还有一个重要原因，就是公众参与程度太低。为了创造一个更加友好的生存环境，促进社会的绿色健康发展，公民应当积极参与，珍惜法律赋予自己的权利，认真而主动地去行使它。同时，作为社会的公民，我们更需要履行环境义务，倡导低碳生活，推动绿色发展，为我们的子孙后代创造更为有利的生活环境。

一、与公民责任相关的生态问题

生态问题的产生乃至进一步的恶化，很大程度上是因为人们对于自然生态环境的责任缺失、无节制的攫取和挥霍所引起的，这种对自然的责任缺失主要根源在于责任意识的匮乏。

在由物质匮乏的农耕社会文明形态之后，人类社会经历了工业革命，生产力和科学技术迅猛发展，使人们对自然生态的能动能力大幅提高，推动了人类的历史进步，提高了人类的生活质量和物质水平，人们乐于享受工业革命、科技革命所带来的丰厚的物质财富，迷失在享乐主义的风潮中，对自然资源任意征服并享受其中，面对生态问题变得冷漠，失去了对自然环境的人文关怀，严重淡化了公民生态责任意识，致使生态环境产生了一系列严重的问题和后果，甚至遭受着自然生态对人们的惩罚和报复。

（一）对自然资源的肆意掠夺

1. 森林资源危机

森林是陆地上最大的生态系统，是净化空气、保持水土平衡、维护动物生存的重要资源，是人类得以生存的基本环境因素。我国森林覆盖率仅为 21.63% 左右，人均森林资源在世界仅是第 134 位，森林人均积蓄不足世界水平的七分之一。除却森林资源分布不均、自然灾害等客观因素，因人们的乱砍滥伐等破坏性行为，致使我国原始森林资源锐减。我国自改革开放以来一直处于经济高速发展的时期，尤其是最近十多年来城镇化发展的高速进程，我国的森林资源遭受严重砍伐甚至破坏程度逐年扩大，一方面，是投入到土木工程建设和人们生产、生活中；另一方面，是人们把森林地域改造为耕地进行农耕。人们对待森林资源的方式是违背森林自然生长的规律：砍伐多、种植少；砍伐快、生长慢。目前我国原始森林资源的面积在以每年 5000 平方千米的速度减少，森林贫乏必然导致生态脆弱，致使土地荒漠化、沙尘天气、雾霾等生态问题进一步恶化。

2. 生物资源危机

我国是一个生物多样性非常丰富的国家，随着经济的发展，导致人们生产、生活内容的构成和方式发生变化，各种各样不合理的破坏生物生态的行为日益增多，如过度捕捞和猎杀、向生物赖以生存的环境中排放废水、废气、垃圾等，导致许多物种濒临灭绝，使中国成为了生物多样性锐减最严重的国家之一。

现在，我国约有15%至20%的动植物受到威胁，濒临灭绝。许多珍稀动物如白鳍豚只有100只、华南虎只有50头、大熊猫只有1000只等。根据科学家的研究表明，在远古时期，每500年才有一种动物灭绝，可自20世纪以来，动物灭绝速度加快，变为每4年就有一种动物灭绝，比以前的正常速度快了125倍。据统计得知，整个地球现在有5025种野生动物有灭绝的危险，我国为400种。

另外，由于人们对植物草药的乱采乱挖和市场需求的激增，导致许多植物资源受到严重破坏。在我国广阔的海洋内，人们不加限制的开发，使得海洋渔场也遭到威胁，其中珊瑚礁大量减少，而有的鱼类已经灭绝。如今天然的森林几乎不见踪影，其他森林也只呈现出分散的点状分布。另外，我国濒危的植物药材已经超过100种，许多药材如甘草、冬虫夏草、红景天、雪莲等正在急剧的减少。有些珍贵品种如野山参、茅苍术、木通等甚至已经无法再见到。

（二）对自然资源的肆意挥霍

1. 污染和浪费水资源

水资源是人类生存的基础，不可缺少。我国水资源总量比较丰富，可是人均水资源量很低，被联合国列为13个最缺水国家之一。仅有的淡水资源扣除不能利用、难以开发的部分，能够利用的淡水资源仅为11000亿立方米左右，而且其分布很不均匀，东部多西部少，南部多北部少，而且我国对于水资源的利用率也不高，还存在浪费和污染现象。据统计，近几年来我国每年排放污水正在以18亿立方米的速度增加，每天都要排出1.6亿立方米的污水，这么多的水量大部分没有经过处理，直接排放到河流中造成污染的大面积扩大。在对我国532条河流的污染状况调查发现，已经有436条河流不同程度地受到污染，占调查总数的82%。有许多人现在仍然在饮用高氟水、高砷水、苦咸水，疾病也随着他们的饮水而发生，截至目前我国仍然有3亿人存在饮水不安全的情况。

亚里士多德说："凡是属于最多数人的公共事务常常是最少受到照顾的事物"。由于公民生态资源节源意识的缺乏，公共场所存在大量浪费水的现象，如自来水管发生漏水或爆管未得到及时修理；随意开启消防龙头用水；直接用自来水冲洗道路；在公共场所使用水后"人离水未关"等。除了公共场所存在浪费水的现象外，居民家中的生活用水浪费情况也比较普遍，如刷牙时不关水龙头、洗澡涂肥皂时不关水龙头；用过量水洗车，洗车的水未能循环使用；老式便器水箱容量过大，大小不分档；洗衣服时不用手搓而只用水冲；解冻海鲜使用"自来水常流法"等。

现在我国的水资源正面临着严峻的挑战，正是人们不合理、不考虑后果的生产及污水排放和对水资源无限制的使用造成的结果。

2. 舌尖上的浪费

"天育物有时，地生财有限"，这道出了粮食生产的极为不易。由于现代生产生活方式的发达，食材十分多样而丰富，我们不能真正感受到巨大的粮食浪费量，也意识不到粮品浪费对全世界饥饿问题、政治稳定、环境与气候变化所产生的影响。

2013年，联合国粮农组织发布首份从环境角度分析全球食物浪费影响的研究报告《食物浪费足迹：对自然资源的影响》，报告称，全球28%的农业用地所生产的食物都被丢掉或浪费，每年全世界浪费的食物总量高达2.9万亿磅（约合13亿吨），相当于1.2亿只大象、3600万辆18轮巨型货车或者720万头蓝鲸的重量。为警示全球食物浪费，联合国请各国领袖吃"厨余垃圾"。厨帅烹制了一顿全部由本该扔进垃圾桶的食材制作的午餐。目前我国的食物浪费程度超乎想象。最新统计数据显示，中国每年浪费食物总量折合粮食约500亿千克，接近全国粮食总产量的十分之一。与此形成鲜明对照的是，我国还有一亿多农村扶贫对象、几千万城市贫困人口以及其他为数众多的困难群众。这种"餐桌上的浪费"引起人们的关注。来自中国农业大学食品科学与营养工程学院调查的数据显示，在他们选取的大、中、小三类城市，共2700台不同规模的餐桌所进行分析测算，他们发现，全国一年仅餐饮浪费的蛋白质和脂肪就高达800万吨和300万吨，这相当于倒掉了2亿人一年的口粮。造成食品浪费的典型行为包括不正确的饮食方式和习惯，如在饭店用餐时，碍于"面子"，不依就餐人数及需求量点餐而浪费，结果造成餐厨垃圾中有三分之二是剩饭剩菜，需要耗费很大的人力、财力去处理，而且对环境的破坏很大。或者在超市购物时一次性购买过多食品，特别是不宜久放食品等，并且食品不正确的存放方式以及食品标注的保质期相对较短也导致不少食品被扔掉。如果采取正确存放方式，近47%被扔掉的食品是完全可以继续食用的。

现代饮食惊人的食品浪费造成重大经济损失，给农业生产带来额外压力，迫使耕地面积和捕捞规模不断扩大，也对气候、水土利用和自然界生物多样性造成破坏，严重危害人类赖以生存的自然资源。

3. 生活垃圾处理不当

生活垃圾的处理包括源头减量、清扫、分类收集、储存、运输、处理、处置及相关管理活动。人们的日常生活或者为日常生活提供服务的活动所产生的固体废弃物以及法律法规所规定的视为生活垃圾的固体废物的处理，应遵循减量化、无害化、资源化、节约资金、节约土地和居民满意等准则，因地制宜，综合处理，逐级减量。迅速增长的垃圾产量，已经让国内城市面临着生态困境。然而我国的垃圾处理投入量不足，生活垃圾处理现状引人担忧。主要存在的问题有以下几个方面。

（1）垃圾产生量大而处理率低的矛盾突出。由于资金、技术等原因，我国生活垃圾的处理技术及设备比较落后，生活垃圾处理方式只是照搬旧模式，以填埋为主，高温焚烧的比例较低，设施简陋、损坏严重、达不到垃圾处理无害化的要求，所以不仅使得垃圾无法无害化处理，还造成了严重的二次破坏，而且也大大增加了清洁工作的难度。且相当一部分处理设备及技术直接从国外引进，不适合我国国情，运行管理困难，重复建设严重，造成资源浪费。

（2）对生活垃圾处理设施的监督监测不完善，环境卫生管理体制不健全。目前生活垃圾处理场建设项目并不完全履行环境影响评价制度和"三同时"制度，处理场的废水、废气大多任意排放，严重污染空气和地下水。建场时没有规划垃圾场基础路面的建设，垃圾清运过程缺乏管理，没有按规定进行加盖封闭。垃圾场保卫工作不严密，使防渗漏土工膜经常被窃取，垃圾渗入地下水，影响水质。生活垃圾管理部门的执法范围集中在县市区、中心镇，农村生活垃圾的管理几乎处于空白状态。垃圾处理费用主要来源于国家和地方财政的末端管理，且资金大都用于垃圾的收运，谈不上垃圾的无害化处理。而垃圾处理收费工作不易，城镇人员普遍存在虚报瞒报相关事实现象，企业实际征收率不容乐观。

（3）公民环保意识不高，实行垃圾分类收集有难度。城市垃圾大部分是混合收集，农村居民除把废报纸、废家具等卖掉外，其余生活垃圾直接一扔了之。虽然最近几年，政府也一直在倡导居民进行垃圾分类，但效果却不尽如人意。大多数垃圾分类设施沦为摆设，流于浮表。目前垃圾分类和回收的工作主要依靠收废品的流动人员自发进行。一些回收利用价值较高的垃圾，诸如塑料、玻璃、金属、纸张制品等大部分得到了有效处理。但厨余垃圾却因为设备运行和维护成本庞大，技术尚不成熟，且管理方面存在缺失，一直都难有进展。对其他剩余垃圾，国际通行做法是焚烧处理，而垃圾焚烧厂对资金、技术、人才等各方面的投入要求都很高，在国内施行也是困境重重。

二、公民生态意识的转变与重建

生态环境问题都是与人们的生产生活息息相关的问题，因为人们的"自私"行为而被不断扩大化，已严重威胁到人类的生命健康和永续发展，破坏了人与自然和谐统一的关系。

在经济和科技高速发展的今天，人们对生态环境治理采取了众多措施和高科技技术手段，但依然难阻生态危机的蔓延和扩大。人们在不断地尝试、努力和总结的过程中，也认识到生态资源的枯竭和环境的污染等生态问题不能单纯依靠科技来解决，因其既不能够阻止人们的破坏行为，也可能因其过度使用而导致新型污染和二次污染从而使得治理过程更为棘手和复杂。

缺乏责任意识的束缚，人就会过度发挥主体能动性，对自然无节制的索取而不顾忌后果，忽略自然规律及其对人的反作用，那么人对自然的胜利就只会遭到自然的惩罚。20世纪30年代至70年代的世界"八大公害"事件依然在今天不断重演，生态资源的保护和生态问题的治理，从根本上来说，要从人们的生态意识转变和重建入手，放弃绝对的"人类中心主义"的误区，培养或强化对自然的责任意识，在对自然改造利用前后都要主动积极地承担责任，并吸取自然对人类惩罚的教训，努力实现与自然生态的和解，培育正确的生态文明意识。

公民生态文明意识培育就是培育公民在处理人与自然关系时的正确立场、原则和方式。这是一种新的德育教育与实践相统一的活动，它倡导人们在追求物质财富的同时，遵循生态发展规律，尊重自然规律，善待环境和万物，正确地处理好人与自然的关系。对于社会主义生态文明建设来说，即要求我们加强公民生态文明意识培育，使可持续发展观念贯彻人的意识和生产生活行为之中。

（一）培育生态文明忧患意识

生态文明忧患意识是生态文明意识培育中最基础的部分，是指人类面对日益严重的生态危机而产生的紧迫感和忧患意识。它至少包含两方面的含义：一是生态系统自身是否安全，即其自身结构和功能是否保持完整和正常；二是生态系统对于人类是否安全，即生态系统提供给人类生存所需的资源和服务是否持续、稳定且无害，两方面相互交叉，不可分割。简言之，在生态文明忧患意识的作用下，人类首先关注生态系统的完整性与稳定性；其次，人类关注生态系统为自身所提供的资源是否无害且有可持续性。生态安全意识所要寻求的人的健康、安乐、基本权利、生活保障来源、必要资源、社会秩序和人类适应环境变化能力等方面不受威胁（图7-1）。

从20世纪国际上发生的震惊世界的八大公害事件到21世纪人类共同面临的大气污染、生物资源枯竭、淡水资源紧缺、土地荒漠化等生态环境问题，人们不仅仅是感受到了自然对人类的破坏行为的报复和反击，更应该正确且深刻地认识到这些问题的严重性和继续发生发展下去的对人类社会生存和发展的灾难性后果。公民只有先认识到现在面临的生态危机的严重性，有着生态忧患意识，才能真正行动起来身体力行地自觉地保护环境。

实践证明，环境和经济发展不可能完全、绝对平衡。因此，人们在进行经济建设的过程中，要始终有生态安全、生态忧患意识，要改善和优化人与自然及人

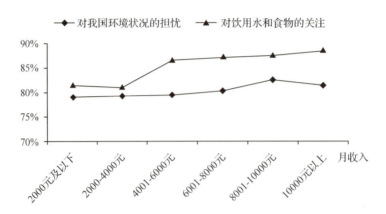

图 7-1 不同收入群体的生态忧患意识比较

与人的关系,在推进经济发展的过程中,要尽可能地遵循生态系统的调控规律,构建有序的生态运行机制,构建"自然—人—社会"生态系统,加强生态建设和环境保护以减轻对生态环境的破坏,使生态环境与经济社会发展高度协调。

(二)提升生态文明道德意识

道德作为社会意识的特殊形式,对于社会发展具有重要的功效和能力,是处理个人和他人、个人与社会、个人与自然之间关系的行为规范及实现自我完善的一种重要精神力量。生态文明道德意识是道德的一种意识形态,不仅是人们对于人与自然生态关系的关乎道德的认知,更是人们在处理人与自然之间关系方面等一系列行为的具备的道德品行、道德人格及所遵守的行为规范的整体反映。

生态道德意识的兴起缘于人与自然生态关系、人与人的社会关系的矛盾。生态道德意识强调既保证人类的生存与发展需求,又不损害自然可持续发展的权利;既保证人类可以获取自然资源,创造发达的物质文明,又维持地球生物和环境的多样性;既保证当代人生存发展的权益,又不损害子孙后代生存发展的权利。生态道德意识具体体现为生态道德观念、生态道德情感、生态道德意志、生态道德人格等。其中生态道德观念、生态道德情感和生态道德意志是生态道德意识的核心。生态主体首先获得生态认知,在生态认知的基础上形成生态道德观念,在生态实践的基础上形成生态道德情感,生态道德情感的凝结和积淀便是生态道德意志。生态道德观念、生态道德情感、生态道德意志三者相互作用、相互渗透、相互影响,共同促进生态主体付出有利于自身生态化生存、有利于生态整体可持续发展的实践。塑造生态道德意识,就要树立生态道德观念、培养生态道德情感、形成生态道德意志。

生态道德观念的树立,就是要通过生态教育,使人们普遍认识到人类生产生活绝不能违背自然规律,否则,就会受到大自然的惩罚;使人们真正地认识到人与自然是一种相互依赖、彼此制约的关系，只有尊重自然价值、顺应自然规律、自觉保护自然才能实现人与自然和谐统一。生态道德情感的培养就是要以生态道德观念促进人对自然的敬畏之情与人的生态操守的有机统一，促进人的生态道德精神和生态道德人格形成。形成生态道德意志，关键是要使政府和企业充分认识到经济社会发展与生态环境保护的重要关系，增强保护生态的责任感和使命感，促使政治、经济、文化、社会、生态的全面协调可持续发展。还要促使个人在日常生活中注重节约，反对过度消费，提倡与经济社会发展水平和个人收入水平相适应的适度消费、绿色消费，更加强调人的物质生活和精神生活全面协调发展，最大限度地减少物质生活对资源的损耗和对环境的污染。

生态文明道德意识本质上扩展了人伦道德的对象范围。生物平等主义主张将人类道德关怀的范围扩展至整个生物界的所有生命体，而施韦泽的"敬畏生命"论更是提出"一个人只有当他把所有的生命都视为神圣的，把植物和动物视为他的同胞，并尽其所能去帮助所有需要帮助的生命的时候，他才是道德的"。

（二）强化生态文明责任意识

生态责任意识指每一个人对生态保护均负有责任，生态能否有效得以保护，关键取决于公民能否意识到自己对生态保护的责任和由此所决定的他们实际参与生态保护的程度。公民对生态保护的责任，一方面是指他们有责任使生态不受破坏，自觉限制各种破坏生态的行为；另一方面是指他们有责任促进生态建设，自觉从事各种有益于生态发展的活动。生态文明责任意识是人类对自己的生态行为承担责任的意识。在人类与生态环境的紧张关系中，人类起主导作用，应负主要责任。整个生态是否持续平衡、能否得到保护，取决于公民能否意识到自己对生态保护的责任。这种责任包括有责任使生态不受破坏，限制破坏生态的行为，有责任从事有利于生态发展的活动，自觉参与生态文明建设实践，投入到治理已有生态问题的活动中去，促进生态建设（图7-2）。

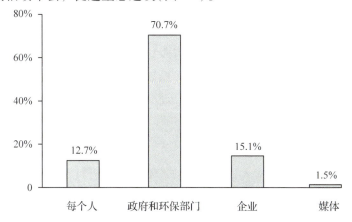

图7-2　受访者认为"美丽中国"建设的责任主体

(四)倡导生态文明消费意识

消费是人类社会生活和经济活动的重要组成部分,促进着社会经济的发展和人的自我价值的实现。生态文明消费意识即科学的消费观,引导人们正确认识和处理经济发展、人民生活水平的提高与生态环境保护的关系,它以可持续发展作为立足点和前提,提倡适度消费、理性消费,杜绝"一次性"消费、过度消费等不合理行为,使人们对自然生态的消费与自然生态的承载能力相协调,与物质生产发展水平相适应,有助于实现节约资源和保护生态的双重效应(图7-3)。

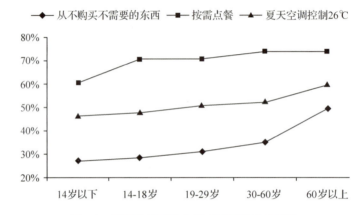

图7-3　不同年龄受访者的理性消费意识比较

从中国的现实国情看,我国是一个人口众多、资源紧缺、环境脆弱的国家,经济社会发展水平还较低,人民收入水平和发达资本主义国家相比还有很大差距,高消耗的消费方式在我国只会带来更为严重的经济和生态负担,而对环境保护可以投入的资源、金钱乃至技术水平也跟发达国家有着深远的差距。但是在现实的消费生活中,奢侈消费、攀比消费、超前消费等消费主义方式在我国普遍存在,更是引发了其他一系列的问题。因此,培育一种理性的消费意识,选择一种更加适合我国国情的消费模式,对我国经济社会长远健康发展和人民生活水平的稳步提升至关重要。

为了培育国民的生态消费意识,政府应从宏观角度制定政策,约束人的意识和行动,促进文明消费、适度消费,积极倡导科学合理的消费理念,合理分配公共消费资源。同时还要用法律和制度制止过度消费和奢侈消费,特别是要鼓励节约资源的绿色产品的研制和生产。

(五)培养生态文明法治意识

生态文明法治意识是指人们自觉遵守《环境保护法》以及有关环境保护和资源保护的法律、法规、规范的观念,即通过生态文明教育,使人们知法、懂法、守法。这种法治观念是生态文明法治化建设的基本要求,也是生态文明建设走上法治轨道强有力的保障，更是现代社会依法治国的必然产物。因此，需要开展法治教育，提高公民环境保护的法律意识，使公民可以运用法律维护自身的环境权益，并敢于对污染行为进行检举和控告（图7-4）。

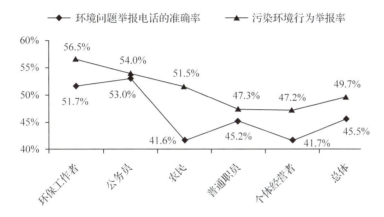

图 7-4　不同职业受访者的环境法治意识比较

目前，我国正在逐步构建以《中华人民共和国环境保护法》为主体的综合性的环境治理法律法规体系。我们要清醒地认识到，人们主观上对环境问题的认识水平和为此采取行动的意愿程度，不但是社会文明进步的一个标志，同时从环境政策角度看，还降低了环境政策实施的成本。对于今后的环境保护工作，重点是要培育国民的生态法制意识，要不断地从生产方面和生活方面，在社会各领域采用多种形式和多种手段来促进公民知法、懂法、守法，要不断强化公众的环境知情权、监督权，以及依法维护自身环境权益的环境诉讼权，引导和规范公民的生态文明行为。

（六）完善生态文明审美意识

生态审美是美学在当前生态文明新时代的新发展、新视角、新延伸和新立场，是一种意境的动态审美，是一种包含着生态维度的当代生态存在论审美观。

生态审美以人与自然的生态审美关系为出发点，包含人与自然、社会以及人自身的生态审美关系，体现为生命关联和生命共感。人若仅满足于物质生活享受，而没有精神追求，完全依附于现实而不能超越现实，这是人性不健全和失去想象力的主要表现。审美活动恰好能发展人性，培养想象力和创造力，是使人获得真正自由的必由之路。

生态审美是现代科技的时代精神，人类正欲从"人类中心主义"走出，回归自然大家庭的怀抱。生态审美在过程中影响生态价值观、生态伦理观。

生态审美是人与自然、人与社会及人自身达到动态平衡的媒介。尽管生态伦理与生态审美以不同的视角来审视地球生态系统过程，两者在研究对象和研究方法上不同，但在过程中，生态审美的"本真"意境常常对现实的伦理行动起到一种修正的作用，使其更贴近自然，符合生态生存；并且在终极目标上，两者的内在价值是统一的，外化为人与自然、社会的和谐共生，真、善、美相统一的自由人生境界。

三、公民生活方式的转变

生活方式指不同的个人、群体或全体社会成员在一定的社会条件制约和价值观念指导下所形成的满足自身生活需要的全部活动形式与行为特征的体系。保护自然环境、建设生态文明、促进人与自然的和谐共生，就需要人们改变以往的生活方式，以全新的、符合生态文明建设的要求来作为自己生活行为的指引和标准。

（一）倡导健康合理的消费模式

在以往人们的观念当中，自然资源是取之不尽、用之不竭的，为了满足生活的需要，直接导致了生态系统被破坏以及生活环境被污染。因此，倡导健康合理的消费模式，是十分有必要的。人们不仅要在生产当中改进技术提高资源使用率，还要在日常生活当中改变过去的消费习惯，让绿色消费成为时尚和高素质的象征。

1. 适度消费

适度消费即合理消费，符合需求而又不过量、不过度更不致有危害，是量入为出的综合考量。人们根据自己的实际情况和实际需要来确定消费量，这对于我们建设生态文明以及社会主义现代化建设是十分有必要且有深远意义的。另一方面来说，我们的消费水平应当参照当时的社会发展情况和家庭的收入水平来确定，无论对一个国家来说还是个人来说，适度消费既要反对过度浪费，也要反对过分节约。

虽然提倡适度消费，但绝不是压制正常的消费，而是在消费前要以自身具体情况而定，这才是适度消费。过度消费消耗了大量的资源，远远超出我们的需要量，这就会造成资源浪费的情况，不利于整个人类社会发展。反观过分节约，也是不提倡的。因为人的需求是有一定量的，如果满足不了基本的需求，过分节约，那不但生活不幸福，也不利于健康心理的成长，生活质量也会下降，甚至更影响国家经济发展的拉动内需和促进消费，从而损害经济的增长。

2. 绿色消费

绿色代表着健康和生命，绿色消费即是可持续发展经济，资源的回收再利用、废气、废水、废热的收集、处理和循环利用都属于绿色消费范畴，而细化到人们的生活中，人们穿旧的衣服做成抹布或布条拖把等都是绿色消费行为在生活中的具体体现。从本质上来说，绿色消费是指在消费活动中，不仅要保证人们当代的消费需求和安全、健康，还要满足人们后代的消费需求和安全、健康。

它要求我们在消费过程要选择对生态环境没有危害的产品、选择对身体健康有益的产品，同时产品使用过后要有科学、合理的回收和再利用的处理方式，避免污染、危害环境，逐渐使人们消费观改变，转为绿色的、节约的消费观。

因此，首先要树立科学消费观，对铺张浪费等不良行为要坚决反对。对于给社会造成不良影响的要坚决查处，决不姑息。并大力倡导可持续的消费观，提高消费者自身素质、道德修养，让绿色消费世代传承下去。

（二）倡导低碳生活方式

低碳生活方式是更健康、更环保、更安全的生活方式，它在资源的消耗方面比以往更低，但利用效率却更高，有利于人与自然和谐相处，是对人类生活返璞归真的倡导。每一个人都是社会的细胞，是社会的重要组成成员，所以，每一个人的生活方式总合起来就会对国家甚至整个世界产生巨大的影响。因此，生态文明建设要倡导低碳生活方式，首先应从每一个人开始。只有每一个人都拥有节约资源、低碳环保的观念，才能逐步推进生态文明型生活方式的形成。

1. 养成良好习惯，避免高能耗浪费

随着人们生活水平的提高，人们的节俭意识却越来越淡漠，因为浪费的习惯而产生的能源消耗甚至高能耗均越来越多。例如，在办公场所，经常会发现即使非工作时间也电灯长亮、水龙头细水长流；在超市里，人们为了购物方便而不自觉关闭冰柜门仓，致使冰柜能耗加倍；在家里，因为夏季炎热很多人都贪图享受空调的冷气，然而空调制冷温度的设定不同也有着巨大的能耗差异，很多人都习惯于把空调设置温度很低，殊不知28℃才是适宜人体健康并最节能环保的制冷温度。

2. 逐步减少并最终消除"一次性消费"

一次性消费在日常生活中随处可见，如一次性的筷子、饭盒、塑料袋等。这种一次性产品不仅破坏环境生态、浪费资源，而且其作为垃圾处理会造成严重的环境污染。据统计，我国每年要消耗一次性筷子达到450亿双，而要生产这么多筷子则要大约砍伐250万棵大树，可见，仅这一项"一次性消费"就对森林资源产生了巨大破坏。

3. 绿色出行，拒绝奢侈消费

我国每年新增机动车数量惊人，不仅导致城市空间资源的过度消耗，造成交通能耗大量增加。更为严重的是，交通拥堵导致汽车通行不畅，汽油燃烧不充分就被作为废气排放至空气中，加剧大气污染和雾霾灾害。所以，应当鼓励人们绿色出行，选择节能环保的出行方式，如骑自行车或步行，或选择没有污染的清洁能源机动车、锂电电瓶车等。

生态文明的生活方式，要靠社会的积极倡导，政府的政策支持，学校和传媒的推广教育，更重要的是每个人思想觉悟的自觉提升，自身素质的不断提高。只有每个公民把保护环境、保护生态作为自己生活的行为准则，那么我们的生活环境才会更加美好。

第二节 加强生态环保学习与实践

一、加强理论学习

(一)注重学习科学理论

进行生态文明建设是当今世界的趋势，这标志着人类社会正在向新的文明迈进。中国的生态文明建设其理论依据来自于我国古代儒家、道家和佛家三家的生态思想、马克思主义生态思想以及我国现代化建设实践中以"科学发展观""美丽中国"等为代表的一系列的科学理论。

1. 我国古代思想家生态文明思想

生态环境是人类赖以生存和发展的基础。中国古代生态思想源于农耕文明，在旧石器的采集、狩猎期形成了生态思想萌芽，从新石器时代以来就进入了农耕文明，农耕文明则促使生态思想由萌芽走向人类生态学思想的逐步形成。

在我国传统文化中常常能见到"天人关系"的说法，这也是我国传统文化对于人与自然关系的形容。我国古代各家学说对于此命题论述的很多，都提出了如何对待人与自然关系、尊重爱护自然的智慧。在中国学说中尤以儒、释、道三家最为丰富。

(1)道家认为万物包括人类都属于大自然中的存在物，超越天道即自然规律而生存的人是不存在的。也就是说人不能违逆自然，必须顺应天道，按自然规律办事，这样才能与自然和谐相处。"道法自然"是老子生态思想的核心，老子说："人法地、地法天、天法道，道法自然。""道"就是规则的意思，这里指的是"天"要受制于"规则"，而规则要受制于自然界，这一切都不以人的意志为转移。所有的一切都是以自然为根基的，自然慢慢演化出万物，万物统一于自然，而人类社会则是组成自然界的一部分。老子的"道法自然"可以说为我们构建了一副万物和谐相处的理想境界。

(2)儒家是中国传统文化的主流，与道家一样，也认为人是自然界的一部分，应当对自然界顺从和友善。"天人合一"说的是人与万物共同处于宇宙这个大系统内，也就是说人与自然同属于一个整体不可分割，强调人与自然的协调。可本来人与自然之间和谐的关系却因为我们过度的向自然界索取压榨而变得高度紧张。分析"天人合一"我们就能看到其本质是肯定人与自然界二者相统一，其中人是主体，自然界是客体。正所谓"天地变化，圣人效之"、"与天地相似，故不违"，天地万物的内在价值儒家是肯定的，并且儒家主张仁爱之心，用仁爱之心同自然界相处。因此，人类与自然之间是平等的，人类应像爱护我们自身那样爱护自然界。

（3）佛教是中国传统文化的重要组成部分，其中的生态思想至今值得我们学习借鉴。佛教认为，一切即众生，众生均有佛性，都可以成佛。依据这一原则制定了五戒，其中之一便是"不可杀生"。佛教以慈悲为怀善待一切、尊重生命，再小的事物和生命也应珍惜和保护。佛法认为一切生命能够得以存在完全是自然界予以维系的，自然界为生命提供必需的存在空间。这就是佛学"依正不二"原理，人与自然之间虽有差别，但本质是平等的，充分说明了生命与外界自然环境是不可分割的。

2. 马克思主义生态思想

历史唯物主义认为，社会存在代表着社会生活的物质方面，其中包括地理环境、人口因素和生产方式三个要素。地理环境是人类社会赖以存在和发展的各种自然条件的总和。它包括气候、土壤、山脉、海洋、河流、地形地貌、矿物和动植物分布等。地理环境对人类社会的发展具有不可忽视的重要影响，主要表现在：它为人类生活和社会生产提供资源，它直接或间接地影响一定社会的经济发展，它还在一定程度上影响着文化发展等。那些环境良好、人口质量比较高、人口分布合理的地区发展的水平就快；那些环境污染、交通不畅、人口结构不合理的地区发展的速度就慢。由此可见，地理环境的优劣对社会存在的发展产生重要的影响。不管自然环境对社会发展产生多么重要的影响，这种影响都是通过人们的实践活动体现出来的，自然环境本身并不决定人类社会的性质、面貌和发展过程。人类不仅要适应和利用自然环境，而且还要不断改造自然环境，让它成为人类社会得以持续发展的物质条件。

在马克思主义丰富的生态思想当中，人与自然的关系无疑是其内容的核心所在，马克思和恩格斯指出人与自然是和谐共生而且辩证统一的。第一，自然界不依赖人的意识并先于人和人的意识而存在，"人本身是自然界的产物，是在自己所处的环境中并且和这个环境一起发展起来的"。人是自然的产物，无论有没有人的出现，自然界的发展都有其自身的规律，与人类的意志毫无关系。第二，由于自然界是人类实践活动改造的对象，那么在实践活动中人类可以利用自身所发明的科学技术来调整人与自然之间关系，达到二者和谐、可持续发展的目的。第三，人类的生存与发展必须靠人与自然之间互相协调。恩格斯分别列举了美索不达米亚、希腊和小亚细亚等地区居民由于破坏当地生态最终导致将自身毁灭的事实，说明了自然界对于人类这种不适当的行为是具有巨大反作用并招来极其严重的后果。

所以人虽然能影响自然，但自然对人的影响更大，这就要求人类的发展必须与自然界协调同步，不然就会受到来自自然界的反作用。自然界是客观的，人类必须予以承认，并"认识到自身和自然界的一致"，摒弃"那种把精神和物质、人类和自然、灵魂和肉体对立起来的荒谬的、反自然的观点"，人类同自然之间的矛盾若想化解，必须由人类这边开始，要尊重自然、保护自然，学会与自然和谐相处。通过以上论述得知，人与自然之间的关系问题是马克思主义生态思想最为核心的内容，这使我们认识到保护环境、爱护自然对于人类社会发展的重要性，同时也为中国的生态文明建设的顺利进行提供了理论依据。

3. 科学发展观

胡锦涛同志运用马克思唯物主义历史观和辩证法以及科学方法论来处理人与自然的关系，并在2003年江西考察工作时提出科学发展观，科学发展观继承发扬了我国传统生态伦理思想。

科学发展观是在总结我国改革开放发展实践的基础上形成的。我们要实现全面建设小康社会的宏伟目标，就必须要促进社会主义物质文明、政治文明、精神文明和生态文明协调发展。在经济发展中，若不重视人与自然之间的和谐，就会导致增长失调，最终制约经济发展。

科学发展观是在借鉴和吸收国外发展理论和经验教训的基础上提出的。二战后，各国都开始片面追求经济高速增长，随后出现生态恶化、失业增加甚至政治动荡等一系列问题。科学发展观汲取这些经验教育。扩展中国特色社会主义事业布局从三位一体到四位一体，走协调发展之路。

科学发展观的核心是以人为本，强调的是人与自然的全面协调。生态文明也是旨在追求实现人当前的和长远的利益，保持可持续发展。所以说，生态文明也是"以人为本"的。"科学发展观的重要内容之一，就是强调社会经济的发展必须与自然生态的保护相协调，在社会经济的发展中要努力实现人与自然之间的和谐，要走可持续发展的道路。"

可持续发展，就是"要促进人与自然的和谐，实现经济发展和人口、资源、环境相协调，坚持走生产发展、生活富裕、生态良好的文明发展道路，保证一代接一代的永续发展"。科学发展，不是为了保护环境不发展，也不是为了追求经济以环境牺牲为代价，而是在实现人与人和谐中真正实现人与自然的平衡。科学发展与生态文明追求的价值也是一致的。科学发展观作为我国生态文明意识培育的理论依据，其"确立人与自然的辩证统一，和谐相处的观念，追求自然环境，经济，社会的协调发展，解决人类无限发展的需求和自然资源有限性这样一对矛盾。其着眼点是对自然环境的呵护，最终关怀的是人类的生存和发展"。

4. 树立人与自然和谐相处的"美丽中国"生态文明观

党的十八大、十九大都明确提出，加快生态文明体制改革，建设美丽中国。2018年政府工作报告提出，建改天蓝、地绿、水清的美丽中国。"美丽中国"生态文明观是我国经济社会发展的现实需要，是贯彻落实科学发展观的内在要求，是培养全体人民建设美丽中国的指导思想和行动指南，是大学生生态文明教育的指导思想和重要内容。

马克思指出，"理论一经掌握群众，也会变成物质力量"。这告诉我们，人民群众只要掌握某种思想、某种观念、某种理论，就会转变为强大的物质力量，产生巨大的作用，并对实践起指导和促进作用。换言之，只要掌握"美丽中国"生态文明理论，就会转变思维方式和观念，认识到生态环境保护对人自身生存的重要性，树立全新的思想观念，并身体力行、亲身实践、自觉地参与到保护生态资源的行动中去，时时刻刻按照"美丽中国"生态文明的要求去工作、学习、生活，带动和影响身边的人去行动，就会产生强大的合力，促进美丽中国建设的顺利进行。有鉴于此，我们必须坚持把人与自然和谐相处的"美丽中国"生态文明观融入生态文明教育中，培养"美丽中国"生态文明观。

(二)知行合一，学以致用

学习和掌握科学理论的根本目的就是为了学以致用，把丰富理论知识应用于社会实践中，在实践中发挥知识和深化知识。大学生生态科学理论知识的学习、生态意识的培养和生态责任的承担是生态文明建设的本质要求，是时代发展的需要，是大学生自由而全面发展的内在要求。所以，我们要明确定位当代大学生学习生态科学理论所要承担的生态责任的角色。

1. 生态文明建设者

生态责任的承担，需要一批维护生态建设的中坚力量，大学生作为社会中较为优秀的群体，国家重点培养的人才，具有较高的科学文化素质和觉悟，容易按生态文明建设的要求，塑造自己，约束自己，做优秀的生态文明建设者。

2. 生态环保宣传者

生态环境问题的改善，离不开生态文明宣传，更需要具有生态责任思想的宣传者去打破人们旧的观念障碍，通过宣传，让公众在发展中加入生态的元素，以保护生态为底线。"大学生作为当今时代知识文化的代言人之一，其思想行为能够对社会产生巨大的影响，因此，大学生能够通过其生态人格向社会传递科学的生态思想，感染周围的群众，使得社会产生一种人与自然和谐相处的氛围，最终能够让全社会联合起来为保护生态环境做出贡献。"大学生可以参加到环保组织中，也可以把在学校所学的生态科学知识，对环境现状的认识及未来的生态观告诉身边的人，做生态责任的宣传者，实实在在地为生态文明建设出力。

3. 生态责任意识引领者

当代大学生是社会主义生态文明观念的主要传播者，也是传播和继承生态责任意识的重要力量，大学生这一特定角色所表现出的生态道德面貌，是大学生在与自然相处中不断超越自我、提升生态素质的精神动力，是一种具有主人翁精神的生态责任意识。生态危机的解决，环境的保护，需要大学生在社会上践行，在家里影响和教育其他家庭成员。当今，独生子女的家庭居多，孩子是家庭重心，他们良好的言行举止可以有效地直接影响和带动家里的其他成员。可以说，当代大学生具有承担生态责任引领者的潜力和条件。而且，大学生的人数也越来越多，这个庞大群体的生态责任意识的提高是解决生态危机的关键。因此，大学生必须明确自己在生态责任中所承担的责任和义务，敢于承接引领者的角色，做"绿色的引领者"。明确大学生承担生态责任的角色定位，有利于大学生明确自己的角色，肩负起建设生态文明的重任。

知识链接

世界环境日

1972年6月5日在瑞典首都斯德哥尔摩召开《联合国人类环境会议》，会议通过了《人类环境宣言》，并提出将每年的6月5日定为"世界环境日"。同年10月，第27届联合国大会通过决议接受了该建议。世界环境日的确立，反映了世界各国人民对环境问题的认识和态度，表达了人类对美好环境的向往和追求。

2018年世界环境日的主题为"塑战速决"，主办国为印度，呼吁世界，齐心协力对抗一次性塑料污染问题。中国生态环境部2018年3月23日发布2018年中国环境日主题是"美丽中国，我是行动者"，旨在推动社会各界和公众积极参与生态文明建设，携手行动，共建天蓝、地绿、水净的美丽中国。环境日期间，生态环境部将围绕环境日主题举办主场活动，各地也将围绕环境日主题开展主题实践活动，广泛凝聚社会共识，营造全社会共同参与美丽中国建设的良好氛围。

二、注重联系实际

（一）走进生态环境

1. 以建设生态校园及文化为依托

高校应该充分借鉴传统校园文化建设的经验，引领大学生融合人与自然、人与人、人与社会和谐共生、持续发展的理念，亲身投入到建设生态校园文化的行动中来，在校园物质文化、精神文化、制度文化上体现出人与自然发展的持续性、整体性、协调性、和谐性，构建起新型的校园生态文化氛围，培育学生的生态情感，陶冶学生的性情，努力创造一个优美的人文环境，使学生置身其中，养成爱护校园、保护校园、建设校园的自觉生态行为习惯，逐步树立生态文明观，践行生态文明理念（图7-5）。

图7-5　生态校园建设

一是加强校园物质文明建设。高校在校园整体规划、硬件建设和软件配置以及校园绿化美化等方面都应体现人与自然和谐相处、共同发展的理念，同时，鼓励学生参与其中，对校园的各项建设提出生态文明角度的意见，尊重学生的合理化建议和诉求，把大学校园建成一个人文和自然景观设计布局合理，功能齐全，绿色葱葱的生态示范园区，体现出优美、自然、生态、绿色的可持续发展理念。

二是加强校园精神文化建设。在建设生态校园文化中，高校应努力在校风、教风、学风上加强生态文明的建设和发展，学生热爱学校，乐于身处校园的生态环境中，就能激发学生的生态环保兴趣和欲望，增强环保行动和理念。从而形成教学相长、师生互动、探索性学习为主要教学方式的教学模式和理念，培养学生健全的人格、创新的精神、创造的能力，培育学生树立人与自然和谐发展、永续发展的文化价值观念，帮助学生重建精神理念、提升人性、开发精神资源，进而培育学生树立人与人、人与自然、人与社会和谐发展的生态文明观（图7-6）。

2. 积极开展生态文明社会实践

生态文明教育不是单纯的理论教育，也不是仅仅依靠校园这个载体就可以完

图 7-6　生态校园文化石

成和实现的,它需要大量的社会实践和相关知识与经验的积累与升华,因而各高校应该积极组织大学生走入自然生态进行社会实践,让大学生真正走进自然,走入生态环境之中,在与自然生态发生最直接、最真实的接触中,吸收、深化生态文明的先进思想,激发保护自然环境的自觉意识,这才是提高生态教育成效的重要途径。

知识链接

湖南"爱鸟周"

　　每年 4 月 1 日至 7 日是湖南"爱鸟周"。自 1981 年以来,年年举办"爱鸟周"活动,向社会、群众广泛传播生态文明理念,有力推进了鸟类资源保护,已成为全省鸟类保护宣传的重要平台和生态文化节庆的响亮品牌。

　　2015 年 4 月 1 日上午,由湖南省林业厅、衡阳市人民政府主办,湖南环境生物职业技术学院等协办的 2015 年湖南省暨衡阳市"爱鸟周"活动在衡南江口鸟洲省级自然保护区江洲村启动,呼吁大家关注候鸟保护,守护绿色家园。

　　"爱鸟周"活动能够有力推进鸟类资源的保护,广泛传播了生态文明的理念,促进了人与自然的和谐,通过活动的开展,加大了爱鸟宣传力度,提高了社会公众对野生动植物特别是鸟类的认识,关注鸟类、关注野生动植物,自觉提高识鸟、爱鸟、护鸟、保护野生动植物和保护生态环境的意识,在全省形成了爱鸟护鸟的良好氛围,大家携手同行,肩负起保护好鸟类资源的重要责任,使野生鸟类资源得到有效保护,进一步形成人与自然和谐的良好风气(图7-7)。

图7-7 大学生参与2015年湖南省暨衡阳市"爱鸟周"活动

但是,仅仅依靠学校的力量也很达到理想的生态教育成果。大学生根据相同的理想与兴趣爱好结合在一起,形成的社团组织是各高校开展大学生活动的最常见也是最为重要的组织。而以环保活动为内容的社团活动,一方面可以让大学生在自主的实践中提高理论水平和自身的能力;另一方面则可以让大学生主动投入到保护环境的实践活动中,不断提升他们的生态意识和生态道德素养以及生态保护的技术和经验。社团活动的开展有效地弥补了课堂教学和学校统一组织学生参加社会实践的局限性和不足。因此,在大学生生态教育中应该充分认识大学生社团在学生当中的积极影响,并通过有效途径发挥其重要作用。作为学校,应该积极鼓励与支持大学生进行以保护环境为主题的社团的建立,并加以指导。作为大学生社团,应该依据活动的范围、活动的内容、活动的形式等各种不同的需求,来组织多样的生态类的保护和公益活动,让更多的大学生都能够参与进来(图7-8)。

(二)融入社会生活

"美丽中国"生态文明观首先是以"以人为本"作为出发点和立足点,所以,生态文明教育要贯彻以人为本的教育理念,发挥大学生在自我责任意识教育的主体地位,尊重学生的个性差异,鼓励学生用科学的怀疑态度和批判的精神去面对现实问题,通过自己的独立思考和判断,得出自己的结论。

教育的根本是提高人的知识、素养和技能,是为了人类社会的长远发展。可

图 7-8 高校生态文明协会走进社区开展志愿者服务

见，教育是有责任心的，而责任是有历史性的，不同的时代，个体承担的责任也不一样，每个时代的责任教育都蕴藏了那个时代独有的内容，所以，生态文明教育的内容和目标也应该贴近生活，融入生活，服务于现实生活。

对于大学生的生态责任教育来说，要切实以人为本，在接受社会现实的基础上，既不能要求太高——要求人人都生态利益至上、不考虑个人的利益；也不能要求太低——可以过度挥霍生态、浪费资源仅为了满足人们的需求。生态文明教育，要先教育大学生对自己的行为要符合环保要求，对身边的环境卫生负责，对自己的家庭生活所需勤俭节约，再过渡到社会、国家这种大环境的生态责任。

因此，当代大学生生态责任意识教育，要贯彻以生为本的生态责任意识教育理念，回归现实生活。要让大学生看清生态环境现状，意识到自己所肩负的生态责任，关注生态文明时事，走入社会，在现实中一步一个脚印地承担起时代赋予他们的生态责任。

知识链接

生态公民

具有生态文明意识且积极致力于生态文明建设的现代公民就是生态公民。生态公民是建设生态文明的主体基础。具有以下四个显著特征。

1. 生态公民是具有环境人权意识的公民

作为一项全新的权利，环境人权主要由实质性的环境人权与程序性的环境人权所构成。实质性的环境人权主要包含两项合理诉求：一是每个人都有权获得能够满足其基本需要的环境善物（如清洁的空气和饮用水、有利于身心健康的居住环境等）；二是每个人都有权不遭受危害其生存和基本健康的环境恶物（环境污染、环境风险等）的伤害。程序性的环境人权主要由环境知情权（知晓环境状况的权利）和环境参与权（参与环境保护的权利）两部分组成。明确认可并积极保护自己和他人的环境人权，是生态公民的首要特征。

2. 生态公民是具有良好美德和责任意识的公民

生态公民不是只知向他人和国家要求权利的消极公民，而是主动承担并履行相关义务的积极公民。在创建生态文明的过程中，现代公民不仅需要具备传统公民理论所倡导的守法、宽容、正直、相互尊重、独立、勇敢等"消极美德"，还需具备现代公民理论所倡导的正义感、关怀、同情、团结、忠诚、节俭、自省等"积极美德"。其中，关心全球生态系统的完整、稳定与美丽是生态公民最重要的美德之一。

3. 生态公民是具有世界主义理念的公民

生态公民能清醒地意识到环境问题的全球性以及生态文明建设的全球维度。他们不再把国家或民族的边界视为权利和责任的边界，而是在世界主义理念的引导下积极地参与全球范围的环境保护。具有世界主义理念的生态公民不仅关心本国的环境保护和生态文明建设，而且积极地关心和维护其他国家的公民的环境人权，自觉地履行自己作为世界公民的义务和责任，一方面积极推动本国政府参与全球范围的环境保护，另一方面又直接参与各种全球环境NGO（非政府组织）的环保活动，致力于全球生态文明的建设。

4. 生态公民是具有生态意识的公民

整体思维和尊重自然是现代生态意识的两个重要特征。整体思维要求人们从整体的角度来理解环境问题的复杂性。人类在干预自然生态系统时，必须遵循审慎和风险最小化原则，要为后代人的选择留下足够的安全空间。

尊重自然是现代生态意识的重要内容，也是生态文明的重要价值理念。尊重自然的前提是认可人与自然的平等地位，既不对自然顶礼膜拜，也不把自然视为人类的臣民和征服对象，而是把自然当做人类的合作伙伴。

第八章
绿色低碳 生态文明的引领示范

第一节 低碳生活 在我身边

2009年哥本哈根气候变化峰会的召开使全世界掀起了对于"低碳"问题的热议。低碳生活可以理解为：减少二氧化碳等温室气体的排放，一种低能量、低消耗、低开支的生活方式。其核心就是要最大程度地节约现有能源，减少碳的排放；其表现形式主要是在生活活动中追求较低的能耗，节约消费，减少浪费并且保障低污染，崇尚绿色和适度消费，反对不当消费、过度消费以及奢靡消费，从而有效地降低自然资源的消耗以及环境所承载的压力。

作为低碳经济基础的低碳生活，要求每一个人都应意识到自己就是低碳经济的直接参与者，低碳经济与每个人息息相关，并将以减少碳排放作为生活的第一要义，诸如开小排量汽车、"光盘"行动、节水节电、使用绿色能源等，衣食住行处处体现低碳和减排的自觉绝非自为，使低碳生活模式深入人心。低碳经济不仅意味着制造业要加快淘汰高能耗、高污染的落后生产能力，而且意味着要引导公众反思那些浪费能源、增排污染的不良嗜好，从而充分发掘消费和生活领域节能减排的巨大潜力。

当前关于低碳生活的认识，普通民众存在着一些误区，成为我们践行低碳生活方式的思想障碍，为此，首先必须澄清这些错误认识。

其一，低碳经济是贫困经济。一直以来，公众对低碳生活存在着误解。有人认为，最贫穷、最不发达的国家，人们消费少、没车开、交通困难，当然是低碳状态。发达国家人均碳排放量都很高，高排放才有高质量的生活。存在这种误解，是因为公众只看到表面现象。在较高发展水平情况下也可以是低碳的，在使用核能为主的法国，人均碳排放比发达国家的平均水平低一半；北欧国家绝大部分依赖可再生能源，丹麦基本上是风电，挪威、瑞典基本上是水电。这些国家碳排放很低，但生活水平很高。

其二，实现低碳生活会降低我们的生活水平。有人认为，从节约资源能源、环保以及减少碳排放等角度看，实现低碳生活不仅是件大事，也是件好事。但从低碳生活的要求看，可能会降低人们好不容易提升起来的生活水平。如人们在生活水平提高的同时，希望通过购买汽车来改善自己的出行条件，希望购买较大的住房来改善自己的居住条件，这些显然与低碳生活格格不入。其实并非如此。低碳的真实含义是要给人们身体健康提供最大的保护和舒适感，对环境影响更小或有助改善环境。全面实现低碳生活与提高居民生活水平之间并不冲突，它们的共同目的都是为了更好地改善人们的生存环境和条件，其中的关键是要找到一个结合点，探索一种低碳的可持续的消费模式，在维持高标准生活的同时尽量减少使用消费能源多的产品、降低二氧化碳等温室气体排放。低碳生活不是一个落后的生活模式，搞低碳经济并不会降低我们的生活品质。在低碳经济状态下，交通便利、房屋舒适宽敞是可以得到保证的，可以采取低碳技术来解决这些问题。因此，过低碳生活并不一定会降低我们的生活品质，相反，生活品质可能还会得到改善和提高。

低碳生活方式的引领是当前要在全社会广泛倡导和普及的重要环保知识之一，更是我国发展低碳经济、走可持续发展道路的内在诉求。

一、低碳经济的要旨与特征

（一）低碳经济概念的由来和发展

低碳经济是低碳发展、低碳产业、低碳技术、低碳生活等一类经济形态的总称。它以低能耗、低排放、低污染为基本特征，以应对碳基能源对于气候变化影响为基本要求，以实现经济社会的可持续发展为基本目的。从内涵上说包括低碳生产、低碳流通、低碳分配和低碳消费四个环节。其实质在于提升能源的高效利用、推行区域的清洁发展、促进产品的低碳开发和维持全球的生态平衡。这是从高碳能源时代向低碳能源时代演化的一种经济发展模式。

低碳经济是在温室效应及由此产生的全球气候变化问题日趋严重的背景下提出的。政府间气候变化专门委员会（IPCC）全球气候变化研究第四次评估报告表明，气候变化的原因除了自然因素影响以外，主要是归因于人类活动，特别是与人类活动中排放 CO_2 的程度密切相关。据世界银行统计，在20世纪整整100年当中，人类共消耗煤炭2650亿吨，消耗石油1420亿吨，消耗钢铁380亿吨，消耗铝7.6亿吨，消耗铜4.8亿吨，同时排放出大量的温室气体，使大气中 CO^2 浓度在20世纪初不到 300×10^{-6} 上升到目前接近 400×10^{-6} 的水平，并且明显地威胁到全球的生态平衡。高碳排放引起了全球碳平衡失调，对人类可持续发展带来了巨大冲击。预测指出，到2050年世界经济规模比现在要高出3~4倍，而目前全球能源消费结构中，碳基能源（煤炭、石油、天然气）在总能源中所占的比重高达87%，未来的发展如果仍然采用这种高碳模式，到21世纪中期地球将不堪重负。

前世界银行首席经济学家、现任英国首相经济顾问的尼古拉斯·斯特恩爵士领导编写的《斯特恩回顾：气候变化经济学》评估报告，全面分析全球变暖可能造成的经济影响，认为如果在未来几十年内不能及时采取行动，全球变暖带来的经济和社会危机将堪比两次世界大战和大萧条，届时，全球将每年损失5%~20%的GDP。如果全球立即采取有力的减排行动，将大气中温室气体浓度稳定在500~550微升/升，其成本可以控制在每年全球GDP的1%左右。欧盟的研究也声称，100多个国家已接受了全球增温2℃的极限值。如果2000—2050年累积

CO_2 排放总量限制在 1 万亿吨以下，超过 2℃ 增温的概率将只有 25%；如果 CO_2 排放达到 14400 亿吨，则超过 2℃ 的概率达到 50%。2000—2006 年，CO_2 排放已有 2340 亿吨，只剩下 7000 多亿吨 CO_2 可在 2050 年之前排放（排放基准年为 1990 年）。把 2020 年作为峰值的拐点年，如果全球温室气体排放这时仍然高于 2000 年水平的 25%，则超过 2℃ 的概率上升为 53%~87%。这说明达到 2℃ 的概率与排放路径有密切关系。人们日益认识到，要解决全球气候变化问题，必须全人类共同携手，改变高碳经济模式。由此，低碳经济模式被提上日程，并得到了国际社会的广泛认可。

"低碳经济"的概念最早出现在 2003 年的英国能源白皮书《我们能源的未来：创建低碳经济》中。2008 年的世界环境日主题定为"转变传统观念，推行低碳经济"，更是希望国际社会能够重视并采取措施使低碳经济的共识纳入到决策之中。低碳经济是一种新的发展模式，是 21 世纪人类最大规模的经济、社会和环境革命，将比以往的工业革命意义更为重大，影响更为深远。低碳经济将创造一个新的游戏规则，碳排放是其新的价值衡量标准，从企业到国家将在新的标准下重新洗牌；低碳经济将催生新一轮的科技革命，以低碳经济、生物经济等为主导的新能源、新技术将改变未来的世界经济版图；低碳经济将创造一个新的金融市场，基于美元和高碳企业的国际金融市场元气大伤之后，基于能源量和低碳企业的新的金融市场正蓬勃欲出；低碳经济将创造新的龙头产业，蕴藏着巨大的商业机遇，这是一个转型的契机，可以帮助企业实现向低碳高增长模式的转变；低碳经济将催生新的经济增长点，成为国际金融危机后新一轮增长的主要带动力量，首先突破的国家可能成为新一轮增长的领跑者。

（二）低碳经济的理论基础

低碳经济是一种新的经济发展形态。国内外许多专家通过不同的理论途径阐释低碳经济的内涵和发展的必要性、可能性以及发展态势等内容，构成了低碳经济的重要理论基础。

1. 生态足迹理论

"生态足迹"这一概念最早由加拿大生态学家 W·雷斯在 1992 年提出，并在 1996 年由 M·魏克内格完善。生态足迹是指生产某人口群体所消费的物质资料的所有资源和吸纳这些人口所产生的所有废弃物质所需要的具有生物生产力的地域空间。生态足迹将每个人消耗的资源折合成为全球统一的、具有生产力的地域面积，通过计算区域生态足迹总供给与总需求之间的差值——生态赤字或生态盈余，准确地反映了不同区域对于全球生态环境现状的贡献。生态足迹既能够反映出个人或地区的资源消耗强度，又能够反映出区域的资源供给能力和资源消耗总量，也揭示了人类持续生存的生态阈值。生态足迹的意义在于可以判断某个国家或区域的发展是否处于生态承载力范围内,如果生态足迹大于生态承载能力,那么生态环境具有不可持续性,必然危及生态安全,导致社会经济发展的不可持续性;反之,生态安全会持续稳定,可以支撑社会经济发展的可持续性。根据"生态足迹"理论,逐渐引申出了"碳足迹"的概念,用于衡量各种人类活动产生的温室气体排量。"碳"耗用得多,导致地球变暖的 CO_2 和其他温室气体也就制造得多,"碳足迹"也就越大。

2."脱钩"理论

1966 年,国外学者提出了关于经济发展与环境压力的"脱钩"问题,首次将"脱钩"概念引入社会经济领域。近年来,"脱钩"理论的研究进一步拓展到能源与环境、农业政策、循环经济等领域,并取得了阶段性成果,当前"脱钩"理论主要用来分析经济发展与资源消耗之间的相应关系。对经济增长与物质消耗之间关系的大量研究表明,一国或一地区工业发展初期,物质消耗总量随经济总量的增长而同比增长,甚至更高;但在某个特定阶段后会出现变化,经济增长时物质消耗并不同步增长,而是略低,甚至开始呈下降趋势,出现倒"U"形,这就是"脱钩"理论。从脱钩理论看,通过发展低碳经济大幅度提高资源生产率和环境生产率,能够实现用较少的水、地、能、材消耗和较少的污染排放,换来较好的经济社会发展。

3. 库兹涅茨曲线

脱钩理论证实了低碳经济的可能性,但从高碳经济到低碳经济的转型并非是一帆风顺的线型道路。美国普林斯顿大学的经济学家 G·格鲁斯曼和 A·克鲁格经过研究发现,大多数污染物的变动趋势与人均国民收入的变动趋势间呈倒"U"形关系,因此提出环境库兹涅茨曲线假说。他们认为经济发展和环境压力有如下关系,经济发展对环境污染水平有着很强的影响,在经济发展过程中,生态环境会随着经济的增长、人均收入的增加而不可避免地持续恶化,只有人均 GDP 达到一定水平的时候,环境污染反而会随着人均 GDP 的进一步提高而下降。这也就是说,在经济发展过程中,环境状况先是恶化而后得到逐步改善。换言之,从高碳经济到低碳经济的转型轨迹就是人类经历生态环境质量的"过山车"。相关的制度创新、技术创新和生态创新也许不能够改变倒"U"形轨迹,但人类应当可以削减倒"U"形轨迹的"峰度"和"上坡路"的里程,最低的现实要求是控制倒"U"形曲线的峰顶不高于人类持续生存的生态阈值,并促进倒"U"形曲线尽早经过"拐点"。

4."城市矿山"理论

"城市矿山"的概念,是日本学者南条道夫等人提出的,就是指蓄积在废旧电子电器、机电设备等产品和废料中的可回收金属。按"城市矿山"理念统计,日本国内黄金的可回收量为6800吨，约占世界现有总储量（42000吨）的16%，超过了世界黄金储量最大的南非；银的可回收量达60000吨，约占全世界总储量的3%，超过了储量世界第一的波兰；稀有金属铟是制作液晶显示器和发光二极管的原料，目前面临资源枯竭，日本藏量约占全世界储量的38%，位居世界首位。日本虽然是一个资源贫困国，但从这些数字看，又可说是一个"城市矿山"。他们指出，目前这些"城市矿山"资源大多是使用完被丢弃的制品，往往被当做"废物"处理，而城市中这样的废物数量巨大，因而被称为是沉睡在城市里的"矿山"，它比真正的矿山更具价值。日本已对包括液晶显示器和汽车在内的多种产品，提出了金属回收计划。实际上，"城市矿山"理论与我国新中国成立后提出的"再生资源综合利用"和目前循环经济中的"静脉产业"理论是相通的。它为我们依靠技术创新和政策支持加强再生资源利用，提高能源效率，实现高碳向低碳转变，提供了重要参考。

（三）发展低碳经济面临的国际背景

2008年，全球爆发了一场余威犹存的金融危机，在金融危机的冲击下，许多国家的经济发展都受到了严重的影响，而在欧洲兴起的以新能源为主的低碳绿色新政快速地成为了全世界关注的焦点。当前许多发达国家包括欧、美、日以及一些发展中国家正致力研究经济危机影响下的全球需求，进一步制订和推进促进经济复苏的长远计划，从而有效地应对气候变化对经济发展产生的影响，有效地实施向低碳经济转型为核心的绿色发展规划，最终实现全球经济发展的快速转型以及可持续发展。英国相继发布了《可再生能源战略》以及《低碳转换计划》的国家级发展战略文件，这是当前来看发达国家中发布的最为系统和全面的应对气候变化的规划性白皮书，"英国也与此同时成为了全球首个在政府预算框架内特别设立碳排放管理规划的国家"。而美国在低碳经济的发展方面也取得了一定的成绩，美国在发展低碳经济的战略上大体可以分为新能源的开发、节能增效以及应对气候变化等不同的层面。美国新政的一个核心就是对于新能源的开发，主要是对于智能电网、高效电池、碳的储存捕获以及可再生能源的开发等，同时美国更在全社会广泛提倡绿色建筑和节能汽车的开发。日本政府正式公布了名为《绿色经济与社会变革》的计划草案，尝试运用削减温室气体排放等相应的措施，推广本国的低碳经济发展，同时，日本更是率先提出了"低碳社会"的建设问题，"声称欲引领世界低碳经济革命，提出要把日本打造成全球第一个绿色低碳社会"。

（四）我国发展低碳经济的优势与挑战

目前，我国正在深入实践科学发展观，努力建设资源节约型、环境友好型社会。科学发展观的核心是保持经济又好又快增长的同时，降低资源消耗和环境代价，最终建成"两型社会"。这与低碳经济在实质内涵上是高度一致的。在中央文件和领导人讲话中，多次提出要将节能减排、推行低碳经济作为国家发展的重要任务。胡锦涛同志在2007年9月APEC第十五次领导人非正式会议上发表讲话时，提到四个"碳"：发展低碳经济、研发和推广低碳能源技术、增加碳汇、促进碳吸收技术。习近平同志在不同场合多次强调要积极推动绿色、循环、低碳发展。这充分体现出我国政府实现科学发展、低碳发展的强烈意愿。我国发展低碳经济既是国际上应对全球气候变化的必然要求，更是实现我国经济社会可持续发展的当务之急。研究表明，中国的能源消费正处于"高碳消耗"状态，加上中国的化石能源占总能源数量的92%，其中煤炭要占68%，电力生产中的78%依赖燃煤发电，而能源、汽车、钢铁、交通、化工、建材等六大高耗能产业的加速发展，就使得中国成为"高碳经济"的典型代表。而未来的30年，中国的工业化、城市化和现代化仍处于加速推进的阶段，也是能源需求快速增长的时期；13亿人口的生活质量提高，也会带来能源消耗的快速增长；生产领域、消费领域和流通领域都处于高碳经济的状况，必然导致温室气体的高排放，产生一系列政治、经济、外交、生态等严重后果。这些严峻的挑战，使得我们必须把推行低碳经济模式提到国家战略层面上加以思考。

近年来，我国在调整经济结构、发展循环经济、节约能源、提高能效、淘汰落后产能、发展可再生能源、优化能源结构等方面采取了一系列政策措施，取得了显著的成果。这些正在进行的节能减排的努力符合低碳经济的内涵和要求。因此，低碳经济并非一个新的、额外的努力，而是对现在国家能源、环境对策进行的扩展。

◆ 2007年6月，我国政府发布实施了《应对气候变化国家方案》，成为第一个制定应对气候变化国家方案的发展中国家。并成立了国家应对气候变化及节能减排工作领导小组，部署全国范围应对气候变化工作。

◆ 2009年8月，全国人大常委会通过了《关于积极应对气候变化的决议》，强调要立足国情发展绿色经济、低碳经济，把积极应对气候变化作为实现可持续发展战略的长期任务纳入国民经济和社会发展规划。

◆ 2009年11月，国务院常务会议提出2020年单位GDP二氧化碳排放比2005年下降40%~45%，并作为约束性指标纳入国民经济和社会发展中长期规划。会议还指出，到2020年非化石能源占一次能源消费的比重达到15%左右；森林面积比2005年增加4000万公顷，森林蓄积量比2005年增加13亿立方米。

◆ 国家"十二五"规划提出了单位国内生产总值（GDP）能耗降低16%、单位GDP二氧化碳排放要降低17%，这对于推动经济增长方式转变、加强节能环保工作具有十分重要的意义。

◆ 2015年6月，中国向联合国气候变化框架公约秘书处提交的应对气候变化国家自主贡献文件《强化应对气候变化行动——中国国家自主贡献》。根据文件，到2030年，二氧化碳排放达到峰值并争取尽早达峰，单位国内生产总值二氧化碳排放比 2005 年下降 60%~65%，非化石能源占一次能源消费比重达到 20% 左右，森林蓄积量比 2005 年增加 45 亿立方米左右。

这些数据的公布，是我国低碳经济领域的里程碑事件，表明我国正在积极为全球气候变化承担义务。

但我们知道，一个地区的 CO_2 排放量取决于人口数量、人均 GDP、单位 GDP 能源消耗量和单位能源含碳量等几个变量。中国作为一个发展中的大国，人口数量众多，经济发展、消除贫困、保障民生的任务极为繁重，人均 GDP 需要保持持续的增长，而且我国能源消费中煤炭所占比重远远超过石油、天然气等相对洁净的能源，煤炭与天然气、石油相比，能源禀赋较差，其温室气体排放的强度和控制的难度都要大。另外，我国能源技术相对较为落后，与发达国家相比还有差距，实施技术改造和产业转型升级的难度也比较大。因此，我们必须清醒地认识到，对于我国而言，发展低碳经济面临着相当大的挑战。当然，我国发展低碳经济也有着自身的潜在优势。

减排空间比较大。我国目前的能耗强度和能源效率明显偏低，通过结构调整、技术革新和改善管理等途径，实现节能减排的余地较大。

减排成本比较低。从国际上看，《联合国气候变化框架公约》规定每吨减排成本超过 30 美元，我国的成本大体在 15 美元。我国能源需求增长较快，符合减排条件的项目多，规模经济效应非常明显，有利于开展国际碳排放交易，吸引国际资金进入减排项目。目前我国清洁生产机制（CDM）项目达到了 3637 万吨，已经成为全球最大的 CCM 碳交易量国家。

技术合作潜力比较大。我国与发达国家在电力、交通、冶金、化工、建筑等领域的节能技术及新能源技术方面还存在较大差距，而《联合国气候变化框架公约》，中欧之间签署的《中欧关于气候变化的共同宣言》，美国发起的《亚太地区清洁发展与气候新伙伴计划》等多边及双边公约和合作计划都高度重视低碳技术的合作，发达国家承诺要向发展中国家大规模转让温室气体减排技术。

在强化低碳政策的情景下，考虑到我国的 GDP 增长、发展阶段、科技水平、资源禀赋、国际合作等综合因素，我国碳排放有可能于 2030—2035 年达到峰值，在经过 10 年之后将处于一个平稳发展期，2050 年达到大幅度减排，实现低碳经济发展和低碳社会，促进全球实现气候变化减缓目标。

二、低碳经济的实现与发展路径

我国发展低碳经济的目标是以相对较低的碳排放，实现可持续发展和现代化建设，主要着力点在于大幅度降低单位 GDP 二氧化碳排放量。从长期看，通过坚持不懈的努力，到 2050 年基本实现社会经济发展与 CO_2 排放的完全脱钩。从短期看，通过采取强有力的政策和措施，到 2020 年努力实现 GDP 二氧化碳排放强度比 2005

年下降40%~45%的目标。因此，低碳经济应注重以下实现与发展路径。

(一)调整经济结构，转变发展方式

(1)经济结构。按照低碳经济低能耗、低排放、低污染的要求，调整投资、出口和消费这"三驾马车"的重点和方向，进一步优化经济结构，依靠"三驾马车"的强劲牵引，破解日益突出的资源能源环境难题，促进经济社会稳定持续的发展。第一，加强低碳产业的投资。在产业战略发展上，国家应选择低碳经济相关产业作为未来发展方向，并在财政、信贷等多方面进行大力扶持，使低碳经济真正成为我国经济发展新的增长点。第二，扩大低碳产品的出口。调整我国目前技术含量、环保标准和附加值都比较低的出口产业结构，鼓励能效较高的产品出口，以应对各类环境贸易壁垒。这是提高我国产品国际竞争力，有效地扩大国内出口的需要。第三，鼓励低碳消费方式。消费是需求，是动力，低碳消费也是起到引擎和拉动作用的重要环节。应在道路、广场、公园等公共场所率先实施低碳消费，以各种可能的形式鼓励私人低碳消费。政府要率先低碳化运作，实行"网络化"办公，使用节能减排型设备和办公用品，推行政府节能采购。引导家庭合理消费，养成家庭消费的低碳化、低能耗的消费模式和习惯。

(2)产业结构。在国家一系列政策支持下，"十二五"期间，我国第三产业异军突起，占GDP比重逐年增加，成为经济发展的新引擎。国家统计局数据显示，2013年，我国第三产业增加值占GDP比重首次超越第二产业，达46.9%，2014年进一步提升至48.1%。2015年，第三产业增加值继续领跑，占GDP比重50.5%，稳稳支撑起经济增长的"半壁江山"(图8-1)。

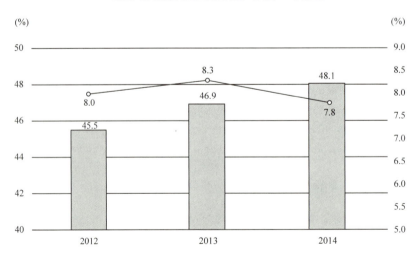

图8-1 "十二五"期间第三产为发展速度及比重

虽然国内纵向比较，产业结构已经在不断改善，但国际横向比较，能源密集度较低的第三产业的发展，明显落后于世界平均水平，目前全球服务业增加值占GDP比重达到60%以上，主要发达国家达70%以上。要加快产业结构的战略性调整，推动产业升级，首先使服务业，特别是知识、技术和管理密集型的现代服务业，成为拉动经济增长的主要力量。在工业内部，由于我国正处于工业化中期，"重化工业"加速发展，资源能源消费加剧，要在短期内实现产业结构的有序进退、淘汰落后产能、加快结构调整存在难度。但要实现新型工业化的道路，必须加大调整高碳产业结构，逐步降低高碳产业特别是"重化工业"经济在整个国民经济中的比重；培育发展新兴产业和高技术产业、节能环保产业、电子信息产业、技术密集型的制造业等高加工度产业替代能源原材料工业，使之成为拉动经济增长的重要动力。

（3）交通结构。随着汽车工业的发展，交通用能迅速增加，已在总能量需求中占30%的比例。汽车交通用能大量消耗液体燃料，加剧了宝贵石油资源的快速消耗。每燃烧1升汽油，要释放出2.2千克的CO_2，在全球范围内交通部门是CO_2的最大排放源。然而，汽车交通的能量利用效率并不高，仅为0.3%~0.5%。应优先考虑在短期内放慢排放量增长速度，同时开发替代的新技术和交通方式。一是大力发展公共交通系统，提高公共交通的分担率，控制私人汽车无节制增长；二是加快发展城市轨道交通和城际高速铁路，形成立体化的城市交通体系，200万人口以上有条件的城市都应鼓励发展城市轨道交通；三是通过不断提高强制性的汽车燃油效率标准，促进汽车改善燃油效率，另一方面大力发展混合燃料汽车、电动汽车等低碳排放的交通工具。除技术变革之外，行为的改变也可以带来可观的收益，如合作乘车，环保驾车、文明驾车，或者步行、骑自行车。

（4）建筑结构。发展低碳建筑要从设计和运行两个方面入手。在建筑设计上引入低碳理念，如充分利用太阳能、选用隔热保温的建筑材料、合理设计通风和采光系统、选用节能型取暖和制冷系统。在运行过程中，倡导居住空间的低碳装饰、选用低碳装饰材料，避免过度装修，在家庭推广使用节能灯和节能家用电器，有效降低每个家庭的碳排放量。

（二）积极开发低碳技术，加强科技储备

低碳经济的支撑是低碳技术，包括清洁煤和可再生能源在内的低碳技术是实现低碳经济的基础。目前，我国需要通过自主创新积极研究开发推广应用碳捕获和碳封存技术、能源利用技术、减量化技术、新材料技术、生态恢复技术、替代技术、再利用技术、资源化技术、生物技术、绿色消费技术等，有效发挥先进技术在节能中的特殊作用，促进清洁生产和清洁循环利用，提高能源附加值和使用效率，保障能源供应安全和控制温室气体排放。鼓励推广包括风能、太阳能和生

物能源技术在内的"低碳能源"技术,广泛应用于清洁燃料交通工具、节能型建筑、环保型农业等领域。

(三)优化能源结构,大力发展低碳能源

我国90%的温室气体排放来自化石燃料的燃烧排放,因此优化能源结构、大力发展低碳能源、提高能源转化效率可以有效降低CO_2排放,是节能之外的另一个实现减排的主要途径。应逐步降低煤炭消费比例,加速发展天然气,保障石油安全供应,积极发展水电、核电和可再生能源先进利用,改变能源结构单一局面,明显提高优质能源比例,到2020年实现非化石能源占一次能源消费的比重达到15%左右,到2050年新增能源需求主要由清洁能源满足,同时建立起智能电网等与可再生能源发展相适应的基础设施系统。具体途径如下:

一是集约、清洁、高效地利用煤炭。我国煤炭资源丰富,在一定程度上鼓励了我们对煤炭的过度依赖。为此,要控制煤炭的过快增长,大力发展先进燃煤发电技术,提高煤炭转化效率;大力推进热电、热电冷联供等多联产技术,提高煤炭资源的综合利用效率;集中利用煤炭,提高电气化水平。

二是优化石油天然气供应。大力发展电动汽车、生物燃料等节能与新能源汽车,加快发展公共交通,控制石油消费的过快增长。通过扩大国内天然气资源的开发利用和进口周边国家天然气,增加天然气对煤炭和石油的替代,提高天然气在能源消费中的比重。

三是大力发展低碳能源。低碳能源是低碳经济的基本保证。与化石能源相比,可再生能源是低碳能源,应重点开发。可再生能源包括生物质能、水能、风能、地热能、潮汐能等。核能在扣除核材料生产和废物处理过程中所消耗能量后可视为无碳排放能源,欧洲(法国等)的核电应用比例较大,对推进低碳经济起了很大作用。我国也要逐步加大核电站的建设。届时中国能源结构实现三分天下的结构,即煤炭占1/3,油气占1/3,低碳能源占1/3,实现能源供应的多元化、清洁化和低碳化。

(四)改善土地利用,扩大碳汇潜力

近年来,我国陆地生态系统碳储量平均每年增加1.9亿~2.6亿吨碳。增加碳汇以提高对温室气体的吸收也是减排的重要途径。增加碳汇主要涉及森林、耕地以及草地三个领域,同时每个领域有三种方式,即增加碳库贮量、保护现有的碳贮存和碳替代。

一是增加森林碳汇。森林碳汇是最有效的固碳方式,每年增加的碳汇约为1.5亿吨碳。为进一步增加碳汇,应通过造林和再造林、退化生态系统恢复、建立农林复合系统、加强森林管理以提高林地生产力、延长轮伐的时间增强森林碳汇;通过减少毁林、改进采伐作业措施、提高木材利用效率,以及更有效的森林

灾害(林火、病虫害)控制来保护森林碳贮存;通过沼气替代薪柴、耐用木质林产品替代能源密集型材料、采伐剩余物的回收利用、进行木材产品的深加工、循环使用来实现碳替代。努力实现2020年森林面积比2005年增加4000万公顷,森林蓄积量比2005年增加13亿立方米的目标。

二是增加耕地碳汇。耕地土壤碳库是整个陆地生态碳库的重要组成部分,也是最活跃的部分之一。我国农田土壤的有机碳含量普遍较低,南方约为0.8%~1.2%,华北约为0.5%~0.8%,东北约为1.0%~1.5%,西北绝大多数在0.5%以下,而欧洲农业土壤大都在1.5%以上,美国则达到2.5%~4%。因此增加或保持耕地土壤碳库的碳贮量有很大的潜力。

三是保持和增加草原碳汇。保持和增加草原碳汇的关键在于防止草原的退化和开垦。具体措施将包括降低放牧密度、围封草场、人工种草和退化草地恢复等。另外,通过围栏养殖、轮牧、引入优良的牧草等畜牧业管理也可以改善草原碳汇。

(五)加强国际合作

低碳经济的发展离不开国家与国家之间的合作。我国要在发展低碳经济、自然生态、污染防治、城市环境规划、环境科学研究、环境教育、环境能力建设等众多领域开展国际环保合作项目。建立环境保护国际合作的新机制,推进国际组织和政府机构参与环保、扶贫等方面的合作。建设国家环保产业园,在产业规划上以新型能源、节能环保材料、环保设备生产、环保技术咨询和研发为重点,吸引不同国家的知名环保企业入驻环保产业园,为环保产业发展提供资金、技术、人才等。

知识链接

低碳经济相关概念介绍

碳交易:由于发达国家的能源利用效率高,能源结构优化,新的能源技术被大量采用。因此,这些发达国家进一步减排的成本极高,难度较大。而发展中国家,能源效率低,减排空间大,成本也低。这就导致了同一减排单位在不同国家之间存在着不同的成本,形成了高价差。发达国家需求很大,发展中国家供应能力也很大,"碳交易"市场由此产生,就是一方通过支付另一方获得温室气体减排额。对发展中国家有利的碳交易机制是CDM,简单地说就是发达国家用资金和技术向发展中国家换取各种温室气体的排放权。

碳税:二氧化碳的减排量可以转让和交易。对经过认证的减排量的征税,即碳税。

碳关税:是指主权国家或地区对高耗能产品进口征收的二氧化碳排放特别关

税,目的是实施温室气体强制减排措施。

碳足迹:人类活动对于环境影响的一种量度,以其产生的温室气体即二氧化碳的重量计。它包括燃烧化石燃料排放出二氧化碳的直接(初级)碳足迹;人们所用产品从其制造到最终分解的整个生命周期排放出二氧化碳的间接(次级)碳足迹。

碳捕捉、碳存储、碳中和:防止全球变暖的一种"去碳技术",用以捕集、存储和中和来自煤、石油、天然气等化石燃料燃烧产生的二氧化碳,并埋存在地层深部,防止二氧化碳排放到大气中。

碳汇/碳源:从空气中清除二氧化碳的过程、活动、机制。与碳汇相对的概念是碳源,它是指自然界中向大气释放碳的母体。通过植树造林、减少毁林、保护和恢复植被等活动增加碳汇。

第二节 适度消费 从我做起

党的十八大报告首次将"生态文明建设"列为独立部分论述,与经济建设、政治建设、文化建设、社会建设并列为建设中国特色社会主义"五位一体"的总布局,并强调要把生态文明建设放在突出地位,融入其他四个建设的各方面和全过程。第一次提出"合理消费"的概念,对之寄予形成社会风尚和良好风气的厚望。所谓合理消费,是指和生产力发展基本相适应的消费,消费的增长速度同步于经济和生产率的速度,或略低于其增长速度。它保证了国民经济比例关系协调,为生产的增长创造了良好条件,还使国家、集体、个人三者利益都得到应有的满足,成为生产发展的动力。珍惜地球资源,转变发展方式,倡导低碳生活,政府部门义不容辞,同时需要全社会的积极参与。让我们从我做起,从身边小事做起,珍惜每一寸土地,珍惜每一份资源,少开一天车,少用一度电,节约一滴水,让降低污染的低碳生活成为未来中国的社会风尚。

一、倡导绿色消费

(一)绿色消费的内涵与特征

1987年英国学者 Elkington 和 Hailes 在《绿色消费者指南》一书中提出"绿色消费"概念,并将绿色消费定为避免使用下列商品的一种消费:①危害到消费者和他人健康的商品;②在生产使用和丢弃时,造成大量资源消耗的商品;③因过度包装,超过商品物质或过短的生命期而造成不必要消费的商品;④使用出自稀有动物或自然资源的商品;⑤含有对动物残酷或不必要的剥夺而生产的商品;⑥对其他国家尤其是发展中国家有不利影响的商品。1992年在巴西里约热内卢召开的联合国环境与发展大会则标志着这一思想得到全世界的广泛认可和响应，大会制定的《21世纪议程》明确提出"所有国家均应全力促进建立可持续的消费形态"，在1987年提出"绿色消费"概念前后，相继提出了"适度消费""可持续消费""生态消费""低碳消费"等相关概念，这些概念各自从不同的角度出发解决工业消费模式的问题，目前国际上普遍认可的是绿色消费的"5R"原则即：节约资源，减少污染（reduce）；绿色生活、环保选购（revaluate）；重复使用、多次利用（reuse）；分类回收、循环再生（recycle）；保护自然、万物共存（rescue）。中国消费者协会认为绿色消费有三层内涵：①绿色消费是倡导消费有助于公众健康的绿色产品；②绿色消费是在消费过程中不造成环境污染；③绿色消费是引导消费者转变消费观念，向崇尚自然，追求健康方向转变。

绿色，代表生命，代表和谐与健康，是充满希望的颜色。国际上对绿色的理解通常包括生命、节能、环保三个方面，而绿色消费是以绿色、自然、和谐、健康为宗旨，有利于人类健康和环境保护的消费内容和方式。因此，绿色消费应具有以下特征：

（1）安全性。指消费者在进行绿色消费过程中对安全需要的一种满足。在马斯洛需要层次论中，安全是人类在满足生理需要之后的第二层次需要，所以消费者在消费产品时要求产品对人身和财产安全不得损害。这也是绿色消费的基本特征。

（2）适度性。指以获得基本需要的满足为标准，但并不是倒退回原始状态，而是在其社会经济条件下基本满足生存和需要，足够就可以，不要最多。

（3）可持续性。指消费者在衣、食、住、行、用等方面的消费要与资源的承受力相适应，不能以破坏生态环境为代价。

消费经济学一直认为："人们的消费需要，不仅包括物质需要和精神需要，还应包括生态需要在内"，"生态需要对人的生存和发展，对满足人的消费需要，具有极端重要性"。发展绿色消费正是满足人们生态需要的极其重要的内容。生态需要得到满足，正如马克思所说的，反映"人的复归"，"它是人与自然之间，人与人之间的矛盾的真正解决"。随着人类社会经济可持续发展战略的推进，绿色消费作为一种全新的消费理念，已经成为21世纪全球消费模式的呼声和消费者的共同追求，是温饱问题解决以后人们更加重视自己的生存质量的结果。绿色消费是一种适度的消费，既不奢侈又不吝啬；又是一种崇尚自然，保护环境的消费。既然这样，就应该大力发展绿色消费。

"绿色消费者"，指的是那些关心生态环境、对绿色产品和服务具有现实和潜在购买意愿和购买力的消费人群。依据这些消费人群在绿色态度和绿色消费行为的程度有层次之分，并据此将绿色消费者分为浅绿色消费者、中绿色消费者和深绿色消费者（表8-1）。

表 8-1　2015 年中国绿色竞争力十强县排行榜

排名	城市	总分
1	浙江省庆元县	89.56
2	福建省武夷山市	88.31
3	湖南省桂东县	86.06
4	云南省双江县	84.63
5	河北省兴隆县	83.60
6	吉林省延吉市	82.82
7	广西壮族自治区桂平市	81.82
8	江西省资溪县	80.68
9	广东省连南县	80.31
10	四川省沐川县	78.85

(二)践行绿色消费存在的障碍及对策

1. 践行绿色消费存在的障碍性因素

由于绿色消费行为受诸多因素影响，目前我国消费者主动选择绿色消费的动力不足，主要存在意识、市场需求、价格、生产、消费环境、知识、外部性等一系列障碍。意识障碍是指消费者的生态意识、环保意识以及社会责任感达不到绿色消费的要求。绿色消费一方面要求消费者在消费时选择未被污染，有助于环保并符合健康要求和安全标准的绿色产品以及其他消费品；另一方面要求在消费过程中注重对垃圾的处置，不污染环境，从而使消费观念向崇尚自然、追求健康方面转换。一般而言，对于前者，因其是利己的，比较容易为人们所接受；而对于后者，因其是利他的，则似乎不易于深入人心。现实的情景是：绿色消费品深受消费者青睐，如有机食品、生态服装、化妆品、家居装饰材料、绿色空调、冰箱等生活用品，因其无毒、无污染、环保而备受社会公众推崇。但出于环保所做的有利于公众和后代人而对自己有所限制的事情，人们从认可到接受进而成为自觉行为则需要一个较长的过程。例如，绿色消费拒绝消费濒临灭绝的稀有动植物及相关食品，但一些国家保护动物仍被不良商家摆上餐桌。市场需求障碍是指绿色消费欲望或购买能力不足。价格障碍是指绿色产品通常价格远高于一般产品。生产障碍指绿色产品通常开发难度大、成本高、风险大，获利不稳定，企业不愿开发、生产绿色产品。消费环境障碍是指部分企业进行虚假绿色广告宣传，将一般产品甚至是假冒伪劣产品包装为绿色产品，非法使用绿色产品标识，严重威胁绿色产品市场的生存发展。知识障碍指我国消费者进行绿色消费时普遍缺乏相关知识的指导。外部性障碍是指私益性绿色产品相对容易被接受，而公益性绿色产品由于其正外部性得不到补偿而被拒绝。

总之，从消费者方面看，对绿色消费的认知不足、不能正确辨识绿色产品、传统消费习惯根深蒂固以及收入不足以负担绿色产品价格阻碍了绿色消费行为意向；从绿色产品生产企业方面看，目前绿色产品价格高、种类少、技术落后、质量和功能得不到保障不利于扩大绿色消费市场；从政府方面看，采取足够有效的措施解决绿色消费的外部性问题是至关重要的。

2. 践行绿色消费的对策

绿色消费行为是由消费者、企业、政府和第三部门这四种力量共同决定的，消费者是绿色消费的主体，企业是绿色消费的载体，政府和第三部门是绿色消费的规范者和引导者。培育绿色消费模式，要充分发挥这四大主体的作用，最终形成政府和第三部门引导绿色消费、企业主导绿色消费、消费者崇尚绿色消费的局面。

（1）消费者应努力培养绿色消费观念，提高绿色消费能力。消费者的绿色消费行为主要受绿色消费观念和绿色消费能力的制约，因此，消费者应努力培养绿色消费观念，正确理解绿色消费的意义，主动选择绿色消费模式。注重学习绿色消费知识，提高绿色消费能力。积极参与绿色消费实践，对普通消费者而言，现阶段践行绿色消费理念首先是从转变自身消费观念开始，改变铺张浪费的消费观，戒除以大量消耗能源、大量排放温室气体为代价的"便利消费""面子消费""享乐消费""过度消费""奢侈消费"等不良嗜好，在日常生活中厉行节约，践行绿色健康的生活方式。据中国科技部《全民节能减排手册》计算，全国减少10%的塑料袋，可节省生产塑料袋的能耗约1.2万吨标煤，减排31万吨二氧化碳。我国推行的节能灯工程，在全国27000亿千瓦时用电量中，其中照明用电3000亿千瓦时，如果全国有1/3的白炽灯换成LED节能灯，每年能省下一个三峡工程的年发电量。

（2）企业应树立绿色市场观念，积极利用绿色技术，发展绿色产品。由于企业生产模式的绿色程度、产品价格、产品的绿色程度和产品性能等四个因素对绿色消费行为有重要影响。因此，企业要树立绿色营销观念，以市场为导向，调整产品结构，扩大绿色产品生产，努力增加绿色产品种类，以满足消费者的绿色消费需求。其次，企业应加大对绿色技术创新投入，努力研发、引进和推广绿色技术，加快绿色产品开发速度，降低绿色产品成本，改善绿色产品使用性能，提高绿色产品性价比，以吸引更多的绿色消费者。最后，企业还应坚持诚信原则，生产真正的绿色产品，正确使用绿色标签，客观宣传绿色产品，提高消费者的绿色消费满意度。

（3）政府应采取多种措施推动绿色消费。政府塑造的社会文化环境以及宏观消费环境是影响绿色消费者购买行为的重要因素。首先，政府要在全社会范围推广绿色教育，并尽可能地宣传绿色思想，为消费者营造绿色的社会文化环境，从而提高消费者的环保意识，改变消费者的消费模式，促进绿色消费行为。其次，政府要制定完善的消费政策，解决绿色产品和绿色消费的外部性问题；同时加强对生产绿色产品的企业的管理，保证良好的绿色消费市场环境，对于生产、销售假冒伪劣绿色产品等严重伤害绿色消费行为的企业和个人必须采取严厉的法律措施，最终增强消费者的绿色需求，加深消费者的环保意识，促进绿色消费行为。此外，政府绿色采购市场效应巨大，是构筑绿色消费模式的重要措施和突破口，是实施绿色消费的巨大推力。

（4）第三部门。第三部门包括环保组织和大众媒体，它们从宣传、教育等方面影响绿色消费，这两个因素对绿色消费行为的影响度相同。第三部门可以从绿色消费的社会意义和健康意义出发，组织以绿色消费和绿色产品为主题的活动，向消费者宣传相关知识，加深消费者对绿色消费和绿色产品的认知，唤醒消费者的环保意识，促进消费者的绿色消费行为。

总之，绿色消费是当代消费发展的大趋势，发展绿色消费是可持续发展的重要内容，反映当代生存、生活及生产方式的发展趋势，这也是人类生存发展的理想模式，更是我们今后一项长期的重要任务。

知识链接

《中国生态城市建设发展报告（2015）》排出的绿色消费型城市，前十位的是：三亚市、厦门市、铜陵市、福州市、西安市、沈阳市、大连市、武汉市、广州市、杭州市。

二、崇尚简约生活

在物质丰厚的今天，不少人因为追求华贵、虚荣、显赫，让自己的生活变得复杂起来。用餐不求营养讲排场，穿着不求得体讲品牌，住房不求适用讲豪华，出行不求便捷讲排量……这一切的一切，不但没有让自己过得潇洒悠闲，还让身心疲惫。

能够自觉接受可持续消费价值观指导，做到适度消费的人是不多的，追求高消费依然是社会生活的主旋律。一方面在努力实现"低碳经济"，一方面又不停地挥霍。这些都是消费主义文化使然。消费主义文化总是不断刺激你去换最新款的手机、电视、衣服、鞋子；轰炸般的商业广告煽动着公众一浪高过一浪的消费欲望，把人变成商业利润的工具。不少刚参加工作不久的年轻人，用一个月的收入买一款新式手机或一个名牌皮包眼睛都不眨一眨。中国现在每年平均淘汰近7000多万部手机，产生着大量的电子垃圾。不少年轻女性家里堆满了各种款式的鞋子和皮包，但还是要去买更新的款式。在提倡"低碳生活"的今天，"能挣会花"的口号不再象征着现代化理念，而象征着一种浪费资源的野蛮消费方式。大量生产、大量消费、大量废弃的生活方式，正走向人类文明的反面，严重制约了可持续发展战略的实施，不但污染了生态环境，而且污染了人们的心灵。正是这种无限膨胀的消费欲望造成了世界能源、资源的紧缺。

（一）"低碳生活"是一种简单、简约和俭朴的生活方式。

丽莎·普兰特在《简单生活》中这样写道："许多所谓的舒适生活，不仅仅不是必不可少的，而且是人类进步的障碍和历史的悲哀。"这些话似乎有些偏颇，但细细品味之后，觉得很有道理。告别复杂，学会简单，本身也是一种进步，是一种返璞归真的进步。如果把"简单生活"用另一个字眼解释，其实就是"低碳生活"，早在上世纪末欧美就开始流行这种"简单生活"了。"简单生活"，就是崇尚少看电视，少上网，少驾车，少过夜生活，甚至是过"没有电源插头"的生活，这在当今社会确实难以想象。但那次意外停电，让作者和她的家人，真的情趣十足了。久违的萤火虫，久违的城市静寂，久违的家庭温馨，久违的邻里关怀，一下子扑面而来，是那样的新奇、亲切，让人有一种"超凡脱俗的崇高生活"之感。当然，"简单生活"并不是要我们过苦行僧般的生活，那样就有违作者的本意了。少看电视不是不看电视，少上网也不是不上网……作者只是要求我们在"少"字上下工夫。要知道，少耗1千瓦时电，就可以减排二氧化碳1千克；少用10双一次性筷子，就可以减排二氧化碳0.2千克；少开一次车，就可以减排二氧化碳8.17千克；少消费一件衣服，就可以减排二氧化碳6.4千克……如果绝大多数人的生活能够采取低排碳的适度消费的方式，那么"低碳经济"的实现是有可能的，什么样的生活方式就有什么样的经济。"低碳生活"不只包括制造业、建筑业中许多节能技术改进的细节，还包括人们日常生活习惯中许多节能的细节。对于目前世界上第一人口大国的中国，每个人生活中浪费的能源和二氧化碳排放量看似相对微小，而一旦以众多人口乘数计算，就是巨大的数量。

低碳经济必须依托于低碳生活，"低碳经济"的重要含义之一，不仅意味着制造业要加快淘汰高能耗、高污染的落后生产能力，而且意味着要引导公众反思那些浪费能源、增排污染的不良嗜好，从而充分发掘消费和生活领域节能减排的巨大潜力。

在市场经济的体制和观念下，"低碳经济"高能效、低能耗技术状态下的生产仍然是追逐最大利润，因此大量的生产就不可避免，所生产的产品最终一定要想办法卖出去，而且卖得越多越好。然而大量生产必然会产生大量污染、大量排碳。单位能耗虽然降低了，但能耗总量因大量生产而大大增加，二氧化碳的排放量不会减少多少或许还会增加。举例来说，通过几十年的努力，小汽车行驶100千米的耗油量下降了约50%，但由于小汽车的总量增加了几十倍，显然污染和二氧化碳排放量也增加了许多倍。因此说，"低碳经济"仅有先进技术的支撑是不够的，必须依托于"低碳生活"才能实现真正的节能减排目的。

如今在许多发达国家，很多人已经自觉地接受了支撑低碳经济的低碳生活方式，他们愿意放弃享受，从生活的点点滴滴做起，从关掉暖气到放弃驾车上班。今天欧洲人越来越喜欢乘坐火车出行，一个主要原因是乘高速列车带来的人均碳排放只有飞机的1/10。

简约生活，也正在成为更多中国人家庭生活的准则。一些收入早已进入中产阶级的市民，也会穿着旧衣服去早市买便宜青菜，骑自行车出行，使用最老款的手机。煮鸡蛋早关一分钟煤气、用洗衣服的水冲厕所、随手关灯、打印用双面纸等习惯早已深入到那些最有教养的阶层中去，从而带来心灵的宁静。

崇尚简约生活，让我们从我做起，从小事做起，从思想上铲除拜金主义、享乐主义、拜物主义，铲除贪婪；让我们回到绿色中去，回到大自然的怀抱中去；让我们赖以生存的空气多点清新，让我们赖以生存的地球少点污染。为了我们的"低碳生活"，我们要把生活过得简单、从容而不失品位。

思维拓展

你知道这些生活中的资源浪费吗

一台电脑显示器或电视机的待机功率至少5瓦，如果不关电源，待机一晚将会耗电0.1千瓦时，全年就是36.5千瓦时。

如果全国家庭都不关显示器，一年下来将浪费84亿多千瓦时电，相当于浪费336万多吨煤，这是930多列重载火车的运量。

（二）建构低碳文化，引领简约生活

随着经济的快速发展，人们的物质消费水平不断攀升，在某种程度上使人们形成消费就是幸福的价值观念。高消费不再是满足人类基本需要的正当消费，而是地位高低、身份贵贱的标志。消费主义日益影响到每个人的生活，消费活动从社会和文化中的"边缘角色"变成了"时代的主角"。社会上形成的那种追求身份和地位的"面子消费""炫耀性消费"等是一种彰显丑恶人性的消费。目前，"一些富人'雷人'的个人消费行为，在以个人消费的特别方式拉动内需刺激经济发展的同时，实际上也是在肆意夸大贫富差距和社会分层及由此产生的社会矛盾，扩大着社会分层形成的不同阶层的人们之间的心理距离，不仅损害了消费者的身心健康，而且会产生'涣散人心'式的恶劣影响。"适度消费提倡人们满足基本需求的消费，树立正确的消费价值观，反对把高消费作为生活幸福的目的，倡导更高层次的精神消费，崇尚简约生活。艾伦·杜宁说："当人们看到一辆豪华的汽车时首先想到的是它对空气的污染而不是尊贵身份的标志的时候，环境道德就到来了"。

"低碳文化"便是"低碳社会""低碳世界"中人类特有的一种新型的文化，凸显着文化与低碳之间的密切关系，没有"低碳社会"就没有"低碳文化"。文化本身不能替代人类的社会生活，但文化对人类社会生活的引领作用毋庸赘言。倡导低碳经济背景下的"低碳文化"，实际意义在于通过这种新型文化模式的建构，引领减少碳排放的生活风尚。如同低碳经济是先进的经济模式、经济理念一样，"低碳文化"也是先进文化模式。推进这种新型的文化建设，目的在于创造一种降低碳消费的氛围，使"低碳文化"成为主流文化之一。

"低碳文化"理所当然包括了行为文化，因此，倡导"低碳文化"目的在于促进人们养成低碳生活（包括消费、家居、节能、环保等）的习惯，并对日常行为产生某种约束。低碳经济对于人类社会而言堪称一场革命，由这场革命引发的文化观念的变革也会波及人类文化的变革。与低碳经济同步前行，人们一定会形成新的"低碳文化"理念，并以这种新的理念审视、支配人们的日常行为，使日常生活处处彰显"低碳文化"的价值所在。

低碳文化或低碳生活模式，在我国有深远的文化传统，与中华民族的优秀传统美德异曲同工。某种意义上讲，日常生活中的低碳模式，是中华民族历来倡导的勤俭节约等美德在新时代的表现形式。是一种节能减排的生活方式，是一种在日常生活中节约、节省能源消耗的生活，是一种在日常生活中节约、节省能源消耗的生活方式。低碳经济，倡导"厉行节约，鼓励消费的同时反对浪费"，是一种节约经济，而"低碳文化"属于节约文化。对于有着勤俭持家优良传统的中华民族而言，至少有相应的文化基础，具备相应的文化理念基础。

案例分析

都市"拼族"：以时尚的名义诠释简约

现代都市生活中，崇尚简约生活的人们常常合起来做某件事，如：合租房子、一起打的士、合伙购物等。于是，都市出现了一类特殊人群：拼房、拼车、拼饭、拼购、拼游的"拼族"。富有时代气息的"拼族"，生活各个领域都有人去"拼"。充分展示了现代都市人精明与节俭的生活理念，他们追求的是足斤足两的生活品位。在强调建设资源节约型社会的今天，"拼族"这种减少资源浪费的消费方式值得提倡。

思考：你对"拼族"怎么看？生活中你爱"拼"吗？